DIANQI SHIYAN SHIYONG JISHU

电气试验实用技术

《电气试验实用技术》编委会　编

中国电力出版社
CHINA ELECTRIC POWER PRESS

内 容 提 要

为加快基层电气试验人员成长速度，提高员工专业素养，本着理论联系实际的原则，将现有专业范围开展的试验项目从被试品结构、试验原理、接线方法、试验步骤、数据分析等方面进行全面梳理，同时充分结合了技能等级评价考核内容，最后分享了公司近年来发生的十四起典型缺陷。

本书可供发、供电企业和电气设备生产单位从事高压电气设备试验技术人员，以及各电力试验研究院（所）技术人员使用。

图书在版编目（CIP）数据

电气试验实用技术 /《电气试验实用技术》编委会
编 . -- 北京：中国电力出版社，2024. 12. -- ISBN
978-7-5198-9504-4

Ⅰ . TM64-33

中国国家版本馆 CIP 数据核字第 2025HB7185 号

出版发行：中国电力出版社
地　　址：北京市东城区北京站西街 19 号（邮政编码 100005）
网　　址：http://www.cepp.sgcc.com.cn
责任编辑：孙芳（010-63412381）
责任校对：黄　蓓　马　宁
装帧设计：赵姗姗
责任印制：吴　迪

印　　刷：三河市万龙印装有限公司
版　　次：2024 年 12 月第一版
印　　次：2024 年 12 月北京第一次印刷
开　　本：787 毫米×1092 毫米　16 开本
印　　张：14
字　　数：314 千字
印　　数：0001—1000 册
定　　价：70.00 元

《电气试验实用技术》编委会

前　言

为进一步促进基层电气试验人员成长，切实提高员工专业素养，根据理论联系实际原则，本书编写组将现有专业范围开展的试验项目、技能等级评价考核内容、典型缺陷案例进行了总结整理，编纂成册。

全书共分为三个部分、十四个章节，其中理论基础篇由蒲倩和赵雯编写，从电路、电机学、高电压技术、电力系统四个章节进行理论介绍；试验方法篇由陈世洋和臧文彬编写，从变压器试验，套管试验，电压互感器试验，电流互感器试验，断路器试验，避雷器试验，并联电容器例行试验，干式电抗器、消弧线圈、干式变压器试验，母线例行试验九个章节进行介绍，根据相关规程并结合现场工作人员多年工作经验，总结出各类电气试验方法、试验步骤、数据分析经验及注意事项等；案例分析篇由刘钊、刘小琰和田小龙编写，通过十四个典型案例的缺陷分析及设备解体检查等帮助读者解决现场实际发生的情况。

本书为电气试验专业从业者及初学者提供了系统的电气理论基础知识、试验原理、操作方法和安全规范，对于理解和掌握电气试验技术具有至关重要的作用。本书不仅提供了理论知识，还包含了大量的实践案例和操作指南，帮助读者将理论知识与实际操作相结合，提高试验工作的效率和准确性。

此外，编写组充分结合了技能等级评价考核内容，希望通过本书为电气试验专业员工提供全面、系统、实用的培训，有效提升专业技能水平和处理缺陷的能力。

本书是由扎根电气试验一线的电力工人根据多年工作经验总结而著，由于能力水平有限，书中如有疏漏与不足之处，敬请各位读者批评指正！

编　者

2024 年 6 月

目　录

前言

第一部分　理 论 基 础 篇

第一章　电路 ·· 2
　第一节　电路元件 ·· 2
　第二节　电路分析 ·· 12
　第三节　三相电路 ·· 19
　第四节　谐振电路 ·· 23
　第五节　工程应用及总结 ·· 31

第二章　电机学 ·· 36
　第一节　磁路分析 ·· 36
　第二节　变压器 ·· 41
　第三节　互感器 ·· 52
　第四节　工程应用及总结 ·· 54

第三章　高电压技术 ·· 57
　第一节　电介质电气特性 ·· 57
　第二节　放电理论 ·· 64
　第三节　过电压 ·· 72
　第四节　工程应用及总结 ·· 79

第四章　电力系统 ·· 82
　第一节　变电站主接线 ·· 82
　第二节　中性点接地方式 ·· 84
　第三节　工程应用及总结 ·· 88

第二部分　试 验 方 法 篇

第五章　变压器试验 ·· 92
　第一节　频响法绕组变形试验 ·· 92

第二节　直流电阻试验 ··· 95

第三节　有载分接开关试验 ··· 97

第四节　低电压短路阻抗试验 ··· 99

第五节　电压比及接线组别试验 ··· 100

第六节　绕组绝缘电阻、吸收比和（或）极化指数试验 ··············· 101

第七节　绕组连同套管的介质损耗及电容量试验 ······················· 103

第八节　铁芯及夹件的绝缘电阻试验 ··································· 105

第九节　绕组连同套管的交流耐压试验 ································· 106

第十节　绕组连同套管的长时感应电压试验带局部放电试验 ··········· 108

第十一节　章节练习 ··· 111

第六章　套管试验 ··· 113

第一节　套管主绝缘及电容型套管末屏对地绝缘电阻试验 ·············· 113

第二节　电容型套管主绝缘介质损耗及电容量试验 ····················· 114

第三节　章节练习 ··· 116

第七章　电压互感器试验 ··· 118

第一节　极间绝缘电阻试验 ··· 118

第二节　低压端对地绝缘电阻试验 ······································· 119

第三节　中间变压器绝缘电阻试验 ······································· 120

第四节　介质损耗及电容量试验 ··· 122

第五节　绕组绝缘电阻试验 ··· 124

第六节　一次、二次绕组直流电阻试验 ··································· 125

第七节　变比及极性检查试验 ··· 126

第八节　励磁特性和空载电流试验 ······································· 127

第九节　章节练习 ··· 128

第八章　电流互感器试验 ··· 131

第一节　绕组及末屏的绝缘电阻试验 ····································· 131

第二节　主绝缘介质损耗及电容量试验 ··································· 133

第三节　绕组直流电阻试验 ··· 135

第四节　交流耐压试验 ··· 136

第五节　局部放电试验 ··· 137

第六节　章节练习 ··· 140

第九章　断路器试验 ··· 142

第一节　绝缘电阻试验 ··· 142

第二节　导电回路电阻试验 ··· 143

　　第三节　交流耐压试验 ……………………………………………………144
　　第四节　章节练习 …………………………………………………………146

第十章　避雷器试验 …………………………………………………………148
　　第一节　绝缘电阻试验 ……………………………………………………148
　　第二节　直流 1mA 电压 U_{1mA} 及 $0.75U_{1mA}$ 下泄漏电流试验 ………149
　　第三节　章节练习 …………………………………………………………151

第十一章　并联电容器例行试验 …………………………………………152
　　第一节　绝缘电阻试验 ……………………………………………………152
　　第二节　电容量试验 ………………………………………………………153
　　第三节　章节练习 …………………………………………………………154

第十二章　干式电抗器、消弧线圈、干式变压器试验 ………………156
　　第一节　绕组电阻试验 ……………………………………………………156
　　第二节　绕组绝缘电阻试验 ………………………………………………158
　　第三节　章节练习 …………………………………………………………160

第十三章　母线例行试验 …………………………………………………161
　　第一节　绝缘电阻试验 ……………………………………………………161
　　第二节　绕组对地及相间交流耐压试验 …………………………………162
　　第三节　章节练习 …………………………………………………………164

第三部分　案　例　分　析　篇

第十四章　案例分析 …………………………………………………………166
　　案例 1　电容式电压互感器内部导电杆对地放电导致电容单元击穿的
　　　　　　缺陷分析 …………………………………………………………166
　　案例 2　电容式电压互感器电容单元制作工艺不良导致的电容单元击穿
　　　　　　缺陷分析 …………………………………………………………171
　　案例 3　110kV 变压器有载分接开关机构轴销脱落故障分析 …………173
　　案例 4　220kV 变压器绕组变形缺陷的诊断及分析 ……………………178
　　案例 5　110kV 避雷器受潮导致的泄漏电流超标故障分析 ……………184
　　案例 6　110kV 主变压器由于套管末屏引线断裂引发主变压器故障跳闸
　　　　　　的故障分析 ………………………………………………………185
　　案例 7　220kV 主变压器套管因末屏失地导致套管内部产生乙炔缺陷
　　　　　　分析 ………………………………………………………………193
　　案例 8　110kV 变电站线路电容式电压互感器二次面板受潮引起介质

　　损耗超标缺陷分析 ··· 195
案例 9　220kV 电容式电压互感器电容击穿导致电压异常缺陷分析 ········· 197
案例 10　110kV 主变压器高压套管绝缘受潮缺陷分析 ················· 201
案例 11　由受潮引起的 35kV 电磁式电压互感器绝缘缺陷分析 ········· 203
案例 12　变压器套管底部软连接螺栓松动导致的过热缺陷分析 ········· 206
案例 13　110kV GIS 避雷器气室 SF$_6$ 气体泄漏缺陷分析 ················ 209
案例 14　由带电油中溶解气体分析发现的 220kV 电流互感器绝缘老化
　　受潮引起内部放电缺陷分析 ····································· 211

第一部分
理论基础篇

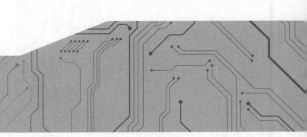

第一章　电路

第一节　电路元件

一、电阻元件

（一）电阻基本概念

导体具有良好的导电性能，但不同导体的导电性能有一定差异。物体的导电性能取决于它能产生多少自由电子或离子，还取决于电荷在物体中做定向运动时与原子、离子相碰撞引起的阻碍程度。

衡量物体导电性能的物理量称为电阻，用大写字母 R 表示，其单位为 Ω（欧姆）。实验表明，用一定材料制成的粗细均匀的导体，在一定的温度下，其电阻与长度成正比，与截面积成反比。这就是导体的电阻定律，其计算式为

$$R = \rho \frac{L}{S} \tag{1-1}$$

式中　R——导体的电阻，Ω；

ρ——导体材料的电阻率，$\Omega \cdot \mathrm{m}$；

L——导体的长度，m；

S——导体的截面积，m^2。

如果把各种导体材料制成相同尺寸的导线，它们长 $1\mathrm{m}$，截面积为 $1\mathrm{mm}^2$。在 $20\,℃$ 时，测量它们的电阻值，这样得到的电阻值称为电阻率 ρ，单位为 $\Omega \cdot \mathrm{m}$。常见材料的电阻率见表 1-1。

表 1-1　　　　　　　　常用材料的电阻率

材料	电阻率（$\Omega \cdot \mathrm{m}$）	材料	电阻率（$\Omega \cdot \mathrm{m}$）
银	1.65×10^{-8}	铁	9.8×10^{-8}
铜	1.75×10^{-8}	铂	1.05×10^{-7}
铅	2.8×10^{-8}	锰铜	4.4×10^{-7}
钨	5.5×10^{-8}	碳	1×10^{-5}

为了便于对电路进行分析研究，引入 3 个电路元件，其中电阻元件用来表示消耗电能的元件。凡是将电能转换成热能、光能、机械能的负载，都可以用电阻元件来表示，所以电阻元件是一种最常见的元件。

电阻元件是一个二端元件，它的特性可以用其两端的电压和通过的电流之间的关系来表示，这种关系称为电压-电流关系。因为电压的单位是 V，电流的单位是 A，所

以这种关系又称为伏安关系。如果以电压为纵坐标（或横坐标），以电流为横坐标（或纵坐标），画出的电压-电流关系曲线，称为伏安特性曲线，如图 1-1 所示。

若伏安特性曲线是通过原点的直线，如图 1-1（b）所示，这种电阻元件就称为线性电阻元件。其计算式为

$$R = \frac{U}{I} \qquad\qquad (1-2)$$

此式即为欧姆定律。若伏安特性曲线不是直线的电阻元件，则称非线性电阻元件。

（二）电阻温度系数

各种材料的电阻率都随温度而变化，金属导体的电阻率随温度的升高而增大。这是因为温度升高时，金属中原子的热运动要加剧，自由电子做定向运动时，与原子的碰撞机会增多，所以电阻率增大。各种材料因温度升高引起电阻的变化是各不相同的。为了便于比较，通过实

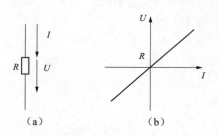

图 1-1　线性电阻元件及其伏安特性曲线
（a）线性电阻元件；（b）伏安特性曲线

验测定各种材料的导体在温度每增高 1℃时，其电阻增加的百分数，称为电阻温度系数，用 α 表示，单位为 ℃$^{-1}$。如铜的电阻温度系数为 0.004℃$^{-1}$，即温度每升高 1℃时，其电阻比原来增加 0.4%。表 1-2 给出了几种材料的电阻温度系数，其中碳的电阻温度系数为负值，表明其电阻随温度的升高反而要减小。

表 1-2　　　　　　　　　　　　　常用材料的温度系数

材料	电阻温度系数（℃$^{-1}$）	材料	电阻温度系数（℃$^{-1}$）
银	0.0038	铁	0.005
铜	0.004	铂	0.00389
铅	0.004	锰铜	0.00005
钨	0.005	碳	−0.0005

在 0～100℃ 的范围内，材料的电阻温度系数几乎是常数，因而可由电阻温度系数计算出材料在温度变化后的电阻值。设导体在温度为 t_1 时的电阻为 R_1，温度上升到 t_2 时的电阻为 R_2，则

$$\frac{R_2}{R_1} = 1 + \alpha(t_2 - t_1) \qquad\qquad (1-3)$$

利用金属导体电阻随温度升高而增加的性质，可以制造电阻温度计。电机运行时用于测量其内部温度的电阻温度计就是用铂丝或铜丝制作的。锰铜是钢、镍、锰的合金，它的电阻温度系数很小，表明其电阻受温度变化的影响很小，常用来制造标准电阻。

实际电路中的电阻器，如线绕电阻、碳膜电阻等，阻值为常数，可以看作电阻元件。而白炽灯、电热器在正常工作时，其灯丝或电阻丝的温度高达数千度，此时的电阻比常温下高十几倍，这是要加以区别的。

（三）电阻的 Y 形联结和△形联结的等效变换

三个电阻的一端联结在一起构成一个节点 O，另一端为网络的三个端钮 a、b、c，它们分别与外电路相连，这种三端网络称为电阻的星形联结，又称为电阻的 Y 联结，如图 1-2 所示。

三个电阻串联起来构成一个回路，而三个联接点为网络的三个端钮 a、b、c，它们分别与外电路相连，这种三端网络称为电阻的三角形联结，又称为电阻的△联结，如图 1-3 所示。

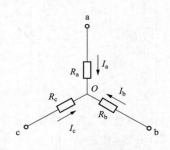
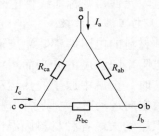

图 1-2　电阻星形联结　　　　　　　图 1-3　电阻三角形联结

同样作为三端网络，电阻星形联结和三角形联结有以下对应关系：

情况一：已知电阻 R_{ab}、R_{bc}、R_{ca}，则

$$R_a = \frac{R_{ab}R_{ca}}{R_{ab} + R_{bc} + R_{ca}} \tag{1-4}$$

$$R_b = \frac{R_{bc}R_{ab}}{R_{ab} + R_{bc} + R_{ca}} \tag{1-5}$$

$$R_c = \frac{R_{ca}R_{bc}}{R_{ab} + R_{bc} + R_{ca}} \tag{1-6}$$

情况二：已知电阻 R_a、R_b、R_c，则

$$R_{ab} = R_a + R_b + \frac{R_aR_b}{R_c} \tag{1-7}$$

$$R_{bc} = R_b + R_c + \frac{R_bR_c}{R_a} \tag{1-8}$$

$$R_{ca} = R_c + R_a + \frac{R_cR_a}{R_b} \tag{1-9}$$

为了便于记忆，以上互换公式可以归纳为

$$Y形电阻 = \frac{△形相邻电阻乘积}{△形电阻之和} \tag{1-10}$$

$$△形电阻 = \frac{Y形电阻两两乘积之和}{Y形不相邻电阻} \tag{1-11}$$

三个相等电阻的 Y、△联结方式分别称为 Y、△的对称联结。如果对称 Y 联结的电阻为 R_Y，则对称△联结的等效电阻 $R_\triangle = 3R_Y$。

二、电感元件

（一）电感基本概念

线圈的基本性能，就是线圈通过电流时会建立磁场，并储存磁场能量，在电路中起着储能的作用。为反映实际元件中流过电流就会建立磁场并储存能量的物理特性，人们建立了电感元件这种理想元件。例如，线圈、输电线路都可以看作电感元件和电阻元件的组合。

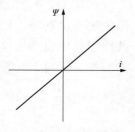

电感元件是一个二端元件，其电流和磁通链的方向符合右手螺旋关系，它的电流和磁通链的大小成代数关系，即电流和磁通链的关系由 $i-\psi$ 平面上的一条曲线所决定，如图 1-4 所示。

图 1-4　$i-\psi$ 曲线

磁通链与电流的大小成正比关系的电感元件称为线性电感元件，它的 $\psi(i)$ 曲线是一条通过原点的直线。磁通链和电流大小不成正比关系的电感元件称为非线性电感元件。除非另有说明，电感元件都为线性电感元件。线性电感元件的磁通链和电流大小的比值为

$$L = \frac{\psi}{i} \tag{1-12}$$

式中　L——正常数，称为电感，也称为自感或自感系数。

电感的单位为 H（亨），物理意义是一个线圈中通有单位电流时，通过线圈自身的磁通链数，等于该线圈的自感系数。

电感 L 表示电感元件的 $i-\psi$ 关系，是电感元件的参数，在电路图上应标明 L 的数值。当线圈中电流变化时，它所激发的磁场通过线圈自身的磁通量也在变化，使线圈自身产生感应电动势，称为自感现象，该电动势称为自感电动势。全磁通与回路的电流成正比，如图 1-5 所示。

$$\varepsilon = -\frac{\mathrm{d}\psi}{\mathrm{d}t} = -\frac{\mathrm{d}(Li)}{\mathrm{d}t} = -L\frac{\mathrm{d}i}{\mathrm{d}t} - i\frac{\mathrm{d}L}{\mathrm{d}t} \tag{1-13}$$

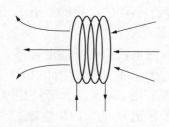

自感电流反映线圈中电流的变化，L 越大回路中电流越难改变。线圈的自感电动势 ε 由磁通链的变化率决定，由式（1-13）可知，当电感中通过直流电流时，其周围只呈现固定的磁力线，不随时间而变化；当线圈中通过交流电流时，其周围将呈现出随时间而变化的磁力线。根据法拉第电磁感应定律——磁生电来分析，变化的磁力线在线圈两端会产生感应电动势，此感应电动势相当于一个"新电源"。当形成闭合

图 1-5　电感线圈原理

回路时，此感应电动势就要产生感应电流。由楞次定律可知，感应电流所产生的磁力线总量要力图阻止磁力线的变化。磁力线的变化来源于外加交变电源的变化，故从客观效果看，电感线圈有阻止交流电路中电流变化的特性。

电感量与以下因素有关：①匝数（线圈的圈数），匝数越多电感量越大；②线圈的形状，线圈匝间距离越小，电感量越大，线圈中间的面积越大，电感量越大；③线圈中间的介质（空心、铁芯、磁芯等），加铁芯、磁芯的线圈电感量要比空心线圈的电感量大得多。

电感电路中电压与电流的相位关系，根据公式 $U = L\dfrac{\mathrm{d}i}{\mathrm{d}t}$，可得出 $U = LI_{\mathrm{m}}\dfrac{\mathrm{d}\sin\omega t}{\mathrm{d}t} = LI_{\mathrm{m}}\cos\omega t = LI_{\mathrm{m}}\sin(\omega t + 90°)$，所以对于电感，电压超前电流90°，如图1-6所示。

（二）自感与互感

如图1-7所示，当线圈1中的电流变化时，所激发的磁场会在它邻近的线圈2中产生感应电动势，这种现象称为互感现象，该电动势称为互感电动势。互感电动势与线圈中的电流变化快慢有关，与两个线圈结构以及它们之间的相对位置和磁介质的分布有关。线圈1所激发的磁场通过线圈2的磁通链数和互感电动势分别为 $\psi_{21} = M_{21}i_1$ 和 $e_{21} = -M_{21}\dfrac{\mathrm{d}i_1}{\mathrm{d}t}$。线圈2所激发的磁场通过线圈1的磁通链数和互感电动势分别为 $\psi_{12} = M_{12}i_1$ 和 $e_{12} = -M_{12}\dfrac{\mathrm{d}i_1}{\mathrm{d}t}$。$M_{21} = M_{12} = M$，$M$ 称为这两个线圈的互感系数，简称为互感，互感的国际单位也是H（亨）。M 越大，表明两者联系越大，耦合程度也越大。

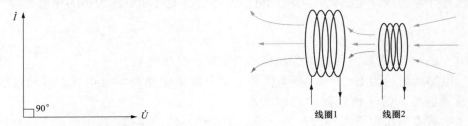

图1-6　电感电路中电压与电流的相位关系　　图1-7　互感原理图

与线圈自感定义相似，互感是线圈中磁通链与电流的比值，但需注意的是，自感是线圈本身电流产生的磁通链与本身电流之比；而互感是线圈的互感磁通链与产生该磁通链的电流的比值。一个线圈的互感电动势大小和引起这个电动势的另一线圈电流的变化率成正比，即线圈1中的互感电动势 e 由线圈2中电流 i_2 引起的，它的大小正比于电流 i_2 的变化率。

互感电动势的方向可以用楞次定律决定。为了像线圈中自感电动势那样规定自感电动势和电流的参考方向后，用数学式直接表达互感电动势的大小和方向，由此引入磁耦合线圈同名端的概念。如图1-8（a）所示，线圈1中电流 i_1 由a端流入，所产生的磁通 Φ_1 的方向向左，线圈2中电流 i_2 由a′端流入，所产生的磁通 Φ_2 的方向和电流 i_1 在线圈2中的互感磁通方向一致，即也向左，那么a与a′称为这两个线圈的同名端，也称为同极性端，同名端在图上习惯用"*"符号标注，有时也用"+"符号标注。所以，两个线圈分别由同名端流入电流后，所产生的自感磁通和互感磁通的方向一致。实质上，同名端反映了磁耦合线圈的相对绕向，可以根据磁耦合线圈的实际绕向来确定。如图1-8（b）所示，可以确定a、a′两端是同名端。

磁耦合线圈互感的大小反映了一个线圈在另一个线圈中产生磁通链的能力。磁耦合线圈互感的大小除与它们的形状、尺寸及介质性质有关外，还与它们的相对位置有关。例如，两个线圈靠近一些，互感就大一些，或转动一个线圈的相对位置，M 也就不同。

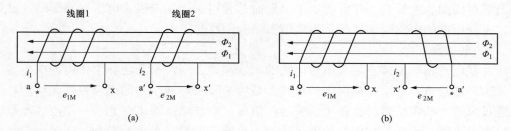

图 1-8 同名端

（a）电流与磁通绕向；（b）耦合线圈实际绕向

磁耦合线圈中各个线圈有各自的自感 L_1 和 L_2，两个线圈间的互感 M 最小可能为零，实验和理论证明，互感 M 最大不超过 $\sqrt{L_1 L_2}$。

（三）非线性电感

如果电感元件的伏安特性不是一条通过原点的直线，这种电感元件就是非线性电感元件。如果非线性电感的电流与磁通链的关系表示为 $i = h(\psi)$，则称为磁通链控制的电感，如图 1-9（a）所示。如果电流与磁通链的关系表示为 $\psi = f(i)$，就称为电流控制的电感。非线性电感的 $i - \psi$ 特性曲线，如图 1-9（b）所示。

同样，为了计算方便，引用静态电感 L ［见式（1-12）］和动态电感 L_d 的概念，动态电感的计算式为

$$L_d = \frac{d\psi}{di} \tag{1-14}$$

非线性电感也可以是单调型的，即其韦安特性在 $i - \psi$ 平面上是单调增长或单调下降的。不过大多数实际非线性电感元件包含铁磁材料制成的芯子，由于铁磁材料的磁滞现象的影响，它的 $i - \psi$ 特性曲线具有回线形状，如图 1-10 所示。

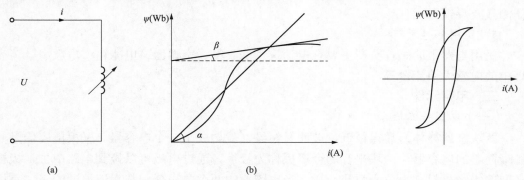

图 1-9 非线性电感及特性图　　　　　图 1-10 铁磁材料的特性

（a）非线性电感元件电路图；（b）非线性电感特性曲线

（四）工程应用

电感的概念在电气试验专业无处不在，最简单的理解是导线按一定的方向缠绕，

或套在铁芯上，或者独立存在，常见的主变压器、电抗器、消弧线圈、电磁式电压互感器等有线圈类的设备。在分析很多问题时都会用到，如电磁式电压互感器的铁磁谐振、主变压器的短路阻抗试验、串联谐振试验回路等。

1. 电抗器

并联电抗器一般接在超高压输电线的末端和地之间，起无功补偿作用。电压等级为 220、110、35、10kV 电网中的电抗器是用来吸收电缆线路的充电容性无功的。可以通过调整并联电抗器的数量来调整运行电压。串联电抗器串在无功补偿电容器组中和电容器串联，构成某次谐波的谐振通道，以降低谐波对系统的影响，同时也起到限制电容器组合闸电流的作用。

2. 消弧线圈

消弧线圈接于三相变压器的中性点与地之间，用以在三相电网的一相接地时供给电感性电流，以补偿流过接地点的电容性电流，使电弧不易重燃，从而消除由于电弧多次重燃引起的过电压。

3. 互感器

互感器包括电流互感器和电压互感器，能够将高电压变成低电压、大电流变成小电流，用于量测或保护系统。互感器的电压比为匝数比，电流比为匝数的反比，通过两个线圈缠绕匝数的不同实现电压和电流的变换。

4. LC 谐振电路

在电阻、电感及电容所组成的串联电路内，当容抗 X_C 与感抗 X_L 相等时，即 $X_C = X_L$，电路中的电压 U 与电流 I 的相位相同，电路呈现纯电阻性，这种现象称为串联谐振。当电路发生串联谐振时，电路的阻抗 $Z = \sqrt{R^2 + (X_C - X_L)^2} = R$，电路中总阻抗最小，电流将达到最大值，电容和电感上获得的电压最大，利用此原理可进行变频谐振交流耐压试验。大多数的被试品都可以等效成一个电容器，在串联谐振电路前提供一个双向调节频率又可调节电压的变频变压电源，在电容器两端并联一个分压器作测量及反馈之用。

5. 民用感性负荷

民用电器中的感性负荷主要有电动机、洗衣机、空调器、电冰箱、电风扇、荧光灯中的电感性镇流器等。

三、电容元件

（一）电容基本概念

两块金属导体，靠得很近，彼此又绝缘，就构成了一个电容器。平板电容器是一种最简单的电容器，两块平行的金属板称为极板，通过电极可以接到电路中去，极板之间的绝缘材料称为电介质或介质。当电容器的两个电极分别与直流电源的正、负极相连时，两块极板上便分别带上等量且异种的电荷。每个极板上所带电荷量的绝对值，称为电容器容纳的电荷量，用 Q 表示。这样，在正、负极板之间的介质中建立起电场，并储存有电场能量。如果移去电源，正、负电荷因相互吸引仍保持在极板上，所以电容器是一个容纳电荷并储存电场能量的实际电路元件。在直流电路中，接入一个电容器，似乎不起什么作用，但当加在电容器两端的电压不断变化时，电容器极板上的电荷就会不断变化，电场能量也会不断变化，从而对电路起着特殊的作用，因而在电工和电子技术中，电容器是不可缺少的重要元件。

实验证明，加在一个电容器极板间的电压越高，极板上的电荷量就越多。也就是说，电容器的带电荷量 Q 与其端电压 U 成正比，两者的比值 Q/U 是一个恒量。对不同的电容器，这个比值一般是不同的。所以，这个比值反映了电容器容纳电荷本领的大小，称为电容器的电容量，简称电容，用大写字母 C 表示，即

$$C = \frac{Q}{U} \qquad (1\text{-}15)$$

式中　Q——一块极板上的电荷量，C；

　　　U——两块极板间的电压，V。

式（1-15）中，当 $U = 1\text{V}$，$Q = 1\text{C}$ 时，电容 $C = 1\text{F}$。但法拉 F 这个单位太大，因为实用的电容器的电容不可能达到1F，所以常用较小的单位微法（μF）和皮法（pF）表示。其中，$1\mu\text{F} = 10^{-6}\text{F}$，$1\text{pF} = 10^{-6}\mu\text{F} = 10^{-12}\text{F}$。

除了专门制造的电容器外，电路中还有自然形成的电容器，如输电线之间、输电线对地等。实际的电容器，其介质的绝缘电阻不可能无限大，在电压的作用下，会有微量电流通过介质，这个电流称为漏电流，漏电流会引起损耗。在交变电压的作用下，介质还会发热引起损耗。如果在分析一个电容器时，漏电流和介质损耗可以忽略不计，就是一个理想电容器，也就可以用一个电容元件作为实际电容器的模型。

电容元件是一个理想电路元件，它只表征具有容纳电荷和储存电场能量作用的电路元件。电容元件的一般图形符号，如图 1-11 所示。

设标准电容元件在交流电流中电流、电压的方向如图 1-12 所示，则其电流总是超前电压90°。

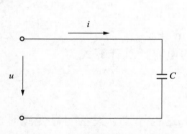

图 1-11　电容元件的图形符号

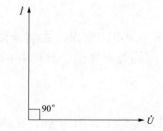

图 1-12　电容元件的电流电压方向

对于电容元件，其 $U-I$ 关系为 $I = C\dfrac{\mathrm{d}U(t)}{\mathrm{d}t}$。当 $U(t) = \sin(\omega t + \varphi)$ 时，$I = \mathrm{j}\omega C U$。由此可知，电压滞后电流90°。根据电容器两极板间电压不能突变的原理，电容极板间充放电的过程实际表现为电容两端电流迅速变化，即两极板迅速积蓄和释放电荷的过程，而在此过程中电压不能以同样的速度随电流的变化而变化，总是呈现出滞后电流变化的趋势。

（二）介电常数

电容器的电容取决于其本身的结构，而与是否带电无关。一般地，两极板的正对面积越大，吸引的电荷越多，其电容就越大。两极板间的距离越小，正、负电荷的吸引力越大，吸引的电荷越多，电容也越大。

实验表明，电介质材料对电容的影响也很大。例如，用玻璃代替真空可使同样尺寸的电容器的电容增大至原来的 4～7 倍；用瓷代替真空，电容可增大至原来的 6 倍；用云母代替真空，电容可增大至原来的 7 倍。不同的电介质对电容的影响不同，其影响的程度可用相对介电常数 ε_r 来表示，相对介电常数 ε_r 是电容器以某种材料作电介质时的电容 C 与内部为真空时的电容 C_0 之比，即

$$\varepsilon_r = \frac{C}{C_0} \tag{1-16}$$

式中　ε_r——纯数，真空的 $\varepsilon_r=1$。

常用材料的相对介电常数，见表 1-3。

表 1-3　　　　　　　　　　常用材料的相对介电常数

电介质	相对介电常数 ε_r	电介质	相对介电常数 ε_r
空气	1	瓷	6
石蜡	2	电容器纸	6.5
聚苯乙烯	2.2	云母	7
玻璃	4～7	钛酸钡	1000～2000

固定电容器的电容是不变的。真空中的平板电容器，其电容 C_0 与极板的正对面积 S 成正比，与极板间距离 d 成反比。其计算式为

$$C_0 = \frac{S}{4\pi kd} \tag{1-17}$$

式中　k——静电力常量，由实验测定，$k=9\times10^9 \text{m/F}$。

极板间均匀充满同一种电介质的平板电容器的电容，其计算式为

$$C = \varepsilon_r C_0 = \frac{\varepsilon_r S}{4\pi kd} \tag{1-18}$$

水的 ε_r 非常大，约为 80，比绝缘油的还要大，这也导致了设备明显受潮时，电容量会明显增加。

（三）无功补偿

电容器是一种无功补偿装置。电力系统的负荷和供电设备如电动机、变压器、互感器等，除了消耗有功电力以外，还要"吸收"无功电力。如果这些无功电力都由发电机供给，必将影响它的有功出力，不但不经济，而且会造成电压质量低劣，影响用户使用。

电容器在交流电压作用下能"发"无功电力（电容电流），如果把电容器并联在负

荷（如电动机）或供电设备（如变压器）上运行，那么，负荷或供电设备要"吸收"的无功电力，正好由电容器"发出"的无功电力供给，这就是并联补偿。并联补偿减少了线路能量损耗，可改善电压质量，提高功率因数，提高系统供电能力。

如果把电容器串联在线路上，补偿线路电抗，改变线路参数，这就是串联补偿。串联补偿可以减少线路电压损失，提高线路末端电压水平，减少电网的功率损失和电能损失，提高输电能力。

电力电容器包括移相电容器、电热电容器、均压电容器、耦合电容器、脉冲电容器等。移相电容器主要用于补偿无功功率，以提高系统的功率因数；电热电容器主要用于提高中频电力系统的功率因数；均压电容器一般并联在断路器的断口上作均压用；耦合电容器主要用于电力送电线路的通信、测量、控制、保护；脉冲电容器主要用于脉冲电路及直流高压整流滤波。

四、小节练习

1. 已知人体电阻 R_{min} 为 8000Ω，又知通过人体的电流 I 超过 0.005A 就会发生危险，试求安全工作电压 U 是多少？

解：
$$U = I R_{min} = 8000 \times 0.005 = 40（V）$$

答： 安全工作电压 U 是 40V。

2. 试求截面积 $S=95mm^2$、长 $L=120km$ 的铜质电缆，在温度 $t_2=0℃$ 时的电阻 R_0（铜在 $t_1=20℃$ 时的电阻率 $\rho=0.0175 \times 10^{-6}Ω \cdot m$，电阻温度系数 $\alpha=0.004℃^{-1}$）。

解：
$$R_{20} = \rho \frac{L}{S} = 0.0175 \times 10^{-6} \times \frac{120 \times 10^3}{95 \times 10^{-6}} \approx 22.11（Ω）$$

$$R_0 = R_{20}[1 + \alpha(t_1 - t_2)] = 22.11 \times [1 + 0.004 \times (20 - 0)] = 23.88（Ω）$$

答： 0℃时铜质电缆的电阻 R_0 为 23.88Ω。

3. 现有电容量 C_1 为 200μF，耐压值为 500V 和电容量 C_2 为 300μF，耐压值为 900V 的两只电容器，试求：

（1）将两只电容器串联起来后的总电容量 C 是多少？

（2）电容器串联以后若在两端加 1000V 电压，电容器是否会被击穿？

解：（1）两只电容器串联后的总电容为

$$C = \frac{C_1 C_2}{C_1 + C_2} = \frac{200 \times 300}{200 + 300} = 120（μF）$$

（2）两只电容器串联后加 1000V 电压，则 C_1、C_2 两端的电压 U_1、U_2 分别为

$$U_1 = \frac{C_2}{C_1 + C_2}U = \frac{300}{200 + 300} \times 1000 = 600（V）$$

$$U_2 = \frac{C_1}{C_1 + C_2}U = \frac{200}{200 + 300} \times 1000 = 400（V）$$

答： 将两只电容器串联起来后的总电容量 C 为 120μF；电容 C_1 两端的电压是 600V，超过电容 C_1 的耐压值为 500V，所以 C_1 被击穿。C_1 被击穿后，1000V 电压全部加在电容 C_2 上，所以 C_2 也会被击穿。

4．某变压器做负载试验时，室温为 25℃，测得短路电阻 $R_k = 3\Omega$，短路电抗 $X_k = 35\Omega$，求 75℃ 时的短路阻抗 $Z_{k75℃}$ 是多少？（该变压器线圈为铜导线）

解：对于铜导线

$$R_{k75℃} = \frac{235+75}{235+25}R_k = \frac{235+75}{235+25}\times 3 \approx 3.58（\Omega）$$

$$Z_{k75℃} = \sqrt{{R_{k75℃}}^2 + {X_k}^2} = \sqrt{3.58^2 + 35^2} \approx 35.2（\Omega）$$

答：75℃ 时的短路阻抗 $Z_{k75℃}$ 是 35.2Ω。

第二节　电路分析

一、一般分析方法

（一）支路电流法

以各支路电流为未知量列写电路方程分析电路的方法称为支路电流法。对于有 n 个节点、b 条支路的电路，要求解支路电流，未知量共有 b 个。只要列出 b 个独立的电路方程，便可以求解这 b 个变量。从电路的 n 个节点中任意选择 $n-1$ 个节点列写基尔霍夫电流定律（KCL）方程，然后选择基本回路列写 $b-(n-1)$ 个基尔霍夫电压定律（KVL）方程。如图 1-13 所示，有 6 个支路电流，需列写 6 个方程。

$$-i_4 - i_5 + i_6 = 0 \quad i_1 + i_2 - i_6 = 0 \quad -i_2 + i_3 + i_4 = 0$$
$$u_2 + u_3 - u_1 = 0 \quad u_1 + u_5 + u_6 = u_s \quad u_4 - u_5 - u_3 = 0 \tag{1-19}$$

应用欧姆定律，将电压消去得

$$R_4 i_4 - R_5 i_5 - R_3 i_3 = 0 \quad R_2 i_2 + R_3 i_3 - R_1 i_1 = 0 \quad R_1 i_1 + R_5 i_5 + R_6 i_6 = u_s \tag{1-20}$$

（二）网孔电流法

为减少未知量（方程）的个数，假想每个回路中有一个回路电流，各支路电流可用回路电流的线性组合表示，来求得电路的解的方法称为网孔电流法。如图 1-14 所示，独立回路数为 2。

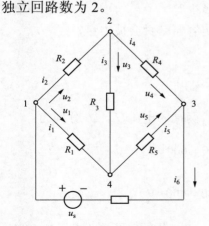

图 1-13　电路图

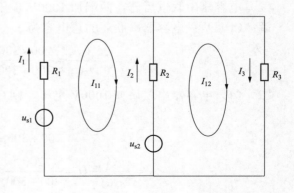

图 1-14　网孔电流法电路图

列方程为

$$R_2(I_{12} - I_{11}) + R_3 I_{12} = u_{s2}$$
$$(R_1 + R_2)I_{11} - R_2 I_{12} = u_{s1} - u_{s2}$$

（1-21）

（三）回路电流法

以基本回路中沿回路连续流动的假想电流为未知量，列写电路方程分析电路的方法称为回路电流法，如图 1-15 所示。

列方程为

$$(R_s + R_1 + R_2)i_1 - R_1 i_2 - (R_1 + R_4)i_3 = u_s$$
$$-R_1 i_1 + (R_1 + R_2 + R_5)i_2 + (R_1 + R_2)i_3 = 0$$
$$-(R_1 + R_4)i_1 + (R_1 + R_2)i_2 + (R_1 + R_2 + R_3 + R_4)i_3 = 0$$

（1-22）

（四）节点电压法

以节点电压为未知量，列写电路方程分析电路的方法称为节点电压法，适用于节点较少的电路。节点电压为未知量，则 KVL 自动满足，无需列写 KVL 方程。各支路电流、电压可视为节点电压的线性组合，求出节点电压后，便可方便地得到各支路电压、电流，如图 1-16 所示。

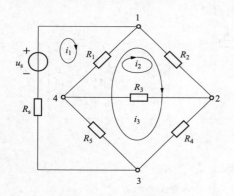

图 1-15 回路电流法电路图

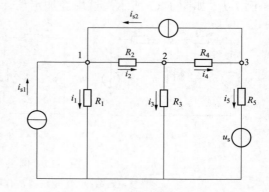

图 1-16 节点电压法电路图

列方程为

$$i_1 + i_2 = i_{s1} + i_{s2}$$
$$-i_2 + i_4 + i_3 = 0$$
$$-i_3 + i_5 = -i_{s2}$$

（1-23）

把各个支路用节点电压表示出来

$$\frac{u_{s1}}{R_1} + \frac{u_{s1} - u_2}{R_2} = i_{s1} + i_{s2}$$

$$-\frac{u_1 - u_2}{R_2} + \frac{u_2 - u_3}{R_3} + \frac{u_2}{R_4} = 0$$

（1-24）

$$-\frac{u_2 - u_3}{R_3} + \frac{u_3 - u_s}{R_5} = -i_{s2}$$

整理得

$$\left(\frac{1}{R_1} + \frac{1}{R_2}\right)u_{s1} - \frac{1}{R_2}u_2 = i_{s1} + i_{s2}$$

$$-\frac{1}{R_2}u_1 + \left(\frac{1}{R_2} + \frac{1}{R_3} + \frac{1}{R_4}\right)u_2 - \frac{1}{R_3}u_3 = 0 \tag{1-25}$$

$$-\frac{1}{R_3}u_2 + \left(\frac{1}{R_3} + \frac{1}{R_5}\right)u_3 = -i_{s2} + \frac{u_s}{R_5}$$

二、电路定理

（一）叠加定理

由线性元件所组成的电路，称为线性电路。叠加定理是线性电路的一个重要定理，应用这一定理，可使线性电路的分析更加方便。

叠加定理指出：在线性电路中，当有多个电源作用时，任一支路电流或电压，可看作由各个电源单独作用时在该支路中产生的电流或电压的代数和。当某一电源单独作用时，其他不作用的电源应置为零（电压源电压为零，电流源电流为零），即电压源用短路代替，电流源用开路代替。

例 1-1 如图 1-17 所示，试用叠加定理计算电流 I。

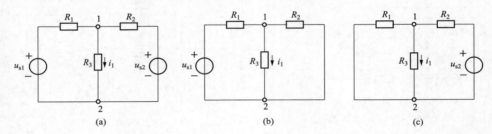

图 1-17 例 1-1 电路图

（a）完整电路图；（b）电压源 S_1 作用图；（c）电压源 S_2 作用图

（1）计算电压源 u_{s1} 单独作用于电路时产生的电流 I'［见图 1-17（b）］，即

$$I' = \frac{u_{s1}}{R_1 + \dfrac{R_2 R_3}{R_2 + R_3}} \times \frac{R_2}{R_2 + R_3} \tag{1-26}$$

（2）计算电压源 u_{s2} 单独作用于电路时产生的电流 I''［见图 1-17（c）］，即

$$I'' = \frac{u_{s2}}{R_2 + \dfrac{R_1 R_3}{R_1 + R_3}} \times \frac{R_1}{R_1 + R_3} \tag{1-27}$$

（3）由叠加定理，计算电压源 u_{s1}、u_{s2} 共同作用于电路时产生的电流 I，即

$$I = I' + I'' = \frac{u_{s1}}{R_1 + \dfrac{R_2 R_3}{R_2 + R_3}} \times \frac{R_2}{R_2 + R_3} + \frac{u_{s2}}{R_2 + \dfrac{R_1 R_3}{R_1 + R_3}} \times \frac{R_1}{R_1 + R_3} \tag{1-28}$$

例 1-2 如图 1-18 所示电路，试用叠加定理计算电压 u。

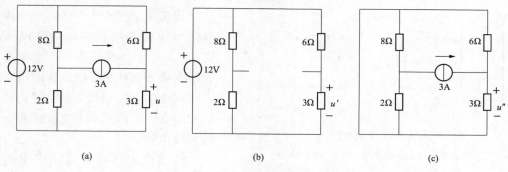

图 1-18　例 1-2 电路图

（a）完整电路图；（b）电压源单独作用图；（c）电流源单独作用图

（1）计算 12V 电压源单独作用于电路时产生的电压 u' ［见图 1-18（b）］，即

$$u' = -\frac{12}{6+3} \times 3 = -4\,(\text{V}) \tag{1-29}$$

（2）计算 3A 电流源单独作用于电路时产生的电压 u'' ［见图 1-18（c）］，即

$$u'' = 3 \times \frac{6}{6+3} \times 3 = 6\,(\text{V}) \tag{1-30}$$

（3）由叠加定理，计算 12V 电压源、3A 电流源共同作用于电路产生的电压 u，即

$$u = u' + u'' = -4 + 6 = 2\,(\text{V}) \tag{1-31}$$

由上面的例子，可归纳用叠加定理分析电路的一般步骤为：

（1）将复杂电路分解为含有一个（或几个）独立源单独（或共同）作用的分解电路。

（2）分析各分解电路，分别求得各电流或电压分量。

（3）叠加得最后结果。

用叠加定理分析电路时，应注意以下几点：

（1）叠加定理仅适用于线性电路，不适用于非线性电路；仅适用于电压、电流的计算，不适用于功率的计算。

（2）当某一独立源单独作用时，其他独立源的参数都应置为零，即电压源代之以短路，电流源代之以开路。

（3）应用叠加定理求电压、电流时，应特别注意各分量的符号。若分量的参考方向与原电路中的参考方向一致，则该分量取正号；反之，取负号。

（4）叠加的方式是任意的，可以一次使一个独立源单独作用，也可以一次使几个独立源同时作用，方式的选择取决于对分析计算问题的简便程度。

在电路分析中，有时只要研究某一条支路的电压、电流或功率，因此，对所研究的支路而言，电路的其余部分就构成一个有源二端网络。戴维南定理和诺顿定理说明的就是如何将一个线性有源二端网络等效为一个电源的重要定理。如果将线性有源二端网络等效为电压源的形式，应用的是戴维南定理，如果将线性有源二端网络等效为电流源的形式，应用的则是诺顿定理。

（二）戴维南定理

戴维南定理是等效电路概念的具体运用，示意电路图如图 1-19 所示。

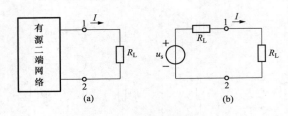

图 1-19 示意电路图

（a）戴维南定理示意图；（b）等效电路图

戴维南定理指出：任何一个线性有源电阻性二端网络，对外电路来说，可以用一个电压源与一个电阻串联的支路等效代替。电压源的电压等于该网络的开路电压，电阻等于该网络中所有电压源短路、电流源开路时的等效电阻。

戴维南定理特别适用于求解线性有源电阻性二端网络的某支路电流或电压。解题过程可分为如下三个步骤进行：

（1）求开路电压。

（2）求等效电阻。

（3）作出戴维南等效电路，计算所求支路的电流或电压。

例 1-3 求如图 1-20 所示电路的戴维南等效电路。

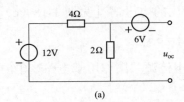 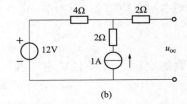

图 1-20 例 1-3 电路图

（a）线性有源二端网络；（b）线性有源二端网络（电压源短路）

（1）求有源二端网络的开路电压 u_{oc}，设回路绕行方向是顺时针方向，则

$$u_{oc} = -8 - 6 + 12 = -2（V）\tag{1-32}$$

（2）求内电阻 R_i，将电压源短路，得图 1-20（b）所示电路，则

$$R_i = \frac{4 \times 2}{4 + 2} \approx 1.33（\Omega）\tag{1-33}$$

根据上述分析，戴维南等效电路如图 1-21 所示，注意电压源的方向。

（三）诺顿定理

电压源与电阻的串联组合可以等效变换为电流源与电阻的并联组合。因此，一个线性有源电阻性二端网络可以用一电压源与电阻串联组合替代，也可以用一电流源与电阻并联组合等效替代。

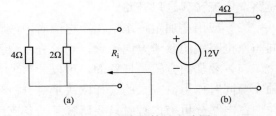

图 1-21 戴维南等效电路图

（a）完整电路图；（b）等效电路图

诺顿定理指出：任何一个线性有源电阻性二端网络，对外电路而言，总可以用一个电流源和一个电阻等效替代，这个电流源的电流等于该网络的短路电流，并联的电阻等于该网络内部的独立电源置零后的等效电阻。这一电流源与电阻的并联电路称为

诺顿等效电路。

例 1-4 如图 1-22 所示电路，已知电阻 $R_1 = 4\Omega$，$R_2 = R_3 = 2\Omega$，$R_4 = R_5 = R_6 = 1\Omega$，电压 $u_{s1} = u_{s2} = 12V$，试用诺顿定理求电流 I。

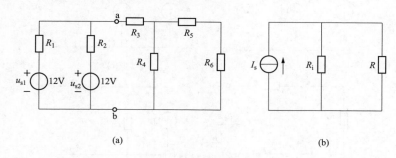

图 1-22 例 1-4 电路图

（a）电路图；（b）诺顿等效电路图

解：首先求出图 1-22（a）中节点 a 左侧电路的诺顿等效电路，其中

$$I_{sc} = \frac{u_{s1}}{R_1} + \frac{u_{s2}}{R_2} = 9(\text{A})$$

$$R_i = \frac{R_1 \times R_2}{R_1 + R_2} = \frac{4 \times 2}{4 + 2} = \frac{4}{3}(\Omega) \tag{1-34}$$

再求图 1-22（a）中节点 a、b 右侧电路的等效电阻 R，则

$$R = R_3 + \frac{(R_5 + R_6) \times R_4}{R_4 + R_5 + R_6} = \left[2 + \frac{(1+1) \times 1}{1+1+1} \right] = \frac{8}{3}(\Omega) \tag{1-35}$$

最后作出总的等效电路［见图 1-22（b）］，计算电流 I，则

$$I = I_{sc} \times \frac{R_i}{R_i + R} = 9 \times \frac{\dfrac{4}{3}}{\dfrac{4}{3} + \dfrac{8}{3}} = 3(\text{A}) \tag{1-36}$$

例 1-5 如图 1-23 所示电路，已知电阻 $R_1 = R_2 = 1\Omega$，$R_3 = 5\Omega$，电压 $u_s = 10V$，$i_s = 2A$，求诺顿等效电路。

解：首先求短路电流［见图 1-23（a）、（b）］，利用叠加定理求节点电压 u_0，即

$$u_0 = \frac{u_s}{R_1 + R_3}R_3 + i_{sc}\frac{R_1 \times R_3}{R_1 + R_3} = 10(\text{V}) \tag{1-37}$$

短路电流 i_{sc} 为

$$i_{sc} = \frac{u_0}{R_3} = \frac{10}{5} = 2(\text{A}) \tag{1-38}$$

再求等效电阻 R_i。将电压源用短路、电流源用开路替代［见图 1-23（c）、（d）］，则

$$R_i = R_1 + R_3 = 1 + 5 = 6(\Omega) \tag{1-39}$$

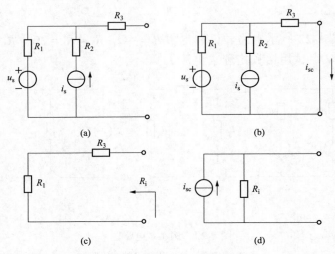

(a)　　　　　　　　　　　　　(b)

(c)　　　　　　　　　　　　　(d)

图 1-23　例 1-5 电路图

（a）完整电路图；（b）短路电流图；（c）等效电阻图；（d）诺顿等效电路图

三、小节练习

1. 电路如图 1-24 所示，已知 $E_1 = 130\text{V}$，$R_1 = 1\Omega$，$E_2 = 117\text{V}$，$R_2 = 0.6\Omega$，$R_3 = 24\Omega$，用节点电压法计算各支路的电流 I_1、I_2、I_3。

解： 由图 1-24 列节点电压方程为

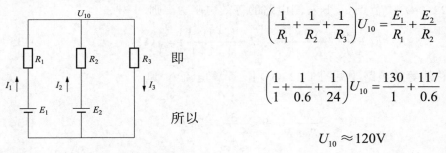

图 1-24　小节练习 1 电路图

$$\left(\frac{1}{R_1} + \frac{1}{R_2} + \frac{1}{R_3}\right)U_{10} = \frac{E_1}{R_1} + \frac{E_2}{R_2}$$

即

$$\left(\frac{1}{1} + \frac{1}{0.6} + \frac{1}{24}\right)U_{10} = \frac{130}{1} + \frac{117}{0.6}$$

所以

$$U_{10} \approx 120\text{V}$$

则

$$I_1 = \frac{E_1 - U_{10}}{R_1} = \frac{130 - 120}{1} = 10（\text{A}）$$

$$I_2 = \frac{E_2 - U_{10}}{R_2} = \frac{117 - 120}{0.6} = -5（\text{A}）$$

$$I_3 = \frac{U_{10}}{R_3} = \frac{120}{24} = 5（\text{A}）$$

答： 各支路的电流 I_1、I_2、I_3 依次为 10A、−5A、5A。

2. 如图 1-25 所示，试用戴维南定理求分压器电路中负载电阻 R 分别为 100Ω、200Ω 的电压和电流。

解： 将负载电阻 R 断开，余下的电路是一个线性有源二端网络，如图 1-25 所示。

（1）求该二端网络的开路电压 U_{oc}，即

18

$$U_{oc} = \frac{600}{600 + 600} \times 20 = 10 （V）$$

（2）求等效电源的内电阻 R_i。将电压源短路，得如图 1-25（c）所示电路。

$$R_i = \frac{600 \times 600}{600 + 600} = 300 （\Omega）$$

（3）画出戴维南等效电路。

$$I = \frac{10}{300 + 100} = 0.025 （A）$$
$$U = RI = 100 \times 0.025 = 2.5 （V）$$
$$I = \frac{10}{300 + 200} = 0.02 （A）$$
$$U = RI = 200 \times 0.02 = 4 （V）$$

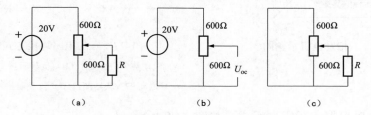

图 1-25　小节练习 2 电路图

（a）完整电路图；（b）开路电压电路图；（c）等效电阻电路图

第三节　三　相　电　路

一、基本概念

由 3 个频率相同、幅值相同、相位互差 120°的正弦电压源所构成的电源称为三相电源。由三相电源供电的电路称为三相电路。三相电路的优点如下：

（1）发电方面：比单相电源可提高功率 50%。

（2）输电方面：比单相输电节省钢材 25%。

（3）配电方面：三相变压器比单相变压器经济且便于接入负载。

（4）运电设备：结构简单、成本低、运行可靠、维护方便。

以上优点使三相电路在动力方面获得了广泛应用，是目前电力系统采用的主要供电方式。

三相电源是三个频率相同、振幅相同、相位彼此相差 120°的正弦电源，如图 1-26 所示。

三相电源的三个电动势和三相负载阻抗有两种基本连接方式，即星形联结（Y 联结）和三角形联结（△联结）。如图 1-27 所示，为三相电源与三相负载的 Y 联结与△联结。每相电源与负载分别标以 A 相、B 相和 C 相加以区别。在 Y 联结方法中，各相电源和负载的输出端称为各相的端点，三相公共联结点称为中性点，或简称为中点。

在△联结方法中，三相电源或负载分别首尾相连，无中性点。由三相电源或三相负载连接而成的电路称为三相电路。

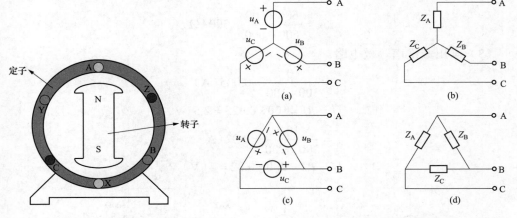

图 1-26　三相发电机示意图

图 1-27　三相电路连接方式图

（a）电动势 Y 联结图；（b）负载阻抗 Y 联结图；

（c）电动势△联结图；（d）负载阻抗△联结图

工程上可以根据实际需要组成，如图 1-28 所示。

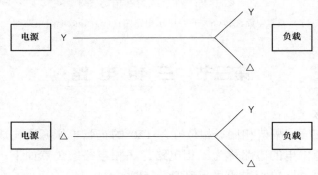

图 1-28　对称三相电路图

注：当电源和负载都对称时，如图 1-28 所示，称为对称三相电路。

二、线电压（电流）与相电压（电流）的关系

如图 1-29 所示：

（1）端线（火线）：始端 A、B、C 三端引出线。

（2）中线：中性点 N 引出线，△联结无中线。

（3）相电压：每相电源的电压为 u_A、u_B、u_C。

（4）线电压：端线与端线之间的电压为 u_{AB}、u_{AC}、u_{BC}。

（5）线电流：流过端线的电流为 i_A、i_B、i_C。

（6）线电流：流过端线的电流为 i_{AB}、i_{AC}、i_{BC}。

（7）相电流：流过每相负载的电流为 i_A、i_B、i_C。

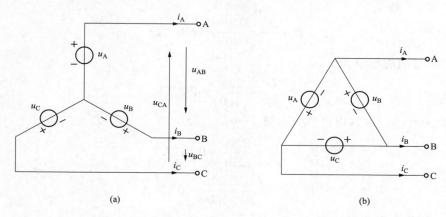

图 1-29　线电压（电流）与相电压（电流）的关系图

（a）线电压（电流）关系图；（b）相电压（电流）关系图

三、功率计算

（一）三相电路的功率

1. 三相平均功率

$$P_p = u_p i_p \cos\varphi \qquad\qquad (1\text{-}40)$$

2. 三相总功率

$$P = P_1 + P_2 + P_3 = u_1 i_1 \cos\varphi_1 + u_2 i_2 \cos\varphi_2 + u_3 i_3 \cos\varphi_3 \qquad (1\text{-}41)$$

其中，u_k、i_k、$\cos\varphi_k$，k（$k=1$，2，3）分别是各相的相电压、相电流与功率因数，φ_k（$k=1$，2，3）为各相负载相电压与相电流之间的相位差角，亦即各相负载的阻抗角。

（二）对称三相电路的平均功率

1. 三相平均功率

$$P_p = u_p i_p \cos\varphi \qquad\qquad (1\text{-}42)$$

2. 三相总功率

$$P_p = \sqrt{3} u_p i_p \cos\varphi \qquad\qquad (1\text{-}43)$$

3. 对称三相电路的无功功率

$$Q = Q_1 + Q_2 + Q_3 = u_1 i_1 \cos\varphi_1 + u_2 i_2 \cos\varphi_2 + u_3 i_3 \cos\varphi_3 \qquad (1\text{-}44)$$

（三）对称三相电路的瞬时功率

$$P_p = \sqrt{3} u_p i_p \cos\varphi \qquad\qquad (1\text{-}45)$$

对称三相电路的瞬时功率为一常数，其值等于有功功率，在这种情况下运行的发电机和电动机的机械转矩是恒定的，没有波动，这是对称三相电路的一个优越性能。

四、小节练习

1. 已知三相对称电源的相电压为 A 相接入一只 $U=220\text{V}$、$P=40\text{W}$ 的灯泡，B 相和 C 相各接入一只 $U=220\text{V}$、$P=100\text{W}$ 的灯泡，中性线的阻抗不计，如图 1-30 所示，为电路连接图，求各灯泡中的电流 I_A、I_B、I_C 和中性线电流 I_0。

解： 40W 灯泡的电阻为

$$R = \frac{U^2}{P} = \frac{220^2}{40} = 1210（\Omega）$$

100W 灯泡的电阻为

$$R = \frac{U^2}{P} = \frac{220^2}{100} = 484（\Omega）$$

因有中性线，故各相可单独运算

$$I_A = \frac{U_{ph}}{R} = \frac{220}{1210} \approx 0.18（A）$$

$$I_B = I_C = \frac{U_{ph}}{R} = \frac{220}{484} \approx 0.45（A）$$

设 A 相为参考相量，则

$$I_A = 0.18\angle 0°, \quad I_B = 0.45\angle -120°, \quad I_C = 0.45\angle -240°$$

$$I_o = I_A + I_B + I_C = 0.18 - 0.225 - j0.39 - 0.225 + j0.39 = -0.27（A）$$

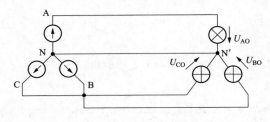

图 1-30　电路连接图

答：各灯泡中的电流 I_A、I_B、I_C 和中性线电流 I_o 分别为 0.18A、0.45A、0.45A、–0.27A。

2．在 U_L =10.5kV、f=50Hz 中性点不接地的配电系统中，假设各相对地电容为 2.5μF，试求单相金属性接地时的接地电流 I_g。

解：根据已知条件，线路及电源侧的阻抗可忽略不计。相对地电容 C_0 = 2.5μF，则相电压为

$$U_{ph} = \frac{U_L}{\sqrt{3}} = \frac{10.5}{\sqrt{3}} \approx 6.06（kV）$$

当 A 相接地时，B、C 相电压上升至线电压，其对地电容 I_B（或 I_C）增大 3 倍，即

$$I_B = I_C = 3\omega cU$$

而接地电流为 I_B 和 I_C 的相量和，即

$$I_g = I_B \cos 30° + I_C \cos 30° = 3\omega cU_{ph} \approx 14.27（A）$$

答：单相金属性接地时的接地电流 I_g 为 14.27A。

3．SJ-20/10 型三相变压器，绕组都为星形联结，高压侧额定电压 U_{1N}=10kV，低压侧额定电压 U_{2N}=0.4kV，变压器的额定容量 S_N=20kVA，试求该台变压器高压侧和低压侧的相电压 U_{1ph}、U_{2ph}，相电流 I_{1ph}、I_{2ph} 及线电流 I_{1L}、I_{2L} 各是多少？

解：高压侧的相电压

$$U_{1ph} = \frac{U_{1N}}{\sqrt{3}} = \frac{10}{\sqrt{3}} \approx 5.77\,(kV)$$

低压侧的相电压

$$U_{2ph} = \frac{U_{2N}}{\sqrt{3}} = \frac{0.4}{\sqrt{3}} \approx 0.23\,(kV)$$

高压侧的相电流

$$I_{1ph} = I_{1L} = \frac{S_N}{3U_{1ph}} \approx 1.15\,(A)$$

低压侧的相电流

$$I_{2ph} = I_{2L} = \frac{S_N}{3U_{2ph}} \approx 28.87\,(A)$$

答：高压侧和低压侧的相电压分别为 5.77kV 和 0.23kV；线电流和相电流相等，分别为 1.15A 和 28.87A。

第四节 谐 振 电 路

一、串联谐振

如图 1-31 所示，为 RLC 串联电路，假设元件参数 L 及 C 不变，则电抗 X 将随频率变化。当 $X_L > X_C$ 时，电路呈感性，电压超前电流；当 $X_L < X_C$ 时，电路呈容性，电压滞后电流；当 ω 为某一值，恰好使感抗 X_L 和容抗 X_C 相等时，则 $X = 0$，此时电路中的电流和电压同相位，电路的阻抗最小，且等于电阻（$Z = R$）。电路的这种状态称为谐振。由于是在 RLC 串联电路中发生的谐振，故又称为串联谐振。

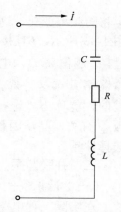

图 1-31 RLC 串联电路

下面对谐振电路进行分析：

当电路发生谐振时，$X = 0$，因此 $|Z| = R$，即此时电路的阻抗最小，因而在电源电压不变的情况下，电路中的电流将在谐振时达到最大，其数值为

$$I = I_0 = \frac{U}{R} \tag{1-46}$$

式中 I_0——谐振电流，A。

由于电源电压与电路中电流同相位，因此电路对电源呈现电阻性，电源供给电路的能量全被电阻所消耗，电源与电路之间不发生能量的互换。能量的互换只发生在电感线圈与电容器之间。

发生谐振时，电路中的感抗和容抗相等，而电抗为零。故电感和电容两端电压有效值必然相等，即 $U_C = U_L$，而 U_L 和 U_C 在相位上相反，互相抵消，对整个电路不起作用，因此电源电压 $\dot{U} = \dot{U}_R$。串联谐振相量图，如图 1-32 所示。U_L 和 U_C 可用式（1-47）

表示。

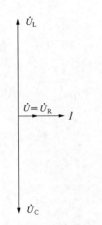

$$U_L = X_L I = X_L \frac{U}{R}$$

$$U_C = X_C I = X_C \frac{U}{R} \tag{1-47}$$

当 $X_L = X_C > R$ 时，U_L 和 U_C 都高于电源电压 U。如果电压过高，可能会击穿线圈和电容器的绝缘，因此，在电力工程中一般应避免发生串联谐振。但在电子技术工程领域则常利用串联谐振以获得较高电压，电容或电感元件上的电压常高于电源电压几十倍或几百倍。

当串联谐振时，U_L 和 U_C 可能会超过电源电压许多倍，所以串联谐振也称电压谐振。U_L 和 U_C 与电源电压 U 的比值，通常用 Q 来表示。Q 称为电路的品质因数，它表

图1-32　RLC串联谐振相量图

示在谐振时电容或电感元件上的电压是电源电压的 Q 倍。例如，$Q=120$，$U=10$V，那么在谐振时，电容或电感上的电压就高达 1200V。

在 RLC 串联电路中，阻抗随频率的变化而改变，由于 $I = \dfrac{U}{Z}$，在外加电压 U 不变的情况下，I 也将随频率变化，这一曲线称为电流谐振曲线。如图1-33所示，f 越接近 f_0，电流越大，信号越易通过。f 越偏离 f_0，电流越小，信号越不易通过。电路网络具有这种选择接近于谐振频率附近电流通过的性能称为"选择性"。选择性与电路的品质因数 Q 有关，品质因数越大，电流谐振曲线越尖锐，选择性越好。

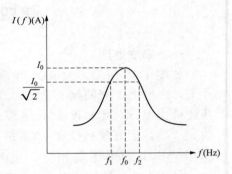

图1-33　电流谐振曲线

二、并联谐振

（一）谐振条件

在实际工程电路中，最常见的、用途极广泛的谐振电路由电感线圈和电容器并联组成，如图1-34所示。电容器损耗很小，可以忽略不计，可看成一个纯电容。线圈的电阻是不可忽略的，可看成由一个纯电感和电阻串联而成。

电感线圈与电容并联谐振电路的谐振频率为

$$f_0 = \frac{1}{2\pi\sqrt{LC}}\sqrt{1 - \frac{CR^2}{L}} \tag{1-48}$$

式中　R——线圈的电阻，Ω。

在一般情况下，线圈的电阻比较小，$\sqrt{\dfrac{L}{C}} \gg R$，即 $Q \gg 1$，则 $\dfrac{CR}{L} \approx 0$，所以振荡频率近似为

$$f_0 = \frac{1}{2\pi\sqrt{LC}}$$

（1-49）

式（1-49）与串联谐振频率公式相同。在实际电路中，如果电阻的损耗较小，应用此公式计算出的振荡频率误差很小。

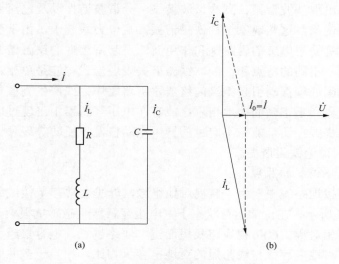

图 1-34　RLC 并联谐振电路

（a）电路；（b）相量图

（二）谐振电路特点

电感线圈与电容并联的电路，谐振时具有的特点与 RLC 并联谐振电路相同。

（1）电路呈纯电阻特性，总阻抗最大，当 $\sqrt{\dfrac{L}{C}} \gg R$ 时，得到

$$|Z| = \frac{L}{CR}$$

（1-50）

（2）品质因数定义为

$$Q = \frac{1}{R}\sqrt{\frac{L}{C}}$$

（1-51）

（3）总电流与电压同相位，其数量关系为

$$U = I_0 |Z|$$

（1-52）

（4）支路电流为总电流的 Q 倍，即

$$I_C = I_L = QI$$

（1-53）

因此，并联谐振又称为电流谐振。

三、铁磁谐振

（一）概述

电路中的谐振有参量谐振、线性谐振和非线性谐振。参量谐振是发生在含时变元

件电路内的谐振。一个凸极同步发电机带有容性负载的电路内就可能发生参量谐振。线性谐振是发生在线性时不变无源电路中的谐振，串联谐振和并联谐振就是基于此展开讨论的。非线性谐振发生在含有非线性元件的电路内，由铁芯线圈和线性电容器串联（或并联）而成的电路（俗称铁磁谐振电路）就能发生非线性谐振。在正弦激励作用下，电路内会出现基波谐振、高次谐波谐振、分谐波谐振以及电流（或电压）的振幅和相位跳变的现象，这些现象统称铁磁谐振。在电力系统中，由于变压器、电压互感器、消弧线圈等铁芯电感的磁路饱和作用而激发起持续性的铁磁谐振，其具有与线性谐振过电压完全不同的特点和性能。铁磁谐振表现形式可能是单相、两相或三相对地电压升高，或因低频摆动引起绝缘闪络或避雷器爆炸；或产生高值零序电压分量，出现虚幻接地现象和不正确的接地指示；或者在电压互感器中出现过电流，引起熔断器熔断或互感器烧毁；还可能使小容量的异步电动机发生反转等现象。下面以电压互感器（TV）为例讨论铁磁谐振。

（二）TV 铁磁谐振的原理

在中性点不接地系统中，为了监视对地绝缘，母线上常有 Y 接线的电磁式电压互感器，如图 1-35 所示。在正常运行状态下，电压互感器励磁感抗很大，其数值范围在兆欧级以上且各相对称。C 值视线路长短而定（线路越长，电容量越大，因为在输电线路中线路长的对地电容量与线路短的对地电容量相比，相当于多并联了一个电容），线路越长，容抗越小 $\left(X_C = \dfrac{1}{\omega C}\right)$，即以 1km 线路而言，其每相对地电容约为 0.004μF，

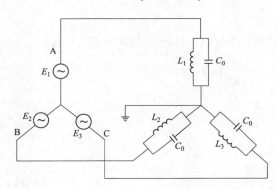

图 1-35　TV 铁磁谐振原理图

E—电源电动势；C—线路等设备的对地电容；

L—电压互感器激磁电感

故其容抗小于 1MΩ，所以整个网络对地仍呈容性且基本对称，电网中性点的位移电压很小，接近地电位。但电压互感器的励磁电感随通过的电流大小而变化，其 $U\text{-}I$ 特性如图 1-36 所示。

由图 1-36 可知，曲线的起始一段接近直线，其电感相应地保持常数。当励磁电流过大时，铁芯饱和，则 L 值随之大大降低（$Li = n\varPhi$，在一个固定的电压互感器中，n 是不变的，当铁芯饱和时，磁通变化很小，在电流增大的情况下，电感 L 变小）。正常运行时，铁芯工作在直线范围，当系统中出现某些波动时，如电压互感器突然合闸的巨大涌流、线路瞬间单相弧光接地等，使电压互感器发生三相不同程度的饱和，以致破坏了电网的对称，电网中性点就出现较高的位移电压，造成工频谐振或激发分频谐振。

例如，当某站 10kV 系统发生单相接地时，故障点流过电容电流，未接地的 B、C 两相电压升高，对系统产生扰动。在这一瞬间电压突变过程中，电压互感器高压线圈的非接地两相的励磁电流突然增大，甚至饱和，由此构成相间串联谐振。饱和后的电

压互感器励磁电感变小，系统网络对地
阻抗趋于感性，此时若系统网络的对地
电感与对地电容相匹配，就形成共振回
路，激发各种铁磁谐振过电压。尤其是
分频铁磁谐振可导致相电压低频摆动，
励磁感抗成倍下降，产生过电压，过电
压幅值可达到 $2U_e \sim 3.5U_e$，但此过电
压达不到避雷器的动作电压 17kV，故
母线避雷器并未动作。同时，感抗下降
会使励磁回路严重饱和，励磁电流急剧
增大，电流大大超过额定值。据试验，

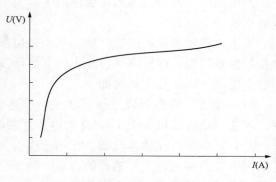

图 1-36 电压互感器 $U\text{-}I$ 曲线

分频谐振的电流可达正常电流的 240 倍以上，从而导致铁芯剧烈振动。电压互感器在
这样大的电流下运行，使其本身的温度迅速升高，当热量积累到一定程度，干式电压
互感器中的大量绝缘纸、绝缘介质会受热气化，体积急速膨胀，而存放绝缘纸、绝缘
介质的干式电压互感器内部空间有限，当压强积累到一定程度时便导致了电压互感器
爆炸。

（三）铁磁谐振频率区域的判别

电网中发生不同频率的谐振，与系统中导线对地分布电容的容抗 X_{C_0} 和电压互感
器并联运行的综合电感的感抗 X_m 的比值 X_{C_0} / X_m 有直接关系。

（1）分频谐振。当 X_{C_0} / X_m 较小（0.01～0.07）时发生的谐振是分频谐振。电容和
电感在振荡时，能量交换所需的时间较长，振荡频率较低。其表现为：过电压倍数较
低，一般不超过 2.5 倍相电压；三相电压表的指示数值同时升高，并周期性摆动，线
电压正常。

（2）高频谐振。当 X_{C_0} / X_m 较大（0.55～2.8）时发生的谐振是高频谐振。发生高
频谐振时，线路的对地电容较小，振荡时能量交换较快。其表现为过电压倍数较高；
三相电压表的指示数值同时升高，最大值可达到 4～5 倍相电压，线电压基本正常；谐
振时过电流较小。

（3）基频谐振。当 X_{C_0} / X_m 接近于 1 时，发生谐振的谐振频率与电网频率相同，
故称为基频谐振。其表现为：三相电压表中指示数值为两相升高、一相降低，线电压
正常；过电流很大，往往导致电压互感器熔丝熔断，严重时甚至会烧坏互感器；过电
压不超过 3.2 倍相电压，伴有接地信号指示，称为虚幻接地现象。

当 $X_{C_0} / X_m \leqslant 0.01$ 或 $X_{C_0} / X_m \geqslant 2.8$ 时，系统不会发生铁磁谐振。在不同的谐振区
域，谐振的外施触发电压是不同的。分频谐振区谐振外施电压为最低，在正常额定电
压下系统稍有波动就可触发谐振，而高频谐振区的谐振外施电压最高。在同一谐振区
域内不同的 X_{C_0} / X_m 比值下，谐振的最低外施触发电压（临界值）也是不同的。

（四）防止铁磁谐振的措施

随着电网的不断发展，其线路参数也不断发生变化，铁磁式电压互感器的大量使

用，使电网产生铁磁谐振的可能性增大。为了使电网安全可靠供电，必须采取有效措施防止铁磁谐振的发生。

为防止铁磁谐振的产生，应从改变供电系统电气参数着手，破坏回路中发生铁磁谐振的参数匹配。这样既可防止电压互感器发生磁饱和，又可预防电压互感器铁磁谐振过电压的产生。具体措施如下：

（1）选用不易饱和或三相五柱式电压互感器。10kV 供电系统中使用的电压互感器，应选用励磁感抗大于 1.5MΩ 的电压互感器。

（2）减少电压互感器台数。在同一电网中，应尽量减少电压互感器的台数，尤其是限制中性点接地电压互感器的台数。例如，变电站的电压互感器，只作为测量仪表和保护用时，其中性点不允许接地。

（3）一次侧中性点串接单相互感器。在三相电压互感器一次侧中性点串接单相互感器，使三相电压互感器等值电抗显著增大，以满足 $X_{C_0} / X_{\mathrm{m}} \leqslant 0.01$ 的条件，同时避免因深度饱和而引起的谐振。

（4）中性点经消弧线圈接地。在 10kV 系统中发生谐振，且单相接地电流值较大或接近 30A 时，可将中性点通过消弧线圈接地。

（5）投入备用线路。在系统中只有一组电压互感器投入的情况下，若供电线路总长度较短，可投入部分备用线路，以增加分布电容来防止谐振的发生。

（6）在电压互感器开口三角形侧并联阻尼电阻。当电网运行正常时，电压互感器二次侧开口三角处绕组两端没有电压，或仅有极小的不对称电压。当电网发生单相接地故障时，由于此电阻阻值较小，故绕组两端近似于短接，起到了改变电压互感器参数的作用。这一措施不仅能防止电压互感器发生磁饱和，而且能有效地消耗谐振能量，防止产生谐振过电压。

（7）在电压互感器一次侧中性点与地之间串接消谐电阻 R_0。此电阻可用以削弱或消除引起系统谐振的高次谐波。模拟试验表明：当 $R_0 / X_{\mathrm{m}} \geqslant 1.51 \times 10^{-3}$ 时，即使系统发生单相接地故障，也不会激发分频铁磁谐振。但阻值太大，则会影响系统接地保护的灵敏度。

消谐电阻 R_0 的计算。先测出各电压互感器二次侧的励磁感抗 X_{m}，求出各电压互感器并联后的 X_{m}，再折算至一次侧，即为系统总的 X_{m}。R_0 应在 $0.0088X_{\mathrm{m}} \sim 0.0500X_{\mathrm{m}}$ 之间选择。

（8）装设消谐装置。可在电压互感器的开口三角绕组处直接装设消谐装置，当发生谐振，电压在设计周波下达到动作值时，装置的鉴频系统自动投入"消谐电阻"吸收谐振能量，消除铁磁谐振。消谐装置动作较可靠，还可以记录故障时的电压、振荡频率等参数，有利于事故分析，现采用此方法较多。

四、小节练习

1. 已知某型号 110kV 交联聚乙烯绝缘电力电缆单位长度电容量为 0.250μF/km，长度为 3km。另有电抗器两支（其额定电感量为 115H，额定电压为 200kV，额定电流为 8A），励磁变压器一台（额定输出电流为 10A），变频电源一套（可提供频率范围在 20～300Hz 的正弦波）。试求：若对该电缆进行 128kV 交流耐压试验，该如何匹配电抗器与电缆，使试验系统达到谐振，完成试验，并计算试验时流过电缆的试验电流。

解： 已知电缆电容量为 0.250×3=0.750μF，则：

（1）若选用单节电抗器与电缆采取串联谐振的方式，则试验频率为

$$2\pi f = \sqrt{1/LC} = \sqrt{10^6/(115 \times 0.75)} \approx 107.7\,(\text{Hz})$$

得 f = 17.14Hz，小于 20Hz，故此法不能满足要求。

（2）若选用两节电抗器与电缆采取串联谐振的方式，则试验频率为

$$2\pi f = \sqrt{1/LC} = \sqrt{10^6/(230 \times 0.75)} \approx 76.1\,(\text{Hz})$$

得 f = 12.12Hz，小于 20Hz，故此法不能满足要求。

（3）若选用两节电抗器并联，与电缆采取并联谐振并由励磁变压器同时励磁的方式，则试验频率为

$$2\pi f = \sqrt{1/LC} = \sqrt{10^6/(57.5 \times 0.75)} \approx 152.3\,(\text{Hz})$$

得 f = 24.25Hz，满足 20～300Hz。

两节电抗器总电流为

$$I = U/(2\pi f \times L) = 128000/(6.28 \times 24.25 \times 57.5) \approx 14.6\,(\text{A})$$

单节电抗器电流为 $I/2 = 7.3\text{A}$，但由于该方法采用两节电抗器共同励磁，励磁电流超出励磁变压器 10A 限值，故此法不能满足要求。

（4）若选用两节电抗器并联，与电缆采取并联谐振方式，励磁变压器仅与一台电抗器连接，另一台电抗器低压尾部接地，则试验频率为

$$2\pi f = \sqrt{1/LC} = \sqrt{10^6/(57.5 \times 0.75)} \approx 152.3\,(\text{Hz})$$

得 f = 24.25Hz，满足 20～300Hz。

两节电抗器总电流为

$$I = U/(2\pi f \times L) = 128000/(6.28 \times 24.25 \times 57.5) \approx 14.6\,(\text{A})$$

单节电抗器电流为 $I/2 = 7.3\text{A}$，由于该方法采用单节电抗器励磁，另一台电抗器中回路电流为地提供，励磁变压器励磁电流即为 7.3A，未超出励磁变压器 10A 限值，故此法能满足要求。

2．变压器交流耐压试验的相关计算。

变压器交流耐压试验是主变压器大修后的试验项目之一，其中利用了调感、调容串联谐振的原理。

图 1-37 为主变压器交流耐压试验基本原理图，图中电抗器、电容器的节数和串联、并联连接方式以及电容器电容量的选择取决于以下 2 个因素：①电抗器、电容器的串联节数取决于试验电压；②电抗器、电容器的并联节数取决于试验电流和谐振条件。

以某 110kV 变压器为例，假设高压侧试验电压为 112kV，电容量约 11000pF；中压侧试验电压为 68kV，电容量约为 20000pF；低压侧试验电压 28kV，电容量约为 17000pF。现有电抗器、电容器耐压值每节 62.5kV，电容器有 2000、4000、6000、8000pF 四种型号，每种型号 2 个，电抗器有 1 种型号共 4 个，分别为 L_1、L_2、L_3、L_4。工频下每个可补偿电容 24000pF（出厂时已换算好），电抗器、电容器满足试验电流要求。

低压侧耐压时需要串联 1 节电抗器即可，该电抗可补偿 24000pF 电容，主变压器低压侧电容为 17000pF，故需再补偿电容 24000−17000=7000pF 的电容。因为试验电压较低，不需要完全谐振即可升至试验电压，因此可补偿 6000pF 或 8000pF 电容。如需要完全谐振，可通过电容串并联方式获得更接近 7000pF 的电容量。低压侧试验接线原理如图 1-38 所示。图中，C_1 可选择 6000pF 或 8000pF 的电容器。

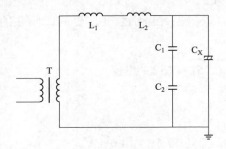

图 1-37　变压器交流耐压试验原理图

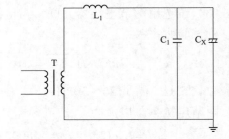

图 1-38　低压侧试验原理图

中压侧需要 2 节电抗器串联，如只串联 2 节电抗器只能匹配 12000pF 的电容量，但主变压器中压侧电容量已经高达 20000pF，若要达成谐振条件，则需要 4 节电抗器，先 2 节串联再与另外 2 节并联的方式（此时 4 节电抗器可共匹配 24000pF 电容），再补 4000pF 的电容即可（需串联 2 节 8000pF 电容器以满足试验电压要求）。中压侧试验接线原理如图 1-39 所示。图中，C_1 和 C_2 均为 8000pF 电容器。

高压侧需要 2 节电抗器串联，2 节电抗器可匹配 12000pF 的电容量，主变压器高压侧电容量为 11000pF，若要达成谐振条件，还需补偿 1000pF 的电容，需串联 2 节 2000pF 电容器以满足试验电压要求。高压侧试验接线原理如图 1-40 所示。图中，C_1 和 C_2 均为 2000pF 电容器。

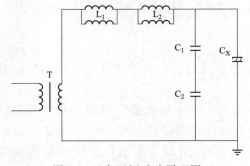

图 1-39　中压侧试验原理图

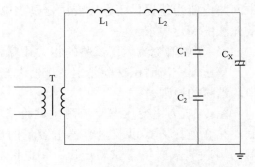

图 1-40　高压侧试验原理图

第五节 工程应用及总结

一、工程应用

（一）电容分压器

电容分压器主要用来进行高压电器设备的高压测量工作，经常配合串联谐振、试验变压器等高压电力试验设备一起使用，具有很高的实用性能。电容分压器主要用于脉冲高压、雷电高压、工频高压的测量，是代替高压静电电压表的设备，具有操作简便、显示直观、精度高、体积小、质量轻等特点，适应于发电厂、变电站、高压电器设备制造厂和高电压试验室等部门，是高电压测量的理想装备。电容分压器高压测量系统与高压测量端相连，可实现远距离清晰读数，使用安全、方便。整体仪器体积小，质量轻，便于携带，适用于工地现场的检测工作。该测量系统输入阻抗高、线性度好，采用特殊的屏蔽技术，减少高压对示值的影响，实现测量的高稳定度、高线性度。

（二）变压器温度计

变压器温度计的工作原理是基于温度对电阻值的影响。温度计通常使用铂电阻作为感应元件，铂电阻具有与温度成正比的电阻变化特性。当温度升高时，铂电阻的阻值会增加；当温度降低时，铂电阻的阻值会减小。

在变压器温度计中，铂电阻与变压器的温度有直接的热导接触，通过热导，温度可以迅速传递到铂电阻上。变压器的温度与铂电阻的阻值之间存在一定的关联关系，这种关联关系通过校准可以得到，通常以温度-电阻的线性关系来表示。通过测量铂电阻的阻值，可以确定变压器的温度。通过将电阻值转化为温度值，温度计可以直接显示出变压器当前的温度。在温度超过设定的阈值时，温度计还可以触发警报或控制系统，以保护变压器免受过热的损害。

（三）耐压试验保护电阻

在工频耐压试验时，如发生试品被击穿，则相当于试验变压器的二次侧短路接地，这会使试验变压器流过很大的短路电流，有可能引起试验变压器的损坏，也可能产生试验变压器和试品安全的电压振荡。试品击穿后的短路电流大小是由试验变压器和电源的短路阻抗电压决定的，一般变压器的阻抗电压较低，则产生的短路电流就会很大。因此需要在试验变压器和试品之间接入保护电阻以限制过大的短路电流，同时也对击穿引起的电压振荡进行抑制。保护电阻的阻值不宜过大，当试品发生击穿时能保持高压侧有一个稳定的短路电流，该电阻的阻值可取 $0.1U_N$（U_N 为试验变压器高压侧的额定电压，V）。此电阻一般为金属电阻，但也有做成水电阻的。

（四）串联谐振耐压试验

高电压、大容量设备进行交流耐压试验所需的试验设备容量越来越大，常规工频耐压方法往往不能满足现场试验的要求，所以现场试验一般采用串联谐振试验方法。

由于串联谐振试验装置具有试验设备体积小，试验电源电压低、功率小（仅需提供试验回路中的有功功率），试验电压波形好的特点，串联谐振试验广泛应用于现场橡塑电缆、气体绝缘组合电器（GIS）、大型电力变压器等高电压、大容量电力设备的交流耐压、感应耐压、局部放电等试验。

大容量、高电压被试品的交流耐压试验运用串联谐振的原理，利用励磁变压器激发串联谐振回路，通过调节电感或改变电源的输出频率，使回路中的感抗和容抗相等，回路呈谐振状态，回路中无功趋于零，此时回路电流最大，见式（1-54）。

$$I_m = \frac{U}{\sqrt{R^2 + (X_L - X_C)^2}} = \frac{U}{R} \qquad (1\text{-}54)$$

式中 I_m ——谐振时回路最大电流，A；

   R ——回路的等效电阻（一般主要为电抗器的内阻），Ω；

   U ——励磁变压器高压侧的输出电压，V；

   X_L ——回路中感抗，Ω；

   X_C ——回路中容抗，Ω。

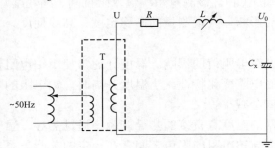

图 1-41 调感式串联谐振原理接线图

T—励磁变压器；L—可变电感；C_x—被试品；U—励磁电压；

R—回路等效电阻；U_0—谐振时被试品两端的电压

1. 调感式串联谐振

如图 1-41 所示，为调感式串联谐振原理接线图。调感式串联谐振装置采用铁芯气隙可调节的高压串联电抗器，由于被试品的电容量是一定的，通过调节电感使回路发生工频串联谐振。谐振时，回路呈纯阻性，回路电流等于励磁电压 U 除以回路的等效电阻 R，此时回路电流最大。电感和电容两端的电压见式（1-55）。

$$U_0 = I_m \left(\frac{1}{\omega C_x} \right) = I_m \omega L = \frac{U}{R} \omega L \qquad (1\text{-}55)$$

式中 L ——串联电抗器电感，H；

   C_x ——被试品电容量，F；

   ω ——角频率，rad。

工频串联谐振试验系统在实际应用中是通过调整串联电抗器的铁芯间隙来改变电抗的，所以在调整电压时，由于机械结构的惯性，电压有时较难控制，因此在进行工频串联谐振耐压装置现场试验时，应合理选择品质因数。试验电压较高时，通过电容和电感的合理匹配，如并联电抗或加补偿电容，使回路等效电阻尽量小，提高回路品质因数，以减小现场试验时需要的电源容量；试验电压较低时，为了准确平稳控制试验电压，品质因数可选择较低水平，能满足试验要求即可。

谐振时，串联电抗器的电感计算式为

$$L = \frac{1}{(100\pi)^2 C} \qquad (1\text{-}56)$$

2. 变频式串联谐振

变频式串联谐振交流试验装置的特点是调谐电抗器的质量小、结构简单，更适合大容量设备现场试验。变频式串联谐振原理接线，如图 1-42 所示。

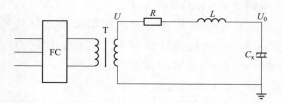

图 1-42　变频式串联谐振原理接线
FC—变频电源；T—励磁变压器；L—电感；
C_x—被试品；U—励磁电压；R—回路等效电阻；
U_0—谐振时被试品两端的电压

变频串联谐振试验运用串联谐振原理，采用调频调压方式。当交流电压的频率改变时，电路中的感抗、容抗随之而变，电路中的电流也随之而变，通过调节电源的频率使感抗等于容抗，电路发生串联谐振。回路中的无功几乎为零，此时电流最大，且与输入电压同相位，使电感或电容两端获得一个高于励磁电压 Q 倍的电压。变频串联谐振电路由于频率调节比较精细，回路谐振时幅频特性曲线较陡，电路的品质因数 Q 值一般为 50～150。变频串联谐振试验电路的品质因数计算式为

$$Q = \frac{\omega L}{R} = \frac{U_L}{U} = \frac{U_C}{U} \tag{1-57}$$

式中　　U_L ——谐振时电感两端电压，V；

　　　　U_C ——谐振时电容两端电压，V。

根据电感和电容计算频率，得到

$$f_0 = \frac{1}{2\pi\sqrt{LC}} \times 10^3 \tag{1-58}$$

式中　　f_0 ——谐振频率，Hz；

　　　　L ——电抗器电感量，H；

　　　　C ——被试品和分压器电容，μF。

串联谐振电路中流过电感的电流等于流过电容的电流，其计算式为

$$I_L = I_C = \omega C_x U \times 10^{-3} \tag{1-59}$$

式中　　I_L、I_C ——流过电感或电容的电流，A。

（五）基本定理的工程应用

叠加定理：当多个电源同时作用于线性电路时，任何一支路中的电流或电压，都等于各个电源单独作用时，在该支路中产生的电流或电压的代数和。用这个定理可以分析每个电源单独作用时对电路的影响，然后再将这些影响叠加起来，从而简化了分析过程。

戴维南定理：对于任何含源、线性、时不变的一端口网络，都可以将其等效为一个电压源（等于开路电压）与一个电阻（等于网络的输入电阻）的串联。这样，复杂的电路网络就可以被简化为一个简单的等效电路，便于分析和计算。

诺顿定理：与戴维南定理类似，但是它将一端口网络等效为一个电流源（等于短路电流）与一个电阻的并联。特别是当关注电流分布时，这个定理提供了另一种简化

电路分析的方法。

在实际应用中，可以根据需要选择使用叠加定理、戴维南定理或诺顿定理来简化电路分析，提高计算效率。这些定理在电网电气试验中具有重要的工程应用价值，有助于更好地理解和设计电力系统。

（六）三相电路的工程应用

变压器作为电力系统中的关键设备，其性能和稳定性对电网的安全运行至关重要。因此，在电网电气试验中，变压器电气试验是一个非常重要的环节。下面以变压器电气试验为例说明三相电路分析在其中的应用。

1. 变压器空载试验

在空载试验中，主要试验变压器的空载损耗和空载电流。此时，变压器的一侧（通常是高压侧）接电源，另一侧开路。通过测量空载电流和电压，可以计算出变压器的空载损耗，即铁损。这个试验可以帮助评估变压器的磁路性能和铁芯质量。对于三相变压器，空载试验需要在三相电源下进行。通过测量三相空载电流和电压，可以分析出变压器各相之间的平衡情况，以及是否存在匝间短路等故障。

2. 变压器负载试验

负载试验是在变压器的一侧（通常是低压侧）接上负载，测量变压器的负载损耗和电压调整率。这个试验可以帮助评估变压器的铜损和负载能力。在三相变压器负载试验中，同样需要接三相负载，并测量三相电流和电压。通过分析三相负载电流和电压的波形和相位关系，可以判断变压器的接线是否正确，以及是否存在负载不平衡等问题。

3. 变压器短路试验

短路试验是在变压器的一侧短路，测量另一侧的短路电流和短路损耗。这个试验主要用于评估变压器的短路能力和短路时的热稳定性。对于三相变压器，短路试验同样需要在三相电源下进行，并测量三相短路电流和电压。通过分析三相短路电流的波形和幅值，可以评估变压器的短路能力和热稳定性。

综上所述，三相电路分析在变压器电气试验中具有重要的应用价值。通过对三相电流和电压的测量和分析，可以评估变压器的性能、稳定性和安全性，为电网的可靠运行提供有力保障。同时，这些试验结果也为变压器的设计、制造和维护提供了重要的参考依据。

二、总结

本章首先分析了电路的基本元件，随后对基本的电路定理进行了说明，最后对三相电路和谐振电路的应用情况进行了着重分析。

1. 电路中的三大基本元件：电感、电容和电阻

电感元件代表了电路中存储磁场能量的能力，它的主要特性是电流变化时会产生感应电动势。电容元件代表了电路中存储电场能量的能力，当电压变化时，电容会储存或释放电荷。电阻元件是衡量电流通过时受到阻碍程度的物理量，代表了电能转换为其他形式能量的过程。

2. 电路定理

电路中的基本定理包括欧姆定律、KCL 和 KVL。欧姆定律建立了电压、电流和

电阻之间的关系，是电路分析的基础。KCL 和 KVL 则分别描述了电路中节点电流和回路电压的守恒关系，为复杂电路的分析提供了有力工具。

3. 电路分析方法

电路分析方法包括节点电压法、回路电流法等。节点电压法以节点电压为未知数，通过列写节点电压方程求解电路；回路电流法则以回路电流为未知数，通过列写回路电流方程求解电路。这些方法不仅适用于直流电路，也可以用于交流电路的分析。

4. 三相电路分析

三相电路由三个相位相差 120°的交流电源组成，具有更高的功率传输效率和更好的平衡性。本章详细讲解了三相电路的连接方式（如星形联结和三角形联结）、电压和电流的关系以及功率计算等关键内容。

5. 谐振电路分析

谐振电路是一种在特定频率下具有极大电流或电压的电路，广泛应用于无线电通信、音频放大等领域。掌握谐振电路的基本原理、串联谐振和并联谐振的特点及分析方法，以及品质因数、谐振频率等关键概念，可以帮助读者深入理解谐振电路的工作原理和设计方法。

第二章　电机学

第一节　磁路分析

一、磁路基本定律

磁通经过的闭合路径称为磁路。磁路一般由通入电流以励磁磁场的线圈、软磁材料制成的铁芯，以及适当大小的空气间隙构成。当线圈中通入电流后，沿铁芯、衔铁和工作气隙构成回路的这部分磁通称为主磁通，占总磁通的绝大部分；没有经过工作气隙和衔铁，而经空气自成回路的这部分磁通称为漏磁通。

1. 磁路欧姆定律

磁路中也有类似电路欧姆定律的基本关系式，即

$$\Phi = \frac{NI}{R_m} = \frac{F}{R_m} \tag{2-1}$$

式中　Φ——磁通（对应于电流），Wb；

　　　F——磁通势（对应于电动势），A；

　　　R_m——磁阻（对应于电阻），1/H。

而磁阻的计算时也有类似电阻计算的关系式，即

$$R_m = \frac{l}{\mu A} \tag{2-2}$$

式中　l——磁路长度，m；

　　　A——磁路截面积，m^2；

　　　μ——铁磁材料的磁导率，H/m。

实验表明，通电线圈产生的磁场强弱与线圈内通入电流 I 的大小及线圈的匝数 N 成正比，把 I 与 N 的乘积称为磁通势 F，即

$$F = NI \tag{2-3}$$

由上面的分析可知，磁路中的某些物理量与电路中的某些物理量有对应关系。表 2-1 中，列出了磁路与电路对应的物理量及其关系式。

表 2-1　　　　　　　　　　电路与磁路对比图

电　路	磁　路
电流 I	磁通 Φ
电阻 $R = \rho \dfrac{l}{A}$	磁阻 $R_m = \dfrac{l}{\mu A}$
电阻率 ρ	磁导率 μ

续表

电　　路	磁　　路
电动势 E	磁动势 F
电路欧姆定律 $I = \dfrac{E}{R}$	磁路欧姆定律 $\varPhi = \dfrac{F}{R_m}$

2．全电流定律

全电流定律是磁场计算中的一个重要定律，其计算式为

$$\oint H\mathrm{d}l = I \tag{2-4}$$

式（2-4）的含义为：这个磁场是由电流引起的，长直导线周围的磁场是一圈一圈正圆分布的，强度大小与距离成反比，不管在哪个圆圈上，场强×周长都是正比电流的固定值。

二、变压器铁芯磁路

如果把 3 个单相变压器组合起来，则成为三相变压器。三相组式变压器磁路，如图 2-1 所示。

外施对称三相电压，则三相磁通也是对称的，即 $\varPhi_A + \varPhi_B + \varPhi_C = 0$。即在任何瞬间，中间芯柱磁通为零，因此可以把它省掉，取去中间铁芯柱后的情况，如图 2-2 所示。为便于制造，再将三相的 3 个芯柱布置在同一平面，这就是现在常用的三相芯式变压器的铁芯，如图 2-3 所示。三相芯式变压器的特点是：各相主磁通均以其他两相芯柱作为回路，即各相磁路彼此相关；三相磁路长度不相等，中间 B 相最短，两边 A、C 相较长，三相磁阻不等。当外施三相对称电压时，三相空载电流不相等，B 相最小，A、C 两相大一些。但由于变压器的空载电流比负荷电流小很多，如负荷对称，仍然可以认为三相电流对称。与同容量的三相组式变压器相比，三相芯式变压器具有节省材料、效率高的优点。因此，三相芯式变压器在大型及以下容量的变压器中得到了广泛的使用。线圈上加正弦交流电压 u，线圈中的电流便在铁芯中产生磁通 $\varPhi$。电压 u 与磁通 $\varPhi$ 之间的关系为

$$u(t) = N\mathrm{d}\varPhi / \mathrm{d}t = N\varPhi M \cos(\omega t)$$
$$u = 4.44 f N \varPhi_m \tag{2-5}$$

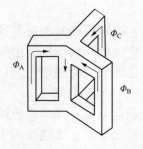

图 2-1　三相组式变压器
　　　　磁路图

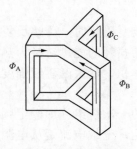

图 2-2　拿掉中间铁芯柱
　　　　磁路图

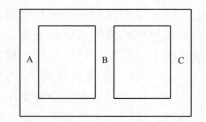

图 2-3　三相芯式变压器

三、变压器的铁芯

铁芯，由磁导率很高的电工钢片（硅钢片）制成，是变压器的磁路部分，是电能转换的媒介，主要作用是导磁。它把一次电路的电能转变为磁能，又由自身的磁能转变为二次电路的电能。

（一）铁芯的绝缘和接地

铁芯的绝缘有两种，即铁芯片间的绝缘和铁芯片与结构件间的绝缘。铁芯片间的绝缘是把芯柱和铁轭的截面分成许多细条形的截面，使磁通垂直通过这些小截面时，感应出的涡流很小，产生的涡流损耗也很小。铁芯片间短路以及铁芯片与其夹紧结构间短路，形成环流的情况，是不允许的。因此铁芯片与所有夹紧结构件之间必须绝缘。如果形成的短路环流回路是顺着磁通方向而不交链磁通，或者交链磁通很小，则影响不大。铁芯及其金属结构件在线圈的交变电场作用下，由于所处的位置不同，感应出的悬浮电位也不同，虽然它们之间的电位差不大，但也会通过很小的绝缘距离而产生悬浮放电。放电瞬间两点电位相同，即停止放电；再产生电位差，再放电，所以这种悬浮放电是断续的。放电的结果使变压器油分解，损坏并固体绝缘，因此铁芯及其金属结构件应接地，使它们同处于零电位，且必须一点接地。

如果铁芯有两点或两点以上接地，则铁芯中磁通变化时，就会在接地回路中感应出环流。这些环流将引起空载损耗增大，铁芯温度升高。若两个接地点间包含的铁芯片越多，短接的回路越大，环流也越大。当环流足够大时，将烧毁接地片或铁芯产生故障。

（二）铁芯的损耗

在交变磁通作用下，铁芯中的能量损耗，称为铁损。铁损主要由两部分组成：

（1）涡流损耗。铁芯中的交变磁通 $\Phi(t)$，在铁芯中感应出电压，由于铁芯也是导体，便产生一圈圈的电流，称为涡流。涡流在铁芯内流动时，在所经回路的导体电阻上产生的能量损耗，称为涡流损耗。涡流损耗与感应电压（或感应电流）的平方成正比，感应电压（u）与交变磁通的频率（f）和磁感应强度的最大值的平方（B_m^2）成正比。

减少涡流损耗的途径有两种：

1）减小铁片厚度，通常采用表面有绝缘层的薄钢片叠装成铁芯。

2）提高铁芯材料的电阻率，通常采用掺杂的方法提高材料的电阻率。如在铁中加入少量的硅，能使其电阻率大大提高。因此，大部分交流电气设备（如电机、变压器电器等）的铁芯均用硅钢片叠成。

（2）磁滞损耗。铁磁性物质在反复磁化时，磁畴反复变化，磁滞损耗是克服各种阻滞作用而消耗的那部分能量。磁滞损耗的能量转换为热能而使铁磁材料发热。磁滞损耗的大小取决于材料性质、材料体积、最大磁感应强度和磁化场的变化频率。

（三）变压器空载电流

变压器空载电流是指对变压器的一次绕组施加额定频率的额定电压，其余各绕组开路时，流经一次绕组的电流。因此，空载电流是从电源侧流经变压器一次绕组的电流。根据电流连续性原理，如果三相变压器一次绕组没有中线引出，那么，各相空载电流瞬时值之和等于零，这是空载电流必须满足的条件。如果三相变压器一次绕组有中线引出，那么，各相空载电流瞬时值之和等于经中线流出的电流瞬时值。变压器的空载电流包括励磁电流和铁耗电流，励磁电流也称磁化电流。由于铁耗电流很小，空载电流主要用于励磁，所以，有时空载电流也称为励磁电流。空载电流只在一次绕组中存在，而励磁电流可以在一、二次绕组中同时存在。

四、小节练习

1．试画出星形—三角形联结的具有有载分接开关的三相变压器图形符号。

答：如图 2-4 所示。

2．试识别图 2-5 是什么试验项目接线图？

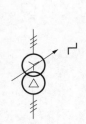

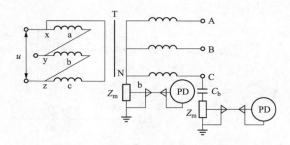

图 2-4　星形—三角形联结图　　　图 2-5　变压器局部放电试验单相励磁接线图

答：变压器局部放电试验单相励磁接线图。

3．为什么变压器空载试验能发现铁芯的缺陷？

答：空载损耗基本上是铁芯的磁滞损耗和涡流损耗之和，仅有很小一部分是空载电流流过线圈形成的电阻损耗。因此，空载损耗的增加主要反映铁芯部分的缺陷。如硅钢片间的绝缘漆质量不良，漆膜劣化造成硅钢片间短路，可能使空载损耗增大 10%～15%；穿芯螺栓、轭铁梁等部分的绝缘损坏，都会使铁芯涡流增大，引起局部发热，也使总的空载损耗增加。另外，变压器在制造过程中选用了比设计值厚的或质量差的硅钢片，以及铁芯磁路对接部位缝隙过大时，都会使空载损耗增大。因此测得的损耗情况可反映铁芯的缺陷。

4．某电力变压器的型号为 SFL1-8000/35，额定容量为 8000kVA，$U_{1N} = 35\text{kV}$，$U_{2N} = 11\text{kV}$，YNd11 联结，试求：

（1）该变压器高、低压侧的额定电流 I_{1N}、I_{2N}。

（2）额定负载时，高、低压绕组中流过的电流。

解：（1）额定电流为

$$I_{1N} = \frac{S_N}{\sqrt{3}U_{1N}} = \frac{8000}{\sqrt{3} \times 35} \approx 132（\text{A}）$$

$$I_{2N} = \frac{S_N}{\sqrt{3}U_{2N}} = \frac{8000}{\sqrt{3} \times 11} \approx 420（\text{A}）$$

（2）流过高压绕组中的电流等于 $I_{1N} \approx 132\text{A}$；

流过低压绕组中的电流等于 $\frac{1}{\sqrt{3}}I_{2N} \approx 242\text{A}$。

答：该变压器高、低压侧的额定电流分别约为 132A、420A。额定负载时，高、低压绕组中流过的电流为 132A、242A。

5．一台单相变压器，$S_N = 20000\text{kVA}$，$\dfrac{U_{1N}}{U_{2N}} = \dfrac{220}{\sqrt{3}}/11\text{kV}$，$f_N = 50\text{Hz}$，在 15℃时做空载试验，电压加在低压侧，测得 $U_1 = 11\text{kV}$，$I_0 = 45.4\text{A}$，$P_{k0} = 47\text{kW}$。试求折算到高压侧的励磁参数 Z_m'、r_m'、x_m' 的欧姆值及标幺值 $Z_m'^*$、$r_m'^*$、$x_m'^*$。

解：折算至高压侧的等效电路参数。

一次额定电流为

$$I_{1N} = \frac{S_N}{U_{1N}} = \frac{20000 \times 10^3}{\frac{220}{\sqrt{3}} \times 10^3} \approx 157.46\,(\text{A})$$

二次额定电流为

$$I_{2N} = \frac{S_N}{U_{2N}} = \frac{20000 \times 10^3}{11 \times 10^3} \approx 1818.18\,(\text{A})$$

电压比为

$$k = \frac{220/\sqrt{3}}{11} \approx 11.55$$

根据空载试验数据，算出折算至高压侧的励磁参数为

$$Z_m' = k^2 \frac{U_1}{I_0} = 11.55^2 \times \frac{11 \times 10^3}{45.4} \approx 32322.19\,(\Omega)$$

$$r_m' = k^2 \frac{P_{k0}}{I_0^2} = 11.55^2 \times \frac{47 \times 10^3}{(45.4)^2} \approx 3041.94\,(\Omega)$$

$$x_m' = \sqrt{Z_m'^2 - r_m'^2} = \sqrt{32322.19^2 - 3041.94^2} \approx 32178.73\,(\Omega)$$

取阻抗的基准值为

$$Z_j = \frac{U_{1N}}{I_{1N}} = \frac{\frac{220}{\sqrt{3}} \times 10^3}{157.46} \approx 806.66\,(\Omega)$$

励磁参数的标幺值为

$$Z_m'^* = \frac{Z_m'}{Z_0} = \frac{32322.19}{806.66} \approx 40.07$$

$$r_m'^* = \frac{r_m'}{Z_0} = \frac{3041.94}{806.66} \approx 3.77$$

$$x_m'^* = \frac{x_m'}{Z_0} = \frac{32178.73}{806.66} \approx 39.89$$

答：折算到高压侧的激磁参数 Z_m'、r_m'、x_m' 分别为 32322.19Ω、3041.94Ω、32178.73Ω，标幺值 $Z_m'^*$、$r_m'^*$、$x_m'^*$ 分别为 40.07、3.77、39.89。

第二节 变 压 器

一、基础原理

（一）基本工作原理

变压器是根据电磁感应原理而工作的。其工作原理如图 2-6 所示。闭合的铁芯上绕有两个互相绝缘的绕组，接入电源的一侧称为一次绕组，输出电能的一侧称为二次绕组。

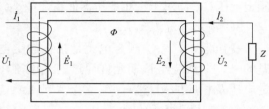

图 2-6　单相变压器原理图

当交流电源电压 $\dot{U}_1$ 加到一次绕组后，交流电流 $\dot{I}_1$ 通过该绕组并在铁芯中产生交变磁通 $\varPhi$。交变磁通不仅穿过一次绕组，同时也穿过二次绕组，两个绕组中将分别产生感应电动势 $\dot{E}_1$ 和 $\dot{E}_2$。若二次绕组与外电路的负载接通，便会有电流 $\dot{I}_2$ 流入负载 Z，即二次绕组就有电能输出。

一次绕组感应电动势值为

$$E_1 = 4.44 f N_1 \varPhi_{\mathrm{m}} \tag{2-6}$$

二次绕组感应电动势值为

$$E_2 = 4.44 f N_2 \varPhi_{\mathrm{m}} \tag{2-7}$$

由于变压器一、二次侧的漏电抗和电阻都比较小，可忽略不计，故可近似地认为：$U_1 = E_1$，$U_2 = E_2$，即

$$\frac{E_1}{E_2} = \frac{N_1}{N_2} \approx \frac{U_1}{U_2} = k \tag{2-8}$$

在一、二次绕组电流的作用下，铁芯中总的磁动势为

$$I_1 N_1 = I_0 N_1 + I_2 N_2 \tag{2-9}$$

由于变压器的空载励磁电流比较小（通常不超过额定电流的 3%～5%），在数值上可忽略不计。近似有

$$I_1 N_1 = I_2 N_2$$
$$\frac{I_2}{I_1} = \frac{N_1}{N_2} = \frac{1}{k} \tag{2-10}$$

因此，变压器一、二次电压之比与一、二次绕组的匝数成正比；一、二次电流之比与一、二次绕组的匝数成反比。

（二）额定值

1. 额定容量 S_{N}

额定容量是制造厂规定的在额定条件下变压器使用时输出能力的保证值，单位为 VA 或 kVA。

单相

$$S_N = U_{2N}I_{2N} \approx U_{1N}I_{1N} \tag{2-11}$$

三相

$$S_N = 3U_{2N}I_{2N} \approx 3U_{1N}I_{1N} \tag{2-12}$$

2. 额定电压 U_{1N}、U_{2N}

额定电压是制造厂规定的变压器在空载时额定分接头上的电压保证值，单位为 V 或 kV。当变压器一次侧在额定分接头处接有额定电压 U_{1N}，二次侧空载电压即为二次侧额定电压 U_{2N}。对于三相变压器而言，如不做特殊说明，铭牌上的额定电压是指线电压。

3. 额定电流 I_{1N}、I_{2N}

变压器一、二次额定电流是指在额定电压和额定环境温度下使变压器各部分不超温的一、二次绕组长期允许通过的线电流，或者是由绕组的额定容量除以该绕组的额定电压及相应的相系数，单位为 A 或 kA。

4. 额定频率 f_N

变压器的额定频率是指所设计的运行频率，我国规定的额定频率为 50Hz（常称"工频"）。

二、变压器空载运行

对变压器运行的分析将针对单相变压器进行，在对称负载情况下，分析的结论也完全适用于三相变压器。因为在负载对称情况下，三相中的每相电压、电流大小都相等，只是各相间在相位上互差 120°，分析一相就可得到三相的情况。

空载运行是变压器二次侧电流为零的一种运行状态，它是负载运行的一个特殊情况。通过空载运行分析，可以较清楚地理解变压器的电磁关系。

（一）磁场分析

当二次绕组开路而把一次绕组的 AX 端接到电压为 u_1 的交流电网上时，一次绕组中便有电流 i_0 通过，这个电流称为变压器的空载电流。空载电流产生空载磁动势 $f_0 = N_1 i_0$，建立起空载时的磁场。这个磁场的分布情况实际上是很复杂的，为了便于研究问题，把它分成等效的两部分磁通，其中一部分磁通 Φ 沿铁芯闭合，同时与一、二次绕组交链，这是变压器进行能量传递的媒介，称为主磁通或互感磁通；另一部分磁通 Φ_L，主要沿非铁磁材料闭合（沿变压器油或空气闭合），仅与一次绕组交链，称为一次绕组漏磁通。因为铁芯是用高导磁材料硅钢片制成的，磁导率远比油或空气的大，所以其在空载运行时，主磁通占总磁通的绝大部分，而漏磁通只占很小的一部分，为 0.1%～0.2%。

由上述物理情况可知，主磁通和漏磁通的性质不同，主要表现在：

（1）由于铁磁材料存在饱和现象，主磁通与建立它的电流 i_0 之间成非线性关系；而漏磁通主要沿非铁磁材料闭合，它与电流 i_0 之间成线性关系。

（2）在电磁关系上，主磁通在一、二次绕组内感应电动势，二次侧如果接上负载，则在电动势作用下向负载输出电功率，所以主磁通起传递能量的作用；而漏磁通仅在一次侧感应电动势，只起电压降的作用，不能传递能量。

（二）电动势分析

根据电磁感应定律，当主磁通 Φ 和漏磁通 Φ_L 交变时，就分别在它们所连接的绕

组内感应电动势。其对应关系如下

$$U_1 \rightarrow I_0 \rightarrow f_0 = N_1 I_0 \rightarrow \begin{cases} \dot{\Phi} \rightarrow \begin{cases} E_2 = -N_2 \dfrac{\mathrm{d}\Phi}{\mathrm{d}t} \rightarrow \text{与} U_{20} \text{相平衡} \\ E_1 = -N_1 \dfrac{\mathrm{d}\Phi}{\mathrm{d}t} \\ \Phi_L \rightarrow E_L = -N_1 \dfrac{\mathrm{d}\Phi_L}{\mathrm{d}t} \end{cases} \Big\} \text{与} U_1 - I_0 R_1 \text{相平衡} \end{cases} \quad (2\text{-}13)$$

（1）主磁通感应的电动势。

由于 Φ_L 经过非铁磁材料闭合，遇到的磁阻很大，因此 Φ_L 与主磁通相比非常小。又由于变压器线圈的电阻很小，I_0 在电阻上产生的压降和漏磁通感应的电动势都很小，因此电压 U_1 基本上与电动势 E_1 平衡。当 U_1 正弦变化时，E_1 也正弦变化，根据 $E_1 = -N_1 \dfrac{\mathrm{d}\Phi}{\mathrm{d}t}$ 可知，Φ 也正弦变化。

由于漏磁通是通过非铁磁材料物质闭合形成，磁路不会饱和，所以漏抗 X_1 为常数，不随电流大小变化。

（2）电动势平衡方程式。

规定正方向后，根据基尔霍夫电路定律，可列出一、二次侧电动势平衡方程式。

一次侧为

$$\dot{U}_1 = -\dot{E}_1 - \dot{E}_L + \dot{I}_0 R_1 = -\dot{E}_1 + \dot{I}_0(R_1 + \mathrm{j}X_1) = -\dot{E}_1 + \dot{I}_0 Z_1 \quad (2\text{-}14)$$

式中 $Z_1 = R_1 + \mathrm{j}X_1$ ——一次绕组的漏阻抗，Ω。

额定电压下空载运行时，空载电流 I_0 不超过额定电流的 1/10，它产生的电压降对 E_1 来说是很小的，所以在空载时可以认为

$$\dot{U}_1 = -\dot{E}_1$$

若只考虑它们的大小，可写成

$$U_1 \approx E_1 = 4.44 f N_1 \Phi_m \quad (2\text{-}15)$$

可见，当频率 f 和一次绕组匝数一定时，主磁通 Φ_m 的大小差不多取决于所加电压的大小，而与磁路的性质、尺寸无关。

二次侧是空载运行，所以得到

$$\dot{U}_{20} = -\dot{E}_2 \quad (2\text{-}16)$$

（三）变压器空载运行基本方程、相量图和等效电路

$$\begin{aligned} \dot{U}_1 &= -\dot{E}_1 + \dot{I}_1 Z_1 \\ E_1 &= -\mathrm{j}4.44 f N_1 \dot{\Phi}_m \\ \dot{I}_0 &= \dfrac{-\dot{E}_1}{Z_m} \\ E_2 &= -\mathrm{j}4.44 f N_2 \dot{\Phi}_m \\ U_{20} &= E_2 \end{aligned} \quad (2\text{-}17)$$

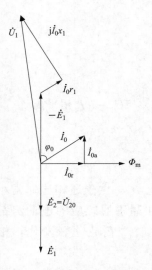

图 2-7　空载运行时相量图

根据式（2-17）可作出等效电路，具体如图 2-7 和图 2-8 所示。

由此可得如下结论：

（1）在忽略漏阻抗压降的情况下，主磁通 $\dot{\Phi}_m$ 的大小取决于电源电压、频率和一次绕组的匝数，而与磁路所用材料性质和尺寸基本无关。

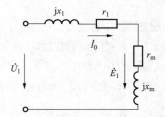

图 2-8　空载运行时等效电路

（2）磁路的材料性质、尺寸只决定产生 $\dot{\Phi}_m$ 所需励磁电流 I_0 的大小，材料的导磁性能越好，磁路截面积越大，则 I_0 越小。

（3）磁路的饱和程度不仅影响励磁电流 I_0 的大小，而且影响励磁电流的波形，磁路越饱和，则励磁电流越大，波形越尖。

（4）在铁芯变压器中，由于有铁耗，I_0 与 $\dot{\Phi}_m$ 不同相位，它们之间的夹角主要取决于铁耗的大小。

三、变压器负载运行

上面研究了变压器空载运行时的运行情况，实际上，在电力系统中电力变压器主要是改变电压、传递和分配电能，也就是它的二次侧要接入负载，这种状态称变压器负载运行，又称有载运行。

（一）负载运行时的物理情况与基本方程式

（1）磁动势分析。变压器一次侧接在额定电压的电源上，二次侧接入负载 Z 以后，二次绕组内将有电流 I 流过，而且要产生磁动势 $F_2 = \dot{I}_2 N_2$，因而同一磁路上有两个磁动势 $\dot{F}_1$ 和 $\dot{F}_2$。因为一次绕组和二次绕组缠绕在同一个铁芯上，所以负载运行时，铁芯中主磁通实际上是这两个磁动势共同产生的，两个磁动势的合成磁动势就是变压器的励磁磁动势 $\dot{F}_m$。考虑 $\dot{I}_1$ 和 $\dot{I}_2$ 规定的正方向和绕组的绕向，产生的磁通是相加的，所以合成磁动势为

$$\dot{F}_1 + \dot{F}_2 = \dot{F}_m \tag{2-18}$$

式（2-18）称为变压器的磁动势关系，或称为磁动势平衡关系。其中 $\dot{F}_m$ 是负载运行时铁芯中产生主磁通的磁动势，$\dot{F}_m$ 的大小取决于负载情况下主磁通的大小，而这时主磁通的大小取决于负载运行时一次侧电动势 E_1 的大小。因为变压器一次绕组漏阻抗压降很小，故从空载运行到额定负载运行时，E_1 变化很小，与之对应的主磁通和产生主磁通的励磁磁动势变化很小，所以负载运行时，励磁磁动势 $F_m \approx F_0$，励磁电流 I_m 与

空载电流 I_0 相差很小，可以近似地认为相等。式（2-18）可以写成

$$\dot{I}_1 N_1 + \dot{I}_2 N_2 = \dot{I}_m N_1 \tag{2-19}$$

将式（2-19）两边除以 N_1，整理得到

$$\dot{I}_1 = \dot{I}_m + \left(-\frac{\dot{I}_2}{k}\right) = \dot{I}_m + \dot{I}_{1L} \tag{2-20}$$

由式（2-20）可知，变压器负载运行时，一次侧电流可以看成由两个分量组成：一个是励磁电流分量 $\dot{I}_m$，它的主要作用是产生主磁通 Φ_m；另一个是负载电流分量 $\dot{I}_{1L}$，它的作用是产生磁动势 $\dot{I}_{1L} N_1$，用以抵消二次侧磁动势 $\dot{I}_2 N_2$，从而基本保持励磁磁动势 $\dot{I}_m N_1$ 不变。若忽略一次绕组的漏阻抗压降，则 $\dot{U} = -\dot{E}_1$，再考虑 $\dot{E}_2 = \dfrac{\dot{E}_1}{k}$，得

$$\dot{U}_1 \dot{I}_{1L} = (-\dot{E}_1)\left(-\frac{\dot{I}_2}{k}\right) = \dot{E}_2 \dot{I}_2 \tag{2-21}$$

因此

$$U_1 I_{1L} \cos\theta_1 = E_2 I_2 \cos\varphi_2 \tag{2-22}$$

式中　θ_1——$\dot{U}_1$ 和 $\dot{I}_{1L}$ 的夹角，°；

φ_2——$\dot{E}_2$ 与 $\dot{I}_2$ 的夹角，°。

式（2-22）表明，负载运行时，一次绕组从电网增加输入的一部分电功率 $U_1 I_{1L} \cos\theta_1$ 传递到二次绕组，为二次绕组获得的电功率 $E_2 I_2 \cos\varphi_2$，这就是变压器通过电磁感应进行能量传递的原理。

由上面分析可知，变压器负载运行时，通过电磁感应关系，一、二次侧电流是紧密地联系在一起的，二次侧电流的增加或减小必然同时引起一次侧电流的增加或减小。相应地，二次侧输出的功率增加或减小时，一次侧从电网吸取的功率必须同时增加或减小。

（2）电动势分析。变压器负载运行时，除了主磁通在一、二次绕组中感应电动势 $\dot{E}_1$ 和 $\dot{E}_2$ 外，还有仅与一次绕组交链的漏磁通 $\dot{\Phi}_{1L}$ 所感应的漏磁通电动势 $\dot{E}_{1L}$ 和仅与二次绕组交链的漏磁通 $\dot{\Phi}_{2L}$ 所感应的漏磁通电动势 $\dot{E}_{2L}$。一次侧漏磁通电动势 $\dot{E}_{1L}$ 可用负的漏抗压降 $-j\dot{I}_1 X_1$ 来代替，其中 X_1 是一次绕组的漏电抗，是常数。同理，二次侧漏磁通电动势 $\dot{E}_{2L}$ 也可用负的漏抗压降 $-j\dot{I}_2 X_2$ 来代替，其中 X_2 称为二次绕组的漏电抗，也是常数。

（3）电动势平衡关系式。按规定的各电磁量的正方向和基尔霍夫电路定律，便可写出变压器负载运行时一、二次侧的电动势平衡方程式，即

$$\dot{U}_1 = -\dot{E}_1 + \dot{I}_1 Z_1$$
$$\dot{U}_2 = \dot{E}_2 - \dot{I}_2 Z_2 \tag{2-23}$$
$$\dot{U}_2 = \dot{I}_2 Z_L$$

式中：$Z_1 = R_1 + jX_1$、$Z_2 = R_2 + jX_2$ 分别为一、二次侧的漏阻抗，均为常数，与电流大小无关；Z_L 为负载阻抗。

（4）基本方程式。根据前面分析，可以列出变压器负载运行时的七个基本方程

式，即

$$\dot{U}_1 = -\dot{E}_1 + \dot{I}_1 Z_1$$

$$\dot{U}_2 = \dot{E}_2 - \dot{I}_2 Z_2$$

$$E_1 = -j4.44 f N_1 \dot{\Phi}_m$$

$$\dot{E}_2 = \dot{E}_1 / k \qquad\qquad （2\text{-}24）$$

$$\dot{I}_1 = \dot{I}_m + \left(-\frac{\dot{I}_2}{k}\right)$$

$$\dot{I}_m = -\dot{E}_1 / Z_m$$

$$\dot{U}_2 = \dot{I}_2 Z_L$$

对已经制造好投入负载运行的变压器，U_1、k、Z_1、Z_m、Z_L 都是已知的物理量参数，其余 $\dot{E}_1$、$\dot{E}_2$、$\dot{\Phi}_m$、$\dot{I}_m$、$\dot{I}_1$、$\dot{I}_2$ 等可以按上述方程式进行计算求解。

（二）变压器的归算值

利用基本方程式，可以得出变压器的运行性能，但是由于一、二次侧绕组的匝数不同，加上两者之间没有直接电的联系，因此实际计算非常繁琐。尤其是电力变压器的变比 k 较大时，使一、二次侧的电流、电压、阻抗等相差很大，计算也不方便，特别是画相量图更是困难。在研究变压器和电力系统的运行问题时，既能正确反映变压器内部的电磁关系，又便于工程计算模拟实际变压器的电路称为等效电路。

根据式（2-24），可作出变压器一、二次侧等效电路，如图 2-9 所示。

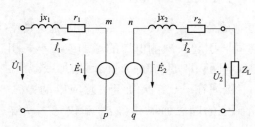

图 2-9　变压器一、二次侧等效电路

图 2-9 表示两条互不相连的电路，计算不仅不方便，而且不能体现二次侧电流对一次侧电流的影响。为了把一、二次侧电路连接起来，只要在保持原物理情况不变的条件下，使 $N_2 = N_1$，此时 $\dot{E}_2 = \dot{E}_1$。若把 p、q 点连接起来，则 m、n 点等电位，这样不仅可以把 m、n 点连接起来，使一、二次侧有电的联系，而且变比 $k = 1$，使计算大为简化。

这种方法，实际上是用一台二次绕组匝数等于一次绕组匝数的假想变压器来模拟实际变压器，假想变压器与实际变压器在物理情况上是等效的。所谓等效，就是改变匝数后的假想变压器满足以下三个条件：①一次侧电路情况不变，即主磁场不变；②二次侧对一次侧的影响不变，即二次侧的磁动势不变；③有功和无功损耗不变。根据这些条件可求出假想变压器的各物理量，这些量称为由二次侧归算到一次侧的值，简称为归算值。归算值在原来二次侧各物理量的符号上加上"′"来表示，如 U'、I' 等，下面根据上述等效条件求出各归算值。

1. 二次侧电动势的归算值

实际变压器主磁通为

$$\dot{\Phi}_m = \frac{E_2}{-j4.44 f N_1} \qquad\qquad （2\text{-}25）$$

假想变压器主磁通为

$$\dot{\Phi}'_{m} = \frac{E'_2}{-j4.44fN_2} \qquad (2\text{-}26)$$

由于归算前后主磁场不变，因此

$$\frac{E_2}{-j4.44fN_1} = \frac{E'_2}{-j4.44fN_2} \qquad (2\text{-}27)$$

$$\dot{E}'_2 = \frac{N_2}{N_1}\dot{E}_2$$

即归算后的二次侧电动势比实际电动势放大了 k 倍。

2. 二次侧电流的归算值

实际变压器二次侧磁动势为 $\dot{I}_2N_2$。

假想变压器二次侧磁动势为 $\dot{I}'_2N_1$。

由于归算前后二次侧磁动势不变，因此 $\dot{I}_2N_2 = \dot{I}'_2N_1$，即归算后的电流为实际电流的 $1/k$ 倍。

3. 二次侧电阻的归算值

实际变压器的二次侧铜耗为 $I_2^2R_2$。

假想变压器的二次侧铜耗为 $I_2'^2R'_2$。

由于归算前后二次侧有功损耗不变，因此 $I_2^2R_2 = I_2'^2R'_2$，即电阻的归算值比实际值放大了 k^2 倍。

4. 二次侧漏阻抗的归算值

实际变压器的二次侧漏阻抗无功为 $I_2^2X_2$。

假想变压器的二次侧漏阻抗无功为 $I_2'^2X'_2$。

由于归算后二次侧漏阻抗无功不变，此因 $I_2^2X_2 = I_2'^2X'_2$，则

$$X'_2 = \left(\frac{I_2^2}{I_2'^2}\right)X_2 = k^2X_2 \qquad (2\text{-}28)$$

即电抗的归算值比实际也放大了 k^2 倍。

5. 二次侧电压的归算值

二次侧电压与电动势有同样的归算关系。

6. 负载阻抗的归算值

负载阻抗的归算值与漏阻抗有同样的归算关系。

综上所述，当把二次侧各物理量归算到一次侧时，凡是单位为伏（V）的物理量的归算值等于其原来的数值乘以 k；凡是单位为欧（Ω）的物理量（电阻、电抗、阻抗）的归算值等于原来的数值乘以 k^2；电流的归算值等于原来的数值乘以 $1/k$。

上面介绍的归算法，是把二次绕组归算到一次绕组的匝数基础上，同样，也可以把一次绕组归算到二次绕组的匝数基础上，甚至可以把一、二次绕组归算到另一绕组匝数 N_3 的基础上。

（三）变压器的等效电路和相量图

1. 等效电路

通过归算后，图 2-9 的一、二次侧电路可以画出以下电路图，如图 2-10（a）所示。由于归算后，$k=1$，$\dot{E}'_2 = \dot{E}_1$，故 p 点和 q 点可连接起来，m 点和 n 点可连接起来，再考虑 $-\dot{E}_1 = \dot{I}_\mathrm{m}(R_\mathrm{m} + jX_\mathrm{m})$，即可得 T 形等效电路，如图 2-10（b）所示。图 2-10 中，相量 $\dot{E}_1$、$\dot{E}'_2$ 表示电动势升的方向，T 形等效电路反映了变压器的电磁关系，因而能准确地代表实际变压器。但它含有串联和并联支路，进行复数运算比较麻烦。实际电力变压器中，由于额定电流时一次侧漏阻抗压降只有额定电压的 2.5%～5%，因此可以近似地认为

$$\dot{I}_\mathrm{m} = \frac{-\dot{E}_1}{Z_\mathrm{m}} = \frac{\dot{U}_1 - \dot{I}_1 Z_1}{Z_\mathrm{m}} \approx \frac{\dot{U}_1}{Z_\mathrm{m}} \tag{2-29}$$

也就是说，可以把励磁支路从 T 形等效电路的中间移到电源端，如图 2-11 所示。这种电路称为近似等效电路。

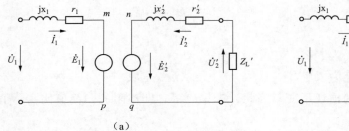
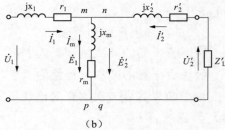

图 2-10　变压器等效电路图

（a）二次侧电路图；（b）等效电路图

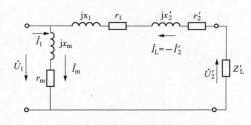

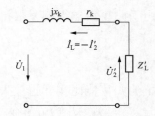

图 2-11　变压器近似等效电路　　　　　图 2-12　变压器简化等效电路

近似等效电路计算较简便，也足够准确。在电力变压器中，由于 $\dot{I}_\mathrm{m}$ 在 I_{1N} 中占的比例小，在工程实际中可以忽略，即去掉励磁支路，而得一个简单的串联电路。如图 2-12 所示，称为变压器的简化等效电路。在近似等效电路和简化等效电路中，可将一、二次侧参数合并起来，得到

$$R_\mathrm{k} = R_1 + R'_2$$
$$X_\mathrm{k} = X_1 + X'_2$$
$$Z_\mathrm{k} = R_\mathrm{k} + jX_\mathrm{k} \tag{2-30}$$

式中 R_k——变压器的短路电阻，Ω；

　　 X_k——变压器的短路电抗，Ω；

　　 Z_k——变压器的短路阻抗，Ω。

与简化等效电路相应的电压方程为

$$\dot{U}_1 = -\dot{U}_2' + \dot{I}_1(R_k + jX_k) \tag{2-31}$$

由简化等效电路可知，变压器如果发生稳态短路，则短路电流 $I_k = \dfrac{U_1}{Z_k}$，这个电流很大，可达额定电流的 10～20 倍。

2. 相量图

变压器内部电磁关系，除可用基本方程式和等效电路表示外，还可以用相量图来表示。相量图是根据基本方程式画出的，其特点是可以较直观地看出变压器内部各物理量的相位关系。

首先列出归算后的七个基本方程式，即

$$\dot{U}_1 = -\dot{E}_1 + \dot{I}_1 Z_1$$
$$\dot{U}_2 = \dot{E}_2 - \dot{I}_2' Z_2'$$
$$E_1 = -j4.44 f N_1 \dot{\Phi}_m$$
$$\dot{E}_2' = \dot{E}_1 \tag{2-32}$$
$$\dot{I}_1 = \dot{I}_m + (-\dot{I}_2')$$
$$\dot{I}_m = -\dot{E}_1 / Z_m$$
$$\dot{U}_2 = \dot{I}_2' Z_L'$$

绘制相量图步骤随已知条件的不同而改变，假定已知各参数和，且以感性负载为例，绘制相量图，如图 2-13 所示。

由图 2-13 所示相量图可以看出，$\dot{U}_2' < \dot{E}_2'$，说明在感性负载下二次侧端电压是下降的。应用基本方程式（2-32）作出的相量图在理论上是有意义的，实际应用较为困难，因为对已经制造好的变压器，很难用实验方法把一、二次绕组的漏电抗 X_1 和 X_2' 分开。因此，在分析负载方面的问题时，常根据图 2-12 所示的简化等效电路来画相量图（见图 2-14）。

已知 $\dot{U}_2'$、$\dot{I}_2'$ 和 $\cos\varphi_2$ 后，因忽略 $\dot{I}_m$，即 $\dot{I}_1 = -\dot{I}_2'$，取 $-\dot{U}_2'$ 为参考相量，由 φ_2 画出 $\dot{I}_1 = -\dot{I}_2'$，然后在 $-\dot{U}_2'$ 的端点上依次画出相量 $\dot{I}_1 R_k$ 和 $j\dot{I}_1 X_k$，便得到一次侧端电压 $\dot{U}_1$。由图 2-14 可知，短路阻抗的电压降落一个三角形 ABC，称为漏阻抗三角形。对于给定的一台变压器，不同负载下的漏阻抗三角形，它的形状是相似的，三角形的大小与负载电流成正比。在额定电流时的三角形，称为短路三角形。

基本方程式、等效电路和相量图是分析变压器运行的三种方法。基本方程式概括了变压器中的电磁关系，而等效电路和相量图是基本方程式的另一种表达方式，究竟取哪一种表达形式，则视其具体情况而定。当进行定量物理量之间大小和相位关系时，相量图比较方便。

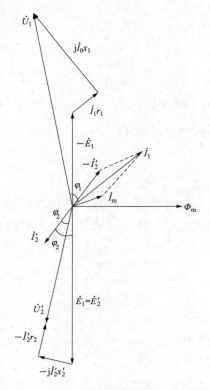

图 2-13　变压器带感性负载时的相量图　　　图 2-14　感性负载时的简化相量图

四、小节练习

1．某单相变压器的 $S_N = 250\text{kVA}$，$U_{1N}/U_{2N} = 10\text{kV}/0.4\text{kV}$，试求高、低压侧的额定电流 I_{1N} 和 I_{2N}。

解：高压侧额定电流为

$$I_{1N} = \frac{S_N}{U_{1N}} = \frac{250}{10} = 25（\text{A}）$$

低压侧额定电流为

$$I_{2N} = \frac{S_N}{U_{2N}} = \frac{250}{0.4} = 625（\text{A}）$$

答：高、低压侧的额定电流 I_{1N}、I_{2N} 分别为 25A、625A。

2．一台三相变压器的 $S_N = 60000\text{kVA}$，$U_{1N}/U_{2N} = 220\text{kV}/11\text{kV}$，Yd 联结，低压绕组匝数 $N_2 = 1100$ 匝，试求额定电流 I_{1N}、I_{2N} 和高压绕组匝数 N_1。

解：额定电流为

$$I_{1N} = \frac{S_N}{\sqrt{3}U_{1N}} = \frac{60000}{\sqrt{3} \times 220} \approx 157（\text{A}）$$

$$I_{2N} = \frac{S_N}{\sqrt{3}U_{2N}} = \frac{60000}{\sqrt{3} \times 11} \approx 3149（\text{A}）$$

高压绕组匝数 N_1 为

$$\frac{N_1}{N_2} = \frac{1}{\sqrt{3}} \times \frac{U_{1N}}{U_{2N}}$$

$$N_1 = \frac{1}{\sqrt{3}} \times \frac{U_{1N}}{U_{2N}} \times N_2 = \frac{1}{\sqrt{3}} \times \frac{220}{11} \times 1100 \approx 12702（匝）$$

答：额定电流 I_{1N} 为 157A，I_{2N} 为 3149A，高压绕组匝数 N_1 为 12702 匝。

3．某主变压器型号为 OSFPS-120000/220，容量比 $S_1 / S_2 / S_3$ 为 120000/120000/60000，额定电压比 $U_{1N} / U_{2N} / U_{3N}$ 为 220/121/11，试求该变压器各侧的额定电流 I_{1N}、I_{2N}、I_{3N}。

解：高压侧额定电流 I_N 为

$$I_{1N} = \frac{S_1}{\sqrt{3}U_{1N}} = \frac{120000}{\sqrt{3} \times 220} \approx 315（A）$$

中压侧额定电流 I_{2N} 为

$$I_{2N} = \frac{S_2}{\sqrt{3}U_{2N}} = \frac{120000}{\sqrt{3} \times 121} \approx 573（A）$$

低压侧额定电流 I_{3N} 为

$$I_{3N} = \frac{S_3}{\sqrt{3}U_{3N}} = \frac{60000}{\sqrt{3} \times 11} \approx 3149（A）$$

答：该变压器高、中、低压侧的额定电流分别为 315A、573A、3149A。

4．某变压器测得星形联结侧的直流电阻 $R_{ab} = 0.563\Omega$，$R_{bc} = 0.572\Omega$，$R_{ca} = 0.56\Omega$，试求相电阻 R_a、R_b、R_c 及相间最大差别；如果求其相间差别超过 4%，试问故障相在哪里？

解：

$$R_a = \frac{1}{2} = (R_{ab} + R_{ca} - R_{bc}) = \frac{1}{2}(0.563 + 0.56 - 0.572) = 0.2755（\Omega）$$

$$R_b = \frac{1}{2} = (R_{ab} + R_{bc} - R_{ca}) = \frac{1}{2}(0.563 + 0.572 - 0.56) = 0.2875（\Omega）$$

$$R_c = \frac{1}{2} = (R_{bc} + R_{ca} - R_{ab}) = \frac{1}{2}(0.56 + 0.572 - 0.563) = 0.2845（\Omega）$$

a 相和 b 相电阻的差别最大为

$$\frac{R_b - R_a}{\frac{1}{3}(R_a + R_b + R_c)} \times 100\% = \frac{0.2875 - 0.2755}{\frac{1}{3}(0.2755 + 0.2875 + 0.2845)} \times 100\% \approx 4.25\%$$

答：相电阻 R_a、R_b、R_c 分别为 0.2755Ω、0.2875Ω、0.2845Ω，相间最大差别为 4.25%。如相间差别超过 4%，故障可能是 b 相有焊接不良点或接触不良，也可能故障在 a 相，应结合电压比试验及空载试验结果综合判断。

5．变压器空载合闸励磁涌流是什么？

变压器是基于电磁感应原理的一种静止元件。在电能－磁能－电能能量转换过程中，它必须首先建立一定的磁场，而在建立磁场的过程中，变压器绕组中就会产生一定的励磁电流。近年研究表明，当空载变压器稳态运行时，励磁电流很小，仅为额定电流的 0.35%～10%。但当变压器空载合闸时，由于变压器铁芯剩磁的影响以及合闸初相角的随机性会使铁芯磁通趋于饱和，从而产生幅值很大的励磁涌流。因为变压器的铁芯磁化特性决定了该电流与磁场的关系，所以铁芯饱和程度越大，产生磁场所需要的励磁电流就越大。特别是当变压器在电压过零点合闸时，由于铁芯中磁通最大，铁芯严重饱和，产生最大的励磁涌流，其最大峰值可达到变压器额定电流的 6～8 倍。这样大的励磁涌流可能会引起继电保护装置的误动作；诱发操作过电压，损坏电气设备；造成电网电压和频率的波动。励磁涌流包含的大量谐波也会对电能质量造成严重的污染，因此对变压器励磁涌流的暂态仿真研究有着重要的意义。励磁涌流中含有的直流分量和高次谐波分量，随时间衰减，其衰减时间取决于回路电阻和电抗，一般大容量变压器为 5～10s，小容量变压器为 0.2s 左右。

第三节 互 感 器

互感器是一种测量用的设备，分为电流互感器和电压互感器，其作用原理和变压器相同。

使用互感器有两个目的：一方面是为了工作人员的安全，使测量回路与高压电网隔离；另一方面是可以使用小量程的电流表测量大电流，用低量程电压表测量高电压。通常，电流互感器的二次侧电流为 5A 或 1A，电压互感器的二次侧电压为 100V。

互感器除了用于测量电流外，还用于各种继电保护装置的测量系统。下面分别对电流互感器和电压互感器进行介绍。

一、电流互感器

电流互感器的一次绕组由一匝或几匝截面较大的导线构成，并串入需要测量电流的电路。二次侧匝数较多，导线截面较小，并与阻抗很小的仪表（如电流表、功率表的电流线圈等）接成闭路。

由于电流互感器要求误差较小，励磁电流越小越好，因此铁芯磁通密度较低，一般在 $0.08～0.10Wb/m^2$ 范围。如果忽略励磁电流，由磁动势平衡关系得 $\dfrac{I_1}{I_2}=\dfrac{N_2}{N_1}$。这样，利用一、二次绕组不同的匝数关系，可将线路上的大电流转换为小电流来测量。由于电流互感器内总有一定的励磁电流，因此测量出来的电流总是有一定误差，按误差的大小分为 0.2、0.5、1.0、3.0 和 10 五个标准等级。例如，0.5 级准确度就表示在额定电流时，一、二次侧电流变比的误差不超过 0.5%。

为了使用安全，电流互感器的二次侧必须可靠接地，以防止绝缘损坏后，一次侧的高压传到二次侧，发生人身事故。另外，电流互感器的二次侧绝对不容许开路。因为二次侧开路时，电流互感器空载运行，此时，一次侧被测线路电流为励磁电流，使铁芯内的磁通密度比额定情况增加许多倍。它一方面将使二次侧感应出很高的电压，可能使绝缘击穿，危害测量人员安全；另一方面，铁芯内磁通密度增大以后，铁耗会大大增加，铁芯过热，影响电流互感器的性能，甚至把它烧坏。

二、电压互感器

电压互感器一次侧直接接到被测高压电路，二次侧接电压表或功率表的电压线圈。由于电压表和功率表的电压线圈内阻抗很大，电压互感器的运行情况相当于变压器的空载情况。如果忽略漏阻抗压降，则有 $\dfrac{U_2}{U_1}=\dfrac{N_2}{N_1}$。因此，利用一、二次侧不同的匝数比可将线路上的高电压变为低电压来测量。为了提高电压互感器的准确度，必须减小励磁电流和一、二次侧的漏阻抗，所以电压互感器一般由性能较好的硅钢片制成，并使铁芯不饱和（磁通密度为 $0.6\sim0.8\mathrm{Wb/m^2}$）。使用时，电压互感器二次侧不能短路，否则会产生很大的短路电流。为安全起见，电压互感器的二次绕组连同铁芯一起必须可靠接地。另外，电压互感器有一定的额定容量，使用时二次侧不宜接过多的仪表，以免电流过大引起较大的漏阻抗压降，而影响电压互感器的准确度。我国目前生产的电力系统使用的电压互感器，按准确度分为 0.5、1.0 和 3.0 三个等级。

三、小节练习

1．图 2-15 是什么接线图？

答：采用两台全绝缘电压互感器测量三相电压接线图。

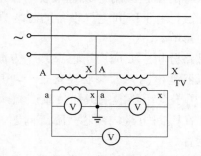

图 2-15　全绝缘电压互感器测量三相电压接线图

2．电流互感器二次侧开路为什么会产生高电压？

答：电流互感器是一种仪用变压器。从结构上看，它与变压器一样，有一、二次绕组，有专门的磁通路；从原理上讲，它完全依据电磁转换原理，一、二次电动势遵循与匝数成正比的数量关系。

一般地，电流互感器是将处于高电位的大电流变成低电位的小电流，也即二次绕组匝数比一次绕组匝数要多几倍，甚至几千倍（视电流变比而定）。如果二次侧开路，一次侧仍然被强制通过系统电流，二次侧就会感应出几倍，甚至几千倍于一次绕组两端的电压，这个电压可能高达几千伏，进而对工作人员造成伤害，破坏设备的绝缘。

3．绘出用两台电压互感器 TV1、TV2 和一块电压表，在低压侧进行母线Ⅰ（A、B、C）与母线Ⅱ（A′、B′、C′）的核相试验时的接线原理图。

答：如图 2-16 所示。

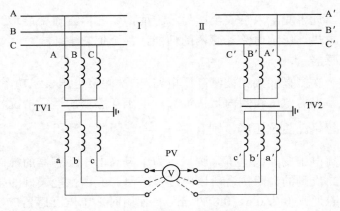

图 2-16 核相试验接线原理图

第四节 工程应用及总结

一、工程应用

（一）磁路分析的工程应用

磁路分析在电网电气试验的工程应用中具有重要的作用。磁路分析是一种基于磁场理论和电路理论的分析方法，用于研究电气设备的磁场分布、磁通量、磁阻等参数，以及它们对电气设备性能的影响。

在电网电气试验中，磁路分析主要应用于以下几个方面：

（1）变压器试验：变压器是电网中的核心设备之一，其性能直接影响电网的稳定性和安全性。磁路分析可以用于变压器的空载和负载试验，通过测量变压器的磁通量、磁阻等参数，判断其是否存在匝间短路、铁芯故障等问题。这有助于及时发现变压器的潜在故障，确保其正常运行。

（2）电动机试验：电动机是电网中的另一类重要设备，其性能也直接影响电网的运行效率。磁路分析可以用于电动机的空载和负载试验，通过测量电动机的磁通量、磁阻等参数，判断其是否存在转子断条、定子绕组故障等问题。这有助于评估电动机的性能状态，为其维护和更换提供依据。

（3）互感器试验：互感器是电网中用于测量和保护的重要设备，其测量准确性直接影响电网的测量和保护效果。磁路分析可以用于互感器的比差和角差试验，通过测量互感器的磁通量、磁阻等参数，判断其是否存在误差或故障。这有助于提高互感器的测量准确性，保障电网的安全运行。

此外，在电网电气试验中，磁路分析还可以与其他试验方法相结合，如与电气测量、温度测量等方法相结合，以更全面地评估电气设备的性能状态。

（二）互感器在电力系统中的应用

互感器在电力系统中具有广泛的应用，主要体现在以下几个方面：

（1）测量电流和电压：互感器能够将高电压或高电流转化为较低的标准电压或电流，从而方便地进行测量和监测。例如，在变电站中，互感器可以将高压线路的电压和电流转换为低压信号，供继电器或计量仪表使用。通过对电流和电压的准确测量，电力系统的运行状态可以得到有效监测和保护。

（2）电能计量：互感器在电力系统中的另一个重要作用是进行电能计量。它可以将电流和电压的信息转换为可供计量仪表读取的信号，用于对电能的计量和结算。

（3）保护和控制：互感器在电力系统保护中起着重要的作用。它能够感应到异常电流和电压的变化，并在电气故障发生时快速地将信号传递给保护设备，以实现对电力设备的保护。此外，电流互感器还可以用于电流保护，当电力系统发生短路等故障时，电流会突然增大，这时电流互感器可以感知到异常电流，并通过二次绕组输出信号给保护装置，从而触发保护动作。

（4）利用电压互感器测量耐压试验电压：将电压互感器的一次侧并接在被试品的两端头上，在其二次侧测量电压，根据测得的电压和电压互感器的变压比计算出高压侧的电压。

（5）利用电压互感器对电力系统核相别：使用电压互感器来核实需要合环或并列的两个电源或变压器的电压相序和相位是否一致，这是确保电力系统稳定运行的重要步骤。特别是在新建、改建、扩建后的变电站和输电线路，以及在线路检修完毕、向用户送电前，都必须进行三相电路核相试验。

电压互感器核相分为直接核相和间接核相。①直接核相：适用于电压互感器及低压侧为380V或220V的变压器。这种方法使用万用表或电压表直接测量两个电源的电压相序和相位差。如果两个电源的相序相同且相位差在允许范围内，则认为它们是一致的。②间接核相：通过电压互感器进行。首先进行自核相，即将用于间接核相的两个电压互感器连接到同一电源上，以核对它们的接线是否正确。在确认接线正确后，进行互核相，即将两个电压互感器及母线连接到两个不同的电源上，然后进行核相试验。这种方法通常使用专用的高压定相杆或电压互感器进行核相。

在进行电压互感器核相时，需要注意以下4点：①核对相序和相位时，应确保使用的仪表和设备准确可靠，以避免误判；②在进行直接核相时，应注意安全操作，避免直接接触高压电源；③在进行间接核相时，应确保电压互感器的接线正确无误，以避免误判和损坏设备；④在核相过程中，应严格按照操作规程进行，以避免操作失误和事故发生。

（三）非晶合金变压器在电力系统中的应用

非晶合金变压器的铁芯不是普通的冷轧硅钢片制作的，而是用非晶合金材料制造的。非晶合金材料又称金属玻璃，是一种无晶体原子结构的合金。非晶合金在其制造过程中采用了超极冷凝固的技术，使得在材料的微观结构中，金属原子在从液体（钢水）固化成固体的过程中，原子来不及排列成常规的晶体结构就被固化。这种原子结构无序排列的状态即称为非晶态，由此生产而成的材料被称为非晶合金。非晶合金材料具有非常优异的导磁性能，它的去磁与被磁化过程极易完成，较硅钢材料相比，铁芯损耗大大降低，从而达到高效节能效果，常作为一种极其优良的导磁材料被引入变压器等需要磁路的产品中。通常情况下，用非晶合金制作的变压器，其空载损耗只有用普通硅钢片制作变压器的 20%左右。但是目前它的容量还不能做得较大，价格也比普通的贵一些，多用于配电网。

（四）磁饱和

在变压器、互感器等设备中，假定把铁芯通上一个单位的电流，那么相对应产生的磁场强度就是 1；当电流增加到 2 个单位时，磁场强度就变为 2.3 左右；当电流是 5 个单位时，磁场强度就是 7；但是当电流为 6 个单位时，磁场强度仍然是 7；当继续增加电流，磁场强度都还是 7 时，就说明铁芯已达到饱和。在制作变压器、互感器时，一般会尽量地利用铁芯磁导率高的特点，提高效率，但是由于铁芯本身的限制，通过的磁通量不会无限增大。当铁芯达到饱和时，磁通量基本不再发生变化。卷绕在铁芯上的线圈，会失去电感或电抗，此时线圈总的电阻趋向零，即使线圈两端的电压不高，也会产生大电流，增加铜耗，甚至会使线圈烧毁，给电路的运行带来负面影响。

磁饱和是一种磁性材料的物理特性，除上述缺点外，还有其优点，例如磁饱和稳压器，它利用铁芯的磁饱和特性来达到稳定电压的目的。它是由稳压二极管构成的稳压电路，稳压二极管工作在反向击穿状态时，其两端的电压是基本不变的。又如饱和电抗器的运用，它是一种饱和度可控的铁芯电抗器，它的电感是一条直线，不会随电流的变化而变化，而非饱和的电抗器，它的电感随电流的增加呈曲线变化。

二、总结

本章首先介绍了磁路的基本概念和分析方法，然后对变压器的磁路进行了阐述，进而分析了变压器的空载状况下的等效电路和相量图，最后对电流互感器和电压互感器的应用进行了说明。

1. 磁路

磁路是描述磁场中磁通量流动路径的抽象概念，与电路中的电流流动类似。在磁路分析中，采用磁通量、磁动势、磁阻等概念来建立磁路方程，并求解磁场中的各种问题。磁路分析方法对于理解磁性元件的工作原理和设计具有重要意义。

2. 变压器的磁路及工作原理

变压器是利用电磁感应原理来实现电压、电流和阻抗变换的装置。其磁路主要由铁芯和绕组构成，通过调整绕组匝数和连接方式，可以实现不同的电压变比。变压器的工作原理基于法拉第电磁感应定律，当主绕组中有电流通过时，会在铁芯中产生磁通量，进而在二次绕组中感应出电动势，实现电压的变换。

3. 电压互感器和电流互感器

电压互感器是一种用于测量高电压的装置，它将高电压按比例缩小到低电压范围，以便使用普通仪表进行测量。电流互感器则是一种用于测量大电流的装置，它将大电流按比例缩小到小电流范围，以便进行保护、测量和控制。这两种互感器在电力系统中起着重要作用，为电力系统的安全运行提供了有力保障。

第三章　高电压技术

第一节　电介质电气特性

一、介电常数

电阻率超过 $10\Omega/cm$ 的物质便归于电介质。电介质的带电粒子被原子、分子的内力或分子间的力紧密束缚着，因此带电粒子的电荷为束缚电荷。在外电场作用下，这些电荷也只能在微观范围内移动，产生极化。在静电场中，电介质内部可以存在电场，这是电介质与导体的基本区别。

导体中有许多可以自由移动的电子或离子。有一类电子被束缚在自身所属的原子核周围或夹在原子核中间，这些电子可以相互交换位置，但是不能到处移动，这类电子就是所谓的非导体或绝缘体。绝缘体不能导电，但电场可以存在其中，在电学中起着重要的作用。从电场这一角度看，特别地把绝缘体称为电介质。

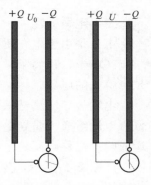

图 3-1　平行板电容器

在外电场中，电介质要受到电场的影响，同时也影响外电场。以平行板电容器有电介质与无电介质时，极板上电压的变化为例进行说明。如图 3-1 所示，插入电介质前后两极板间的电压分别用 U_0、U 表示，它们的关系为 $U = \dfrac{U_0}{\varepsilon_r}$，$\varepsilon_r$ 是一个大于 1 的常数，其大小随电介质的种类和状态的不同而不同，是电介质的特征常数，称为电介质的相对介电常数。空气的相对介电常数为 1.00059。

如图 3-1 所示，插入电介质后两极板间电压减少，说明其间电场减弱，电容增大。电场减弱的原因可用电介质与外电场的相互影响，从微观结构上来解释。

从电学性质看，电介质的分子可分为无极分子和有极分子。从它们在电场中的行为看，可分为位移极化和取向极化。位移极化主要是电子发生位移，如图 3-2 所示，取向极化由于热运动这种取向只能是部分的，遵守统计规律，如图 3-3 所示。

图 3-2　外电场作用下有极分子的运动

无外电场作用下，所具有的电偶极矩称为固有电偶极矩；在外电场作用下，产生感应电偶极矩。无极分子只有位移极化，感应电偶极矩的方向沿外电场方向。有极分子有上述两种极化机制，取向极化是主要的，较位移极化约大一个数量级；而在高频下，只有位移极化。

图 3-3　外电场作用下无极分子的运动

在外电场中，均匀介质内部各处仍呈电中性，但在介质表面要出现电荷，这种电荷不能离开电介质到其他带电体，也不能在电介质内部自由移动，这种电荷称为束缚电荷或极化电荷，它不像导体中的自由电荷能用传导方法将其引走。如图 3-4 所示，在外电场中，出现束缚电荷的现象称为电介质的极化。

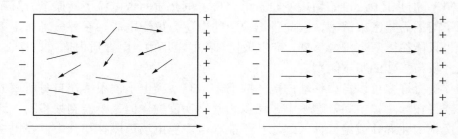

图 3-4　电介质的极化

二、电导损耗

电导是由于电介质中的基本物质及其所含杂质分子的化学分解或热离解形成带电质点（电子、正离子、负离子）沿电场方向移动而造成的。它是离子式的电导，也就是电解式的电导。

电气传导电流是指表征单位时间内通过某一截面的电量，传导电流由漏导电流和位移电流组成；漏导电流是由电介质中自由的或联系弱的带电质点在电场作用下运动造成的；位移电流是由电介质极化造成的吸收电流。

如图 3-5 所示，为固体介质中的电流与时间的关系，其中 i_c 为充电电流，i_a 为吸收电流，i_g 为泄漏电流。

1. 气体电介质的电导

气体中无吸收电流；气体离子的浓度为 500～1000 对/cm^2。气体电介质中的电流密度—场强特性如图 3-6 所示，分成以下 3 个区域：

区域 1：$E_1 \approx 5 \times 10^{-3} \text{V/cm}$，电流密度 j 随着 E_1 增加而增加。

区域 2：当 E_1 进一步增大时，j 趋向饱和；以上两者的电阻率约为 $1022\Omega \cdot \text{cm}$ 量级。

区域 3：当场强超过 $E_2 \approx 10^3 \text{V/cm}$ 时，气体电介质将发生碰撞电离，从而使气体电介质电导急剧增大。

2. 液体电介质电导

一种是由液体本身的分子和杂质的分子解离成离子，构成离子电导；另一种是由液体中的胶体质点（如变压器油中悬浮的小水滴）吸附电荷后，变成带电质点，构成电泳电导。液体电介质电导的特点为：

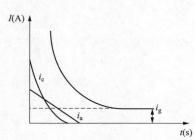

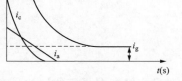

图 3-5 固体介质中电流与时间关系 　　图 3-6 气体电介质中的电流密度—场强特性

（1）与纯净度有关：杂质越多，电导越大。

（2）与介质分子的离解度有关：介电常数越大，电导越大。

（3）与温度有关：温度升高，液体电介质黏度降低，离子迁移率增加，电导增大；温度升高，液体电介质或离子的热离解度增加，电导增大。

（4）与电场强度有关：当场强达到一定程度后，电导将迅速增大。

3. 固体电介质的体积电导

固体电介质的体积电导分为离子电导和电子电导。离子电导指带电粒子是离子，低电场电导区（介质的工作范围），以离子电导为主；电子电导指带电粒子是电子，高电场电导区，以电子电导为主。

用三电极法测量介质的体积电阻率，即

$$\rho_V = R_V \frac{S}{d} \tag{3-1}$$

式中　S——测量电极的面积，m；

　　　d——介质厚度，m；

　　　R_V——由测量的漏导电流 i_g 及电压值决定，即 $R_V = \dfrac{U}{i_g}$。

那么介质的体积电导率计算式为 $\gamma_V = \dfrac{1}{\rho_V}$。其特点如下：

（1）与温度有关。与液体类似。

（2）与电场强度有关。当电场强度大于某一定值时，$\gamma = \gamma_0 e^{b(E-E_0)}$，其中，$\gamma_0$ 为电导率与电场强度无关时的电导率；E_0 为电导率与电场强度无关时的最大电场强度；b 为与材料性质有关的常数。

（3）与杂质有关。如合成高分子绝缘材料的催化剂、增塑剂、填料（以增大机械强度，改善耐弧性、耐热性等）；多孔性纤维材料易吸入水分等。

4. 固体电介质的表面电导

固体电介质表面电导由附着于介质表面的水分和污秽引起，如图 3-7 所示。介质的表面电阻率为

$$\rho_S = R_S \frac{b}{l} \tag{3-2}$$

式中　l——两电极间距，m；

　　　b——电极长，m。

采用平行电极存在极间场旨不均匀的问题需加保护电极，或者用三电极法上的同心圆环测量。

其特点有：

（1）与环境因素有关。

（2）与绝缘材料的憎水性有关。

（3）与绝缘材料的性质有关：如电瓷能被水湿润，但表面无脏物时，即使在潮湿环境仍能保持相当大的电阻率；大部分玻璃部分溶于水，但表面电阻较小，而且与温度关系较大；多孔性纤维材料不仅表面电阻小，体积电阻也小。

5. 研究介质电导的意义

（1）在绝缘预防性试验中，测量绝缘电阻和泄漏电流以判断绝缘是否受潮或有其他劣化现象。在试验中需注意将表面电导与体积电导区别开来。

（2）设计绝缘结构时，要考虑环境条件，特别是湿度的影响。注意环境湿度对固体介质表面电阻的影响，注意亲水性材料的表面防水处理。

（3）并不是所有情况下都希望绝缘电阻高，有些情况下要设法减小绝缘电阻值。例如，在高压套管法兰附近涂上半导体釉，高压电机定子绕组出口部分涂半导体漆等，都是为了改善电压分布，以消除电晕。

三、极化损耗

电介质等效电路，如图 3-8 所示。

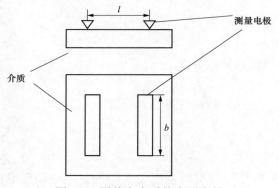 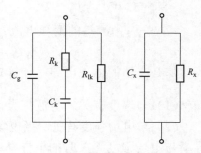

图 3-7　固体电介质的表面电导　　　　图 3-8　电介质等效电路

损耗角正切：$\tan \delta$ ❶ $= \dfrac{j_r}{j_c}$，单位体积介质中的损耗功率为

$$p = Ej_r = Ej_c \tan \delta = E^2 \omega^2 \varepsilon \tan \delta \tag{3-3}$$

其中，$j_c = E\omega\varepsilon$，含有均匀介质的平板电容器总损耗功率为

$$P = pU = E^2 \omega\varepsilon \tan \delta U = U^2 \omega \cot \delta \tag{3-4}$$

---

❶　介质损耗可用小数表示，可用百分数表示，本文均用小数表示。

又因为 $C = \dfrac{\varepsilon A}{d}$, $\varepsilon = \dfrac{Cd}{A}$, $E = \dfrac{U}{d}$, $U = Ad$, 有

$$E^2 \omega \varepsilon \tan \delta U = \dfrac{U^2}{d^2} \omega \dfrac{Cd}{A} \tan \delta Ad$$

$$\tan \delta = \dfrac{i_{\mathrm{r}}}{i_{\mathrm{c}}} = \dfrac{1}{\omega CR} \tag{3-5}$$

所以均匀介质中总的有功损耗为

$$P = UI_{\mathrm{r}} = UI_{\mathrm{r}} \tan \delta = U^2 \omega C \tan \delta \tag{3-6}$$

包括电导损耗和极化损耗。

1. 气体电介质中的损耗

如图 3-9 所示，为气体的 $\tan \delta$ 与电压的关系图。

（1）当场强不足以产生碰撞电离时，气体中的损耗是由电导引起的，损耗极小（$\tan \delta \leqslant 10^{-8}$）；

（2）当外施电压 U 超过局部放电起始电压 U_{s} 时，将发生局部放电，损耗急剧增加，这种情况在高压输电线上很常见，称为电晕损耗。

2. 液体电介质中的损耗

如图 3-10 所示，为极性液体介质与温度的关系图。

（1）当 $t < t_1$ 时：电导和极化损耗都很小，随着温度的升高，极化损耗显著增加；

（2）当 $t_1 < t < t_2$ 时：由于分子热运动加快，妨碍极性分子的转向极化，极化损耗的减小比电导损耗的增加更快；

（3）当 $t > t_2$ 时：电导损耗占主要部分。

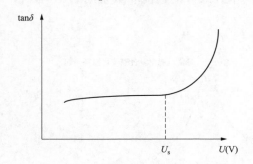

图 3-9 气体的 $\tan \delta$ 与电压的关系

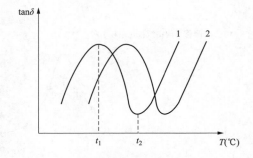

图 3-10 极性液体介质与温度的关系

1—对应于频率 f_1 的曲线；2—对应于频率 f_2 的曲线

如图 3-11 所示，为极性液体介质与频率的关系图。

（1）损耗功率 P：当频率升高到一定值时，转向极化跟不上频率的变化，损耗功率趋于恒定；

（2）介电常数 ε：当频率升高到一定值时，转向极化跟不上频率的变化，介电常数也达到较低的稳定值；

（3）损耗 $\tan \delta$：当频率升高到一定值时，转向极化跟不上频率的变化，$\tan \delta$ 与频

率成反比地减小。

3. 固体电介质中的损耗

（1）干纸的介质与温度的关系图，如图 3-12 所示。

1）极性固体电介质包括：纤维材料，如纸、纤维板等结构不紧的材料；含有极性基的有机材料，如聚氯乙烯、有机玻璃、酚醛树脂、硬橡胶等。

2）极性固体电介质的 $\tan\delta$ 与温度、频率的关系和极性液体相似，其 $\tan\delta$ 值较大，高频下更为严重。

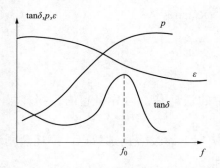

图 3-11　极性液体介质与频率的关系

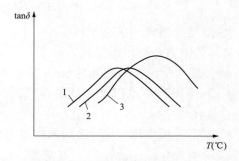

图 3-12　干纸的介质与温度的关系

1—f=1kHz；2—f=10kHz；3—f=100kHz

（2）用复合胶浸渍的电容器纸的介质与温度的关系图，如图 3-13 所示。

1）不均匀结构的电介质包括：电机绝缘中用的云母制品（云母和纸或布以及环氧树脂所组合的复合介质）被广泛使用的油浸纸、胶纸绝缘等。

2）不均匀结构的电介质的 $\tan\delta$：取决于其中各成分的性能和数量间的比例。

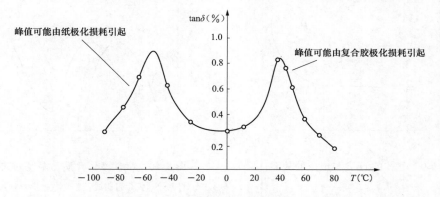

图 3-13　用复合胶浸渍的电容器纸的介质与温度的关系

4. 电介质损耗的特点及影响因素

（1）反映单位体积中的损耗，与绝缘体的体积大小无关。

（2）与温度和频率有复杂的关系。

（3）与试验电压的关系：当所加试验电压足以使绝缘中的气泡游离或足以使绝缘产生电晕或局部放电等情况时，$\tan\delta$ 值将随试验电压的升高而迅速增大。因此，测定 $\tan\delta$

所用的电压，最好接近于被试品的正常工作电压，所加电压过低不易发现绝缘中的缺陷，而过高则容易对绝缘造成不必要的损伤。

5．研究电介质损耗的意义

（1）在绝缘预防性试验中，tanδ 是一项基本试验项目，当绝缘受潮或劣化时 tanδ 急剧上升。绝缘内部是否普遍发生局部放电，也可以通过 tanδ-U 的关系曲线加以判断。

（2）绝缘结构设计时，必须注意到绝缘材料的 tanδ，如 tanδ 过大而引起严重发热，材料容易劣化，甚至可能导致热击穿。

（3）用于冲击测量的连接电缆，其绝缘的 tanδ 必须很小，否则冲击波在电缆中传播时，波形将发生严重畸变，影响测量精确度。

（4）介质损耗引起的介质发热有时也可以利用。

四、小节练习

1．在 Q/GDW 1168—2013《输变电设备状态检修试验规程》（以下简称《规程》）中规定，吸收比和极化指数不进行温度换算，为什么？

答：由于吸收比与温度有关，良好的绝缘，温度升高，吸收比增大；油或纸绝缘不良时，温度升高，吸收比较小。若知道不同温度下的吸收比，则可以对变压器绕组的绝缘状况进行初步分析。

对于极化指数，绝缘良好时，温度升高，其值变化不大，例如某台 167MVA、500kV 的单相电力变压器，其吸收比随温度升高而增大，在不同温度时的极化指数分别为 2.5（17.5℃）、2.65（30.5℃）、2.97（40℃）和 2.54（50℃）；另一台 360MVA、220kV 的电力变压器，其吸收比随温度升高而增大，而在不同温度下的极化指数分别为 3.18（14℃）、3.11（31℃）、3.28（38℃）和 2.19（47.5℃）。它们的变化都不显著，也无规律可循。鉴于上述，在《规程》中规定，吸收比和极化指数不进行温度换算。

2．为什么对含有少量水分的变压器油进行击穿电压试验时，在不同温度时分别有不同的耐压数值？

答：造成这种现象的原因是变压器油中的水分在不同温度下的状态不同，因而形成"小桥"的难易程度不同。在 0℃ 以下时，水分结成冰，油黏稠，"搭桥"效应减弱，耐压值较高。略高于 0℃时，油中水分呈悬浮胶状，导电"小桥"最易形成，耐压值最低。温度升高，水分从悬浮胶状变为溶解状，较分散，不易形成导电"小桥"，耐压值增高。在 60～80℃时，耐压值达到最大值。当温度高于 80℃，水分形成气泡，气泡的电气强度较变压器油低，易放电并形成更多气泡搭成气泡桥，耐压值进一步降低。

3．现有电容量 C_1 为 200μF，耐压值为 500V 和电容量 C_2 为 300μF，耐压值为 900V 的两只电容器，试求：

（1）将两只电容器串联起来后的总电容量 C 是多少？

（2）电容器串联以后，若在两端加 1000V 电压，电容器是否会被击穿？

解：（1）两只电容器串联后的总电容量为

$$C = \frac{C_1 C_2}{C_1 + C_2} = \frac{200 \times 300}{200 + 300} = 120（\mu F）$$

（2）两只电容器串联后加 1000V 电压，则 C_1、C_2 两端的电压 U_1、U_2 为

$$U_1 = \frac{C_2}{C_1 + C_2} U = \frac{300}{200 + 300} \times 1000 = 600（\text{V}）$$

$$U_2 = \frac{C_1}{C_1 + C_2} U = \frac{200}{200 + 300} \times 1000 = 400（\text{V}）$$

答：将两只电容器串联起来后的总电容量 C 为 120μF；电容器 C_1 两端的电压是 600V，超过电容器 C_1 的耐压值 500V，所以电容器 C_1 被击穿。电容器 C_1 被击穿后，1000V 电压全部加在电容器 C_2 上，所以电容器 C_2 也会被击穿。

第二节　放　电　理　论

一、气体放电

（一）汤逊理论

气体放电可以分为非自持放电和自持放电两种。20 世纪汤逊（Townsend）在均匀电场，低气压，短间隙的条件下进行了放电试验，提出了比较系统的理论（汤逊理论）和计算公式，解释了整个间隙的放电过程和击穿条件。

汤逊理论的核心是：电离的主要因素是电子的空间碰撞电离和正离子碰撞阴极产生表面电离；自持放电是气体间隙击穿的必要条件。

汤逊理论是在低气压 pd 值较小的条件下进行放电实验的基础上建立起来的，这一放电理论能较好地解释低气压短间隙中的放电现象。因此，汤逊理论的适用范围是低气压、短间隙（$pd < 26.66\text{kPa·cm}$）。高气压、长气隙中的放电现象无法用汤逊理论加以解释，两者间的主要差异表现在以下 4 方面：

（1）放电外形。根据汤逊理论，气体放电应在整个间隙中均匀连续地发展。

低气压下气体放电发光区确实占据了整个间隙空间，如辉光放电。但在大气压下气体击穿时出现的却是带有分支的明亮细通道。

（2）放电时间。根据汤逊理论，间隙完成击穿，需要好几次循环：形成电子崩，正离子到达阴极产生二次电子，又形成更多的电子崩。完成击穿需要一定的时间，但实测到的在大气压下气体的放电时间要短得多。

（3）击穿电压。当 pd 值较小时，根据汤逊理论自持放电条件计算的击穿电压与实测值比较一致；但当 pd 值很大时，击穿电压计算值与实测值有很大出入。

（4）阴极材料的影响。根据汤逊理论，阴极材料的性质在击穿过程中应起一定作用。实验表明，低气压下阴极材料对击穿电压有一定影响，但大气压下空气中实测到的击穿电压却与阴极材料无关。

由此可知，汤逊理论只适用于一定的 pd 范围，当 $pd > 26.66\text{kPa·cm}$ 后，击穿过程就将发生改变，不能用汤逊理论来解释了。

（二）流注理论

利用流注理论可以很好地解释高气压、长间隙情况下出现的一系列放电现象。

（1）放电外形。流注通道电流密度很大，电导很大，故其中电场强度很小。因此流注出现后，将减弱其周围空间内的电场，加强了流注前方的电场，并且这一作用伴随着其向前发展而更为增强。因而电子崩形成流注后，当某个流注由于偶然原因发展更快时，它就将抑制其他流注的形成和发展，这种作用随着流注向前推进将越来越强，开始时流注很短，可能有三个，随后减为两个，最后只剩下一个流注贯通整个间隙，所以放电是具有通道形式的。

（2）放电时间。根据流注理论，二次电子崩的起始电子由光电离形成，而光子的速度远比电子的大，二次电子崩又是在加强电场中，所以流注发展更迅速，击穿时间比由汤逊理论推算的小得多。

（3）阴极材料的影响。根据流注理论，大气条件下气体放电的发展不是依靠正离子使阴极表面电离形成的二次电子维持的，而是靠空间光电离产生的电子维持的，故阴极材料对气体击穿电压没有影响。在 pd 值较小的情况下，起始电子不可能在穿越极间距离后完成足够多的碰撞电离次数，因而难以聚积到 $e^{\alpha d} \geqslant 10^8$ 所要求的电子数，这样就不可能出现流注，放电的自持只能依靠阴极上的 γ 过程。因此汤逊理论和流注理论适用于一定条件下的放电过程，不能用一种理论取代另一种理论，它们互相补充，可以说明一般的 pd 范围内的放电现象。

（三）稍不均匀电场和极不均匀电场的放电

均匀电场是一种少有的特例，在实际电力设备中常见的是不均匀电场，不过按照电场的不均匀程度，又可分为稍不均匀电场和极不均匀电场。前者的放电特性与均匀电场相似，一旦出现自持放电，便一定立即导致整个气隙的击穿。高压试验室中用来测量高电压的球隙和全封闭组合电器中的分相母线筒都是典型的稍不均匀电场实例。极不均匀电场的放电特性则与此大不相同，这是由于电场强度沿气隙的分布极不均匀，当所加电压达到某一临界值时，曲率半径较小的电极附近空间的电场强度首先达到了起始场强值 E。因而在这个局部区域先出现碰撞电离和电子崩，甚至出现流注，这种仅仅发生在强场区（小曲率半径电极附近空间）的局部放电称为电晕放电，它以环绕该电极表面的蓝紫色晕光作为外观上的特征。开始出现电晕放电时的电压称为电晕起始电压。当外加电压进一步增大时，电晕区随之扩大，放电电流也从微安级增大到毫安级，但该气隙总的来说仍保持着绝缘状态，还没有被击穿。

要将稍不均匀电场与极不均匀电场明确地加以区分是比较困难的。为了表示各种结构的电场不均匀程度，可引入一个电场不均匀系数 f，它等于最大电场强度 E_{max} 和平均电场强度 E_{av} 的比值，即

$$f = \frac{E_{max}}{E_{av}} \tag{3-7}$$

$$E_{av} = \frac{U}{d}$$

式中　U——电极间的电压，V；

　　　d——极间距离，m。

根据放电特征（是否存在稳定的电晕放电），可将电场用 f 值作大致的划分，$f=1$ 时为均匀电场；$1<f<2$ 时为稍不均匀电场；而 $f>4$ 以上时，为极不均匀电场。

（四）电晕放电

电晕放电是指当电压应力超过某一临界值时，在绝缘系统中气体瞬时电离引起的一种局部放电现象。显然"局部"并不是每一处，"瞬时"并非持续，"气体电离"则说明无气体便无电晕。因此，气体是电晕产生的最根本的条件之一。

电晕产生有两个主要因素：一是空气间隙的存在，二是电压应力（即电场强度）超过了空气间隙的击穿电压。在绝缘材料的内部、电极之间都会存在一定的空气间隙，因此，当作用在这些空气间隙上的电压应力超过气体的击穿电压时，气体就会被击穿，形成电晕。

电晕放电是极不均匀电场所特有的一种自持放电形式，也是极不均匀电场的特征之一。它与其他形式的放电有本质区别，电晕放电时的电流强度并不取决于电路中的阻抗，而取决于电极外气体空间的电导，这就与外加电压、电极形状、极间距离、气体的性质和密度等有关。

通常以开始出现电晕时的电压称为电晕起始电压，它低于击穿电压，电场越不均匀，两者的差值越大。

（1）气体中的电晕放电具有以下 5 种效应：

1）伴随着游离、复合、激励和反激励等过程，出现声、光、热等效应，表现为发出"嘶嘶"的声音，发出蓝色的晕光以及使周围空气温度升高等。

2）在尖极或电极的某些突出部分，电子和离子在局部场强的驱动下高速运动，与气体分子交换能量，形成"电风"。当电极固定的刚性不够时（例如悬挂的导线），气体对电风的反作用力会使电晕极振动或转动。

3）电晕放电会产生高频脉冲电流，其中还包含许多高次谐波，对无线电通信造成干扰。高压输电线路的绝缘子和各种金具上很容易出现电晕，在坏天气或在过电压的情况下，甚至在整条导线上都有可能出现电晕。随着输电电压的不断提高，延伸范围不断扩大，线路上电晕造成的无线电干扰已成为很重要的问题。

4）电晕放电还使空气发生化学反应，生成臭氧、氮氧化物等产物，臭氧、氮氧化物是强氧化剂和腐蚀剂，会对气体中的固体介质及金属电极造成损伤或腐蚀。

5）以上各点都会使电晕放电产生能量损耗，在某些情况下，会达到危险的程度。

（2）工程实际中的防电晕措施如下：

1）选择耐电晕性能较好的绝缘材料。不同的绝缘材料，其耐电晕特性也各不相同。低密度聚乙烯在电晕产生 100h 后就会绝缘失效，可见绝缘材料的耐电晕性能至关重要。在常用绝缘材料中，硅橡胶、PVC、DAP、聚四氟乙烯都是很好的耐电晕材料。

2）改进产品设计结构，尽量减少空气间隙的存在。

3）改善电场分布，使之尽量均匀。改进电极形状，增大电极曲率半径，以改善电场分布，提高气体间隙的击穿电压。同时，电极表面应尽量避免毛刺、棱角等，以消除电场局部增强的现象。

4）应当进行局部放电的测量。对产品进行局部放电试验，测定局部放电的各项指标，对放电现象进行分析，改进产品结构。

在某些特定场合下，电晕放电也有其有利的一面。例如，电晕可削弱输电线上雷电冲击电压波或操作冲击电压波的幅值及陡度；可利用电晕放电改善电场分布；可利用电晕除尘等。

二、液体放电

（一）概述

一旦作用于固体和液体介质的电场强度增大到一定程度时，在介质中出现的电气现象就不再限于极化、电导和介质损耗了。与气体介质相似，液体介质在强电场（高电压）的作用下，也会出现由介质转变为导体的击穿过程。

液体介质主要有天然的矿物油和人工合成油两大类。此外，还有蓖麻油等植物油。目前用得最多的是从石油中提炼出来的矿物绝缘油，通过不同程度的精炼，可得出分别用于变压器、高压开关电器、套管、电缆及电容器等设备中的变压器油、电缆油和电容器油等，用于变压器中的绝缘油同时也起散热媒质的作用，用于某些断路器中的绝缘油有时也兼作灭弧媒质，而用于电容器中的绝缘油也同时起储能媒质的作用。

工程中实际使用的液体介质并不是完全纯净的，往往含有水分、气体、固体微粒和纤维等杂质，它们对液体介质的击穿过程均有很大的影响。

关于纯净液体介质的击穿机理有各种理论，主要可分为两大类，即电子碰撞电离理论（电击穿理论）和气泡击穿理论。

（二）电子碰撞电离理论

当外电场足够强时，在阴极产生的强电场发射或因肖特基效应发射的电子将被电场加速而具有足够的动能，在碰撞液体分子时可引起电离，使电子数倍增，形成电子崩。与此同时，由碰撞电离产生的正离子将在阴极附近集结形成空间电荷层，增强了阴极附近的电场，使阴极发射的电子数增多；当外加电压增大到一定程度时，电子崩电流会急剧增大，从而导致液体介质的击穿。

纯净液体介质的电击穿理论与气体放电汤逊理论中 α、γ 的作用有些相似，但是液体的密度比气体大得多，电子的平均自由行程很小，积累能量比较困难，必须大大提高电场强度才能开始碰撞电离，所以纯净液体介质的击穿电场强度要比气体介质高得多（约高一个数量级）。

由电击穿理论可知：纯净液体的密度增加时，击穿电场强度会增大；温度升高时液体膨胀，击穿电场强度会下降；由于电子崩的产生和空间电荷层的形成需要一定时间，当电压作用时间很短时，击穿电场强度将提高。因此液体介质的冲击击穿电场强度高于工频击穿场强（冲击系数 $\beta > 1$）。

（三）气泡击穿理论

实验证明，液体介质的击穿电场强度与其静压力密切相关，这表明液体介质在击穿过程的临界阶段可能包含着状态变化，也就是液体中出现了气泡。因此，有学者提出了气泡击穿机理。

在交流电压下，串联介质中电场强度的分布是与介质的 ε_r 成反比的。由于气泡的 ε_r 最小（≈ 1），其电场强度又比液体介质低很多，所以气泡必先发生电离。气泡电离后温度上升、体积膨胀、密度减小，这促使电离进一步发展。电离产生的带电粒子撞击油分子，使它又分解出气体，导致气体通道扩大。如果许多电离的气泡在电场中排列成气体小桥，击穿就可能在此通道中发生。

如果液体介质的击穿因气体小桥引起，那么增加液体的压力，就可使其击穿电场强度有所提高。因此，在高压充油电缆中总要加大油压，以提高电缆的击穿电场强度。

1950 年，金近等提出了液体介质电击穿的定性理论"小桥"击穿理论。其基本论点如图 3-14 所示：工程用液体介质中常含有纤维、水分等电导较大的杂质，特别是当油中水分是悬浮的乳浊状时，以及当纤维吸潮后，这些杂质在电场的作用下，将沿着电场方向形成连贯两电极的导电"小桥"，因而使液体介质的击穿

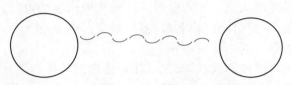

图 3-14　杂质形成的"小桥"

电场强度显著下降。

干燥纤维杂质的介电系数，比油的介电系数稍大，因此在电场中构成"小桥"的效应并不显著，当纤维与水分同时存在时，纤维极易吸收水分，使其介电系数及电导率显著增加，因而很容易沿着电场方向搭成导致击穿的"小桥"。

油中的水分可以呈悬浮的乳浊状或是溶解状。当其是溶解状时，由于水分子是溶于油中而处于高度分散状态，故对击穿电压影响不大。当油中水分是乳浊状时，在电场作用下悬浮的水粒向电场强度最大处集中（水的 $\varepsilon=82$，油的 $\varepsilon=2.2\sim2.5$），形成"小桥"。当纤维和水粒与电极接触后，即被充以与该电极同极性的电荷，这将使带电的杂质受到排斥，此后纤维和水粒的运动情况将根据电压的种类和电场的形状而有不同的发展。

在直流电压下，当电场较均匀时，带电杂质将沿着力线向相反极性的电极移动，与该电极接触后，又将被充以异号电荷并重新遭到推斥。从电极周围液体中被电场吸入间隙的杂质将随时间增加而越来越多，逐渐形成"小桥"，击穿将沿此通道发生。

在交流电压下，在较均匀的电场中，杂质也逐渐地在电极中积聚起来，但带电质点运动速度较慢，而电极的极性改变很快，当电压改变极性时，质点还来不及远离电极，又重新被同一电极吸引。当电极间距离很大时，带电质点很难形成连续的桥，而多形成不连续的若干小桥，它们将使液体中电场受到严重的畸变，从而降低了击穿电压。

在极不均匀的电场下，不论是直流或交流电压，由于电极对质点的推斥力使油产生剧烈的骚动，故不可能形成导电"小桥"。

在冲击电压下，电压作用时间极短，由于质点的惰性，它们的移动是微不足道的，导电质点也不可能大量集中，当极间距离过大时，不论在均匀电场或极不均匀的电场中，油中的杂质对击穿电压的影响都很小。只有当油中含有在实际电气设备中难以遇到的大量杂质时，才会使冲击击穿电压有所降低。

三、固体放电

（一）概述

在电场作用下，固体介质的击穿可能因电过程（电击穿）、热过程（热击穿）、电化学过程（电化学击穿）而引起。固体介质击穿后，会在击穿路径留下放电痕迹、烧穿或熔化的通道以及裂缝等，从而永远丧失其绝缘性能，故称非自恢复绝缘。

实际电气设备中的固体介质击穿过程是错综复杂的，它不仅取决于介质本身的特性，还与绝缘结构形式、电场均匀度、外加电压波形和加电压时间以及工作环境（周围介质的温度及散热条件）等多种因素有关，所以往往要用多种理论来说明其击穿过程。

常用的有机绝缘材料，如纤维材料（纸、布和纤维板）以及聚乙烯塑料等，其短时电气强度很高，但在工作电压的长期作用下，会产生电离、老化等过程，从而使其电气强度大幅度下降。所以，对这类绝缘材料或绝缘结构，不仅要注意其短时耐电特性，而且要重视它们在长期工作电压下的耐电性能。

（二）固体介质的击穿理论

1. 电击穿理论

固体介质的电击穿是指仅仅由于电场的作用而直接使介质破坏并丧失绝缘性能的现象，固体介质中存在少量处于导带能级的电子（传导电子），它们在强电场作用下加速，并与晶格节点上的原子（或离子）不断碰撞。当单位时间内传导电子从电场获得的能量大于碰撞时失去的能量，则在电子的能量达到了能使晶格原子（或离子）发生电离的水平时，传导电子数将迅速增多，引起电子崩，破坏了固体介质的晶格结构，使电导大增而导致击穿。

在介质的电导（或介质损耗）很小又有良好的散热条件以及介质内部不存在局部放电的情况下，固体介质的击穿通常为电击穿，其击穿电场强度一般可达 $10^5 \sim 10^6 \mathrm{kV/m}$，比热击穿时的击穿电场强度高很多，后者仅为 $10^3 \sim 10^4 \mathrm{kV/m}$。

电击穿的主要特征为：击穿电压几乎与周围环境温度无关；除时间很短的情况外，击穿电压与电压作用时间的关系不大；介质发热不显著；电场的均匀程度对击穿电压有显著影响。

2. 热击穿理论

热击穿是固体介质内的热不稳定过程造成的。当固体介质较长期地承受电压的作用时，会因介质损耗而发热，与此同时也向周围散热。如果周围环境温度低、散热条件好，发热与散热将在一定条件下达到平衡，这时固体介质处于热稳定状态，介质温度不会不断上升而导致绝缘的破坏。但是，如果发热量大于散热量，介质温度将不断上升，导致介质分解、熔化、碳化或烧焦，从而发生热击穿。

3. 电化学击穿

固体介质在长期工作电压的作用下，由于介质内部发生局部放电等原因，使绝缘劣化电气强度逐步下降并引起击穿的现象称为电化学击穿。在临近最终击穿阶段，可能因劣化温度过高而以热击穿形式完成，也可能因介质劣化后电气强度下降而以电击穿形式完成。

局部放电是介质内部的缺陷（如气隙或气泡）引起的局部性质的放电。局部放电使介质劣化、损伤、电场强度下降的主要原因为：①放电过程产生的活性气体 O_3、NO、NO_2 等对介质会产生氧化和腐蚀作用；②放电过程有带电粒子撞击介质，引起局部温度上升、加速介质氧化并使局部电导和介质损耗增加；③带电粒子的撞击还可能切断分子结构，导致介质破坏。局部放电的这几方面影响，对有机绝缘材料（如纸、布、漆及聚乙烯材料等）来说尤为明显。

电化学击穿电压的大小与加电压时间的关系非常密切，但也因介质种类的不同而异。

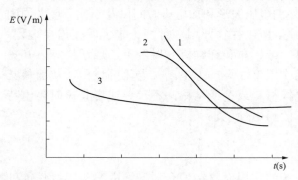

图 3-15　固体介质的击穿场强与作用时间的关系

1—聚乙烯；2—聚四氟乙烯；3—有机硅玻璃云母带

如图 3-15 所示，为三种固体介质的击穿电场强度随施加电压的时间而变化的情况：曲线 1、2 下降较快，表示聚乙烯、聚四氟乙烯耐局部放电的性能差；曲线 3 接近水平，表示有机硅玻璃云母带的击穿电场强度随施加电压时间的增加下降很小，可见无机绝缘材料耐局部放电的性能较好。在电化学击穿中，还有一种树枝化放电的情况，这通常发生在有机绝缘材料的场合。在有机绝缘材料中，因小曲率半径电极、微小空气间隙、杂质等因素而出现高电场强度区时，往往在此处先发生局部的树枝状放电，并在有机固体介质上留下纤细的沟状放电通道的痕迹，这就是树枝化放电劣化。

在交流电压下，树枝化放电劣化是局部放电产生的带电粒子冲撞固体介质引起电化学劣化的结果。在冲击电压下，则可能是局部电场强度超过了材料的击穿电场强度所造成的结果。

（三）影响固体介质击穿电压的主要因素

1. 电压作用时间

如果电压作用时间很短（例如 0.1s 以下），固体介质的击穿往往是电击穿，击穿电压较高。随着电压作用时间的增长，击穿电压将下降，如果在加电压后数分钟到数小时才引起击穿，则热击穿往往起主要作用。不过两者有时很难分清，例如在工频交流 1min 耐压试验中的试品被击穿，常常是电和热双重作用的结果。电压作用时间长达数十小时甚至几年才发生击穿时，大多属于电化学击穿的范畴。

2. 电场均匀程度

处于均匀电场中的固体介质，其击穿电压往往较高，且随介质厚度的增加近似地呈线性增大；若在不均匀电场中，介质厚度增加将使电场更不均匀，于是击穿电压不再随介质厚度的增加而线性上升。当介质厚度增加使散热困难到可能引起热击穿时，增加介质厚度的意义就更小了。

常用的固体介质一般都含有杂质和气隙，这时即使处于均匀电场中，介质内部的电场分布也是不均匀的，最大电场强度集中在气隙处，使击穿电压下降。如果经过真空干燥、真空浸油或浸漆处理，则击穿电压可明显提高。

3. 温度

固体介质在某个温度范围内其击穿性质属于电击穿，这时的击穿电场强度很高，且与温度几乎无关。超过某个温度后将发生热击穿，温度越高，热击穿电压越低；如果其周围媒质的温度也高，且散热条件又差，热击穿电压将更低。因此，以固体介质作为绝缘材料的电气设备，如果某处局部温度过高，在工作电压下就会有热击穿的危险。

不同的固体介质其耐热性能和耐热等级是不同的，因此它们由电击穿转为热击穿的临界温度一般也是不同的。

4. 受潮

受潮对固体介质击穿电压的影响与材料的性质有关。对不易吸潮的材料，如聚乙烯、聚四氟乙烯等中性介质，受潮后击穿电压仅下降 1/2 左右；容易吸潮的极性介质，如棉纱、纸等纤维材料，吸潮后的击穿电压可能仅为干燥时的百分之几或更低，这是电导率和介质损耗大大增加的缘故。

因此，高压绝缘结构在制造时要注意除去水分，在运行中要注意防潮，并定期检查受潮情况。

5. 累积效应

固体介质在不均匀电场中以及在幅值不是很高的过电压下，特别是雷电冲击电压下，介质内部可能出现局部损伤，并留下局部碳化、烧焦或裂缝等痕迹。多次加电压时，局部损伤会逐步发展，这称为累积效应。显然，它会导致固体介质击穿电压的下降。

在幅值不高的内部过电压下以及幅值虽高，但作用时间很短的雷电过电压下，由于加电压时间短，来不及形成贯穿性的击穿通道，但介质内部引起强烈的局部放电，从而引起局部损伤。

主要以固体介质作绝缘材料的电气设备，随着施加冲击或工频试验电压次数的增多，很可能因累积效应而使其击穿电压下降。因此，在确定这类电气设备耐压试验加电压的次数和试验电压值时，应考虑累积效应，在设计固体绝缘结构时，应保证一定的绝缘裕度。

四、沿面放电

固体沿面放电的发展主要取决于沿面放电路径的电场分布，它直接受电极形式和表面状态的影响。在平行板的均匀电场中放入一瓷柱，并使瓷柱的表面与电力线平行，瓷柱的存在并未影响电极间的电场分布。当两极间的电压逐渐增加时，放电总是发生在沿瓷柱的表面，即在同样条件下，沿瓷柱表面的闪络电压比空气间隙的击穿电压要低得多，这是因为：

（1）固体介质与电极表面没有完全密合而存在微小空气间隙，或者介质表面有裂纹。由于纯空气的介电系数比固体介质的低，这些空气间隙中的电场强度将比平均电场强度大得多，从而引起微小空气间隙的局部放电。放电产生的带电质点从空气间隙中逸出，带电质点达到介质表面后，原有的电场畸变，从而降低了沿面闪络电压。在实际绝缘结构中常常将电极与介质接触面仔细研磨，使两者紧密接触以消除空气间隙，或在介质端面上喷涂金属，将空气间隙短路，提高沿面闪络电压。

（2）介质不可能绝对光滑，总有一定的粗糙性，使介质表面的微观电场有一定的不均匀度，贴近介质表面薄层气体中的最大电场强度将比其他部分要大，使沿面闪络电压降低。

（3）固体介质表面电阻不均匀，使其电场分布不均匀，造成沿面闪络电压的降低。

（4）处在潮湿空气中的固体介质表面经常吸收潮气形成一层很薄的水膜。水膜中的离子在电场作用下分别向两极移动，逐渐在两电极附近积聚电荷，使介质表面的电场不均匀，电极附近电场增强，因而降低了沿面闪络电压。介质表面吸收水分的能力越大，沿面闪络电压降低得越多。瓷体沿面闪络电压曲线比石蜡的低，这是由于瓷吸附水分的能力比石蜡大的缘故。瓷体经过仔细干燥后，沿面闪络电压可以提高。

由于介质表面水膜的电阻较大，离子移动积聚电荷导致表面电场畸变需要一定的时间，故沿面闪络电压与外加电压的变化速度有关。水膜在冲击电压作用下的闪络电压影响小，对工频和直流作用下的闪络电压影响较大，即在变化较慢的工频或直流电压作用下的沿面闪络电压比变化较快的冲击电压作用下的沿面闪络电压要低。

五、小节练习

1. 为什么对含有少量水分的变压器油进行击穿电压试验时，在不同的温度时分别有不同的耐压数值？

答：造成这种现象的原因是变压器油中的水分在不同温度下的状态不同，因而形成"小桥"的难易程度不同。在 0℃以下时，水分结成冰，油黏稠，"搭桥"效应减弱，耐压值较高。略高于 0℃时，油中水呈悬浮胶状，导电"小桥"最易形成，耐压值最低。温度升高，水分从悬浮胶状变为溶解状，较分散，不易形成导电"小桥"，耐压值增高。在 60～80℃时，耐压值达到最大值。当温度高于 80℃，水分形成气泡，气泡的电气强度较油低，易放电并形成更多气泡搭成气泡桥，耐压值又下降了。

2. 为什么绝缘油内稍有一点杂质，它的击穿电压会下降很多？

答：以变压器油为例来说明这种现象。在变压器油中，通常含有气泡（一种常见杂质），而变压器油的介电常数比空气高 2 倍多，由于电场强度与介电常数是成反比的，再加上气泡使其周围电场畸变，所以气泡中内部电场强度也比变压器油高 2 倍多，气泡周边的电场强度更高了。而气体的耐电强度比变压器油本来就低得多。所以在变压器油中的气泡就很容易游离。气泡游离之后，产生的带电粒子再撞击油的分子，油的分子又分解出气体，由于这种连锁反应或称恶性循环，气体增长将越来越快，最后气泡就会在变压器油中沿电场方向排列成行，最终导致击穿。

如果变压器油中含有水滴，特别是含有带水分的纤维（棉纱或纸类），对绝缘油的绝缘强度影响最为严重。变压器油杂质虽少，但会发生连锁反应构成贯通性缺陷，所以会使绝缘油的放电电压下降很多。

3. 为什么绝缘油击穿试验的电极采用平板形电极，而不采用球形电极？

答：绝缘油击穿试验用平板形电极，是因极间电场分布均匀，易使油中杂质连成"小桥"，故击穿电压较大程度上取决于杂质的多少。如采用球形电极，由于极间电场强度比较集中，杂质有较多的机会碰到球面，接受电荷后又被强电场斥去，故不容易构成"小桥"。绝缘油击穿试验的目的是检查油中水分、纤维等杂质的含量对击穿电压的影响程度，因此采用平板形电极较好。我国规定使用直径为 25mm 的平板形标准电极进行绝缘油击穿试验，板间距离规定为 2.5mm。

第三节　过　电　压

一、波过程

（一）概述

在电力系统中，对高压和超高压输电，一般都采用多根平行导线或分裂导线，但为研究问题方便起见，首先考虑单导线线路的波过程，而多导线线路的波过程可由单导线线路波过程加以推广。同时又为了方便起见，假设导线的电阻和对地电导为零，也就是无耗的。

（二）物理概念

1. 波过程定义

电力系统是各种电气设备，诸如发电机、变压器、互感器、避雷器、断路器、电抗器和电容器等经线路连接成的一个保证安全发供电的整体。从电路的观点看，除电源外，可以用一个由电阻、电感、电容器三个典型元件的不同组合来表示。对这样一个电路，把回路的电流看作是相同的，所考虑的电压只是代表具有集中参数元件的端电压，因此，可将电压和电流看作是时间的函数。但这种电路仅适宜在电源频率较低、线路实际长度小于电源波长条件之下。例如，在频电压作用下，它的波长为 6000km，因此在路线不长时，电路中的元件可作为集中参数处理。但是，如果线路或设备的绕组在雷电波作用下，由于雷电波的波头时间仅为 1.2μs，则雷电压（或雷电流）由零上升到最大幅值时，雷电波仅在线路上传播 360m，也就是说，对长达几十乃至几百千米的输电线路，在同一时间，线路上的雷电压（或雷电流）的幅值是不一样的。这样，当在线路的某一点出现电压、电流的突然变化时，这一变化并不能立即在其他各点出现，而要以一定的形式、按一定的速度从该点向其他各点传播。这时，该线路中电压和电流不仅与时间有关，而且还与离该点的距离有关。同时，由于线路、绕组有电感、对地有电容，绕组匝间又存在电容，因此输电线路和绕组就不能用一个集中参数元件来代替，而要考虑沿线上参数的分布性，即用分布参数来表征这些元件的特征。而分布参数的过渡过程实质上就是电磁波的传播过程，简称为波过程。

2. 波沿线路传播过程

以单导线线路为例，得出波过程示意图，如图 3-16 所示。将传输线路设想为许许多多无穷小的长度元 dx 串联而成，忽略线路损耗，用 L_0、C_0 来表示每一单位长度导线的电感和对地电容。

在 $t=0$ 时，开关 S 合上，首端突然加上电压 u，靠近电源的线路电容器立即充电，同时要向相邻的电容器放电。由于电感的存在，较远处的电容器要间隔一段时间才能充上一定的电荷。充电电容器在导

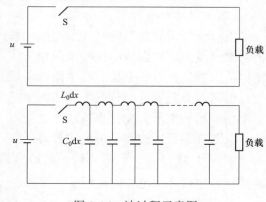

图 3-16　波过程示意图

线周围建立起电场，并向更远处的电容器放电。这就是电压波以一定的速度沿 x 方向传播。

在电容器充放电时，将有电流流过导线的电感，在导线的周围建立起磁场。因此和电压波相对应，有一电流波以同样速度沿 x 方向流动。实质上电压波和电流波沿线路的流动就是电磁波传播的过程。这种电压波、电流波以波的形式沿导线传播称为行波。

3. 波阻抗

电磁波沿线路的传播是一个统一体，设线路为零状态时，来分析电压波和电流波之间的联系。在图 3-16 中，当 $t=0$ 时开关 S 合闸以后，设在时间 t 时，向 x 方向传播的电压波和电流波到达 x 点。在这段时间内，长度为 x 的导线的电容 C_0x 充电到 u，获得电荷为 C_0xu，这些电荷是在时间 t 内通过电流波 i 送过来的，因此

$$C_0xu = it \tag{3-8}$$

另外，在同样时间 t 内，长度为 x 的导线已建立起电流 i。这一段导线的总电感为 L_0x，因此所产生的磁通链为 L_0xi。这些磁通链是在时间 t 内建立的，因此导线上的感应电动势为

$$u = \frac{L_0xi}{t} \tag{3-9}$$

将式（3-8）和式（3-9）中消去 t，可以得到反映电压波和电流波的关系为

$$Z = \frac{u}{i} = \sqrt{\frac{L_0}{C_0}} \tag{3-10}$$

即波阻抗，通常用 Z 表示，其单位为欧姆（Ω），其值取决于单位长度线路电感 L_0 和对地电容 C_0，与线路长度无关。

单位长度导线的电容和电感为

$$C_0 = \frac{2\pi\varepsilon_0\varepsilon_r}{\ln\dfrac{2h_d}{r}}$$

$$L_0 = \frac{\mu_0\mu_r}{2\pi}\ln\frac{2h_d}{r} \tag{3-11}$$

（三）波的折射和反射

当行波传播到线路的某一节点时，线路的参数会突然发生改变，例如从波阻抗较大的架空线路运动到波阻抗较小的电缆线路，或相反从电缆线路到架空线路；这种情况也可以发生在波传到接有集中阻抗的线路终点，由于节点前后波阻抗不同，而波在节点前后都必须保持单位长度导线的电场能和磁场能总和相等的规律，故必然要发生电磁场能量的重新分配，也就是说在节点上将发生行波的折射与反射。

以下介绍折射波和反射波的计算。

如图 3-17 所示，两个不同的波阻抗 Z_1 和 Z_2 相连于 A 点，设 u_{1q}、i_{1q} 是 Z_1 线路中的前行波电压和电流，常称为投射到节点 A 的入射波，在线路 Z_1 中的反行波 u_{1f}、i_{1f} 是由入射在节点 A 的电压波、电流波的反射而产生的反射波。波通过节点 A 以后在线路 Z_2 中产生的前行波 u_{2q}、i_{2q} 是由入射波经节点 A 折射到线路 Z_2 中的波，称为折射波。为了简便，只分析线路 Z_2 中不存在反行波或 Z_2 中的反行波 u_{2f} 尚未到达节点 A 的情况。

由于在节点 A 处只能有一个电压值和电流值，即 A 点 Z_1 侧及 Z_2 侧的电压和电流在 A 点必须连续，因此必然有

$$u_{1q} + u_{1f} = u_{2q}$$
$$i_{1q} + i_{1f} = i_{2q} \tag{3-12}$$

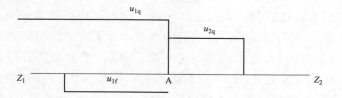

图 3-17 反射波电路图

因为 $i_{1q} = \dfrac{u_{1q}}{Z_1}$、$i_{2q} = \dfrac{u_{2q}}{Z_2}$、$i_{1f} = \dfrac{u_{1f}}{-Z_1}$，将其代入式（3-12），联立解式，即可求得行波在线路节点 A 处的折、反射电压和入射电压的关系为

$$u_{2q} = \frac{2Z_2}{Z_1 + Z_2} u_{1q} = \alpha u_{1q}$$

$$u_{2f} = \frac{Z_2 - Z_1}{Z_1 + Z_2} u_{1q} = \beta u_{1q}$$

（3-13）

式中：α 表示折射波电压与入射波电压的比值，称为电压波折射系数。β 表示反射波电压与入射波电压的比值，称为电压波反射系数。α、β 的表达式为

$$\alpha = \frac{2Z_2}{Z_1 + Z_2}$$

（3-14）

$$\beta = \frac{Z_2 - Z_1}{Z_1 + Z_2}$$

（3-15）

α 值永远是正的，且 $0 \leq \alpha \leq 2$。β 值可正可负，且 $-1 \leq \beta \leq 1$，α 与 β 的关系满足

$$\alpha = 1 + \beta$$

（3-16）

二、过电压

（一）概述

供配电系统在正常运行时，电气设备或线路上所受电压为其相应的额定电压。但由于某些原因，使电气设备或线路上所受电压超过了正常工作电压要求，并对其绝缘构成威胁，甚至造成击穿损坏，这一高电压称为过电压。

过电压按产生原因，可分为外部过电压和内部过电压。外部过电压（也称为大气过电压或雷电过电压）是供配电系统的设备或建筑物受到大气中的雷击或雷电感应而引起的过电压；内部过电压是供配电系统正常操作、事故切换、发生故障或负荷骤变时引起的过电压。

（二）大气过电压

雷电过电压有直击雷过电压和感应雷过电压两种基本形式。

1. 直击雷过电压

直击雷过电压是指雷云直接对电气设备或建筑物放电而引起的过电压。强大的雷电流通过这些物体导入大地，从而产生破坏性极大的热效应和机械效应，造成设备损坏、建筑物破坏。

关于雷电产生原因的学说较多，一般认为：地面湿气受热上升，或空气中不同冷、

热气团相遇，凝成水滴或冰晶，形成云。云在运动中使电荷发生分离，带有负电荷或正电荷的云称为雷云。当空中的雷云靠近大地时，雷云与大地之间形成一个很大的雷电场，由于静电感应作用，使地面出现异号电荷。当雷云电荷聚集中心的电场达到20～30kV/cm时，周围空气被击穿，雷云对大地放电，形成一个导电的空气通道，称为"雷电先导"。大地的异性电荷集中在上述方位尖端上方，在雷电先导下行到离地面100～300m时，也形成一个上行的"迎雷先导"。雷电先导和迎雷先导相互接近，正负电荷迅速中和，产生强大的雷电流，并伴有电闪雷鸣，这就是直击雷的"主放电阶段"。主放电电流很大，高达几百千安，但持续时间极短，一般只有 50～100μs。主放电阶段之后，雷云中的剩余电荷继续沿主放电通道向大地放电，这就是直击雷的"余辉放电阶段"。这一阶段电流较小，约几百安，持续时间为 0.03～0.15s。

雷电流是一个幅值很大、陡度很高的冲击波电流，其特征以雷电流波形表示，如图 3-18 所示。雷电流由零增大到幅值的这段时间的波形称为波头。雷电流从幅值衰减到幅值 1/2 的这段时间的波形称为波尾。雷电流的波陡度 α 用雷电流波头部分的增长速度来表示，即 $\alpha = \dfrac{\mathrm{d}i}{\mathrm{d}t}$。对电气设备的绝缘，雷电流的波陡度越大，则产生的过电压 $U = L\dfrac{\mathrm{d}i}{\mathrm{d}t}$ 越高，对绝缘的破坏越严重。因此，应当设法降低雷电流的波陡度，保护设备绝缘。

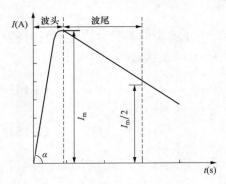

图 3-18　雷电流波形

2. 感应雷过电压

感应雷过电压是指当架空线路附近出现对地雷击时，在输电线路上感应的雷电过电压。在雷云放电的起始阶段，雷云及其雷电先导通道中的电荷所形成的电场对线路发生静电感应，逐渐在线路上感应出大量异号的束缚电荷 Q。由于线路导线和大地之间有对地电容 C 存在，从而在线路上建立一个雷电感应电压 U。当雷云对地放电后，线路上的束缚电荷被释放而形成自由电荷，向线路两端冲击流动，这就是感应雷过电压冲击波。高压线路上的感应雷过电压可高达几十万伏，低压线路上的感应雷过电压也可达几万伏。如果这个雷电冲击波沿着架空线路侵入变电站或厂房内部，对电气设备会造成很大危害。

（三）电力系统内部过电压

在电力系统中，由于断路器操作、故障或其他原因，使系统参数发生变化，引起系统内部电磁能量的振荡转化或传递所造成的电压升高，称为电力系统内部过电压。内部过电压分为操作过电压和暂时过电压。

1. 操作过电压

操作过电压是指因操作或故障引起的瞬间（以毫秒计）电压升高。操作过电压包括切断空载线路过电压、合闸空载线路过电压、切断空载变压器过电压、弧光接地过电压、解列过电压。

（1）切断空载线路过电压。在电力系统中开断空载线路、电容器组等电容性元件时，若断路器有重燃现象，则被分闸的电容元件会通过回路中电磁能量的振荡，从电源处继续获得能量并积累起来形成过电压，成为切断空载线路过电压。

（2）合闸空载线路过电压。在合闸空载线路的过程中，由于线路电压在合闸前后发生突变，在此变化的过渡过程中发生的过电压，称为合闸空载线路过电压。这种过电压是超高压系统中主要的操作过电压。

（3）切断空载变压器过电压。在对电力系统中的消弧线圈、并联电抗器、轻载（或空载）变压器及电动机等感性元件进行分闸（开断）操作时，由于被开断的感性元件中所储存的电磁能量释放，产生振荡，形成的过电压称为切断空载变压器过电压。

（4）弧光接地过电压。在中性点不接地系统发生单相接地故障后，当单相接地电弧不稳定，处于时燃时灭的状态时，这种间歇性电弧接地使系统工作状态时刻在变化，导致电感电容元件之间的电磁振荡，形成遍及全系统的过电压，称为弧光接地过电压。

（5）解列过电压。多电源供电系统中，出现异步运行或非对称短路而使系统解列时，在其形成的单端供电空载线路上会产生过电压，称为解列过电压。

2. 暂时过电压

暂时过电压是指在瞬间过程完毕后出现的稳态性质的工频电压升高或谐振现象。暂时过电压虽具有稳态性质，但只是短时地存在或不允许其持久存在。相对于正常运行时间，它是暂时的。暂时过电压包括工频电压升高和谐振过电压。

（1）工频电压升高。电力系统在正常或故障运行时可能出现幅值超过最大工作相电压、频率为工频或接近工频的电压升高，统称为工频电压升高或工频过电压。其产生原因又可分为空载线路的电容效应、不对称短路引起的工频电压升高、甩负荷引起的工频电压升高。由于空载线路的工频容抗大于工频感抗，在电源电动势的作用下，线路上通过的电容电流在感抗上的压降将使容抗上的电压高于电源电动势，即空载线路上的电压高于电源电压，称为空载线路的电容效应。输电线路发生不对称接地短路故障时，由于相间的电磁耦合，可能使健全相工频电压有所升高，这时的电压升高称为不对称短路引起的工频电压升高。电力系统运行时，由于故障使系统电源突然失去负荷进而引起的工频过电压称为甩负荷引起的工频电压升高。

（2）谐振过电压。电力系统由感性元件和容性元件组成，正常运行时这些元件的参数不会形成串联谐振，但当发生故障或操作时，系统中某些回路被割裂、重新组合而构成各种振荡回路，在一定的能源作用下将产生串联谐振，而导致严重的过电压，称为谐振过电压。

谐振回路包含电感、电容器和电阻，通常认为系统中的电容器和电阻（避雷器除外）是线性元件，而电感则有三种不同的特性，即线性电感、非线性电感和周期性变化的电感。根据谐振回路中所含电感的性质不同，相应地具有三种不同特点的谐振现象，即线性谐振、非线性谐振和参数谐振。因此，谐振过电压包括线性谐振过电压、铁磁谐振过电压、参数谐振过电压。对由线性电感、电容器和电阻组成的串联回路，当回路自振频率与电源频率相等或接近时产生的谐振过电压，称为线性谐振过电压。发生在含有非线性电感（如铁芯电感元件）的串联振荡回路中的谐振过电压，称为铁磁谐振过电压（非线性谐振过电压）。当串联回路中含有周期性变化的电感，其变化频率为电源频率的偶数倍，并有相应的电容配合，回路电阻又不大时可能出现的谐振过电压称为参数谐振过电压。

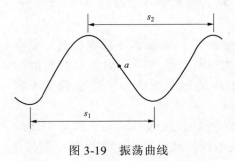

图 3-19　振荡曲线

三、小节练习

1. 如图 3-19 所示，用振荡曲线测得断路器的刚分、刚合点在波腹 a 点附近，已知 s_1 的距离是 2cm，s_2 的距离是 2.2cm，试求断路器刚分、刚合的速度 v（试验电源频率为 50Hz）。

解：若刚分、刚合点在波腹附近，速度 v 为

$$v = \frac{s_1 + s_2}{2 \times 0.01} = \frac{2 + 2.2}{2 \times 0.01} = 210\text{cm}/\text{s} = 2.1\text{m}/\text{s}$$

答：刚分、刚合点的速度为 2.1m/s。

2. 有一条 10kV 空母线，带有 JSJW-10 型电压互感器，如图 3-20 所示。频率 f 为 50Hz，其 10kV 侧的励磁感抗 X_L 为每相 500kΩ，母线和变压器低压绕组的对地电容 C_{11} =6500pF，该母线接在变压器的低压侧，已知变压器高低压绕组之间的电容 C_{12} =2000pF，变压器高压侧电压为 110kV，试求当 110kV 侧中性点暂态电压 U_t 为 $110/\sqrt{3}$ kV 时，10kV 侧的电容传递过电压 U_1。

解：等效电路如图 3-20 所示，由题意知：

三相并联电抗为

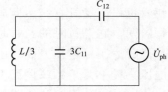

图 3-20　等效电路图

$$\frac{X_L}{3} = \frac{500}{3} \approx 167\,(\text{k}\Omega)$$

三相对地部分的并联容抗为

$$X_{3C_{11}} = \frac{1}{3\omega C_{11}}$$

$$= \frac{1}{3 \times 2\pi f_N C_{11}} = \frac{1}{3 \times 2 \times 3.14 \times 50 \times 6500 \times 10^{-12}}$$

$$= \frac{1}{3 \times 314 \times 6500 \times 10^{-12}} = 163\,(\text{k}\Omega)$$

所以 $L/3$ 和 $3C_{11}$ 并联后，10kV 侧的等值三相对地容抗为

$$X_C = \frac{X_{3C_{11}} \cdot \frac{X_L}{3}}{\frac{X_L}{3} - X_{3C_{11}}} = \frac{163 \times 167}{167 - 163} \approx 6805\text{k}\Omega$$

10kV 侧的等值三相对地电容为

$$3C_{11}' = \frac{1}{\omega X_C} = \frac{1}{2\pi f X_C} = \frac{1}{2 \times 3.14 \times 50 \times 6805 \times 10^3}$$

$$= \frac{1}{314 \times 6805 \times 10^3} \approx 468 \times 10^{-12}(F) = 468 pF$$

$$U_1 = U_t \frac{C_{12}}{C_{12} + 3C_{11}'} = \frac{110}{\sqrt{3}} \times \frac{2000}{2000 + 468} \approx 51.5(kV)$$

答：10kV 侧电容传递过电压为 51.5kV。

3．在进行变压器投切实验时，为了录取过电压值，常利用变压器上电容套管进行测量，已知线电压 $U_L = 220kV$，套管高压侧与测量端间电容 $C_1 = 420pF$，若输入录波器的电压 U_2 不高于 300V，试问如何选择分压电容 C_2 的参数，并绘制出测量线路图。

解：相电压最大值为

$$U_{max} = 1.15U_L / \sqrt{3} = 1.15 \times 220 / \sqrt{3} \approx 146(kV)$$

设过电压值不超过 $3U_{max}$。已知 $C_1 = 420pF$、$U_2 \leqslant 300V$，所以

$$C_2 = \frac{(3U_{max} - U_2)C_1}{U_2}$$

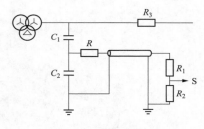

$$= \frac{(3 \times 146 \times 10^3 - 300) \times 420 \times 10^{-12}}{300}$$

$$\approx 6.13 \times 10^{-7}(F) = 0.613(\mu F)$$

答：分压电容 C_2 值不小于 0.613μF，测量线路如图 3-21 所示。

图 3-21 测量线路图

第四节 工程应用及总结

一、工程应用

（一）电介质工程应用

电介质的电气特性主要包括极化特性、电导特性、损耗特性和击穿特性等，这些特性在工程应用中发挥着重要作用。以下是电介质电气特性的一些主要工程应用：

（1）绝缘材料。电介质在电气设备和电力系统中广泛用作绝缘材料。它们可以防止电流在不必要的路径上流动，从而保护设备免受损坏。例如，固体电介质如塑料、橡胶和陶瓷等，可用于制造电缆、电机、变压器和开关设备中的绝缘层。液体电介质如变压器油，则用于填充变压器和电容器等设备，以提供绝缘和冷却效果。

（2）电容器。电介质在电容器中发挥着关键作用。它们可以储存电荷并在需要时释放电荷，从而调节电路中的电压和电流。不同类型的电介质具有不同的介电常数和介质损耗因数，这些参数会影响电容器的性能。因此，在选择电容器时，需要根据具体应用的要求选择合适的电介质材料。

（3）高压电力设备。在高压电力设备中，如断路器、避雷器和电缆等，电介质材料用于承受高电压和高温等恶劣环境。这些设备需要具有良好的绝缘性能和热稳定性，

以确保设备的安全运行。因此，气体电介质如空气、SF_6 等，以及复合电介质如复合绝缘材料等，在这些设备中得到了广泛应用。

（4）电气绝缘研究。对电介质材料电气性能及其影响机理的进一步探索是推动电气绝缘材料研究的重要理论基础。这些研究可以帮助人们更好地理解电介质材料的性能，为新型电气绝缘材料的开发提供指导。

（二）各类放电类型工程应用

如图 3-22 所示，组合电器无局部放电故障模拟试验装置 0～100kV 额定电压下，局部放电量不大于 3pC。在带电工作模式下可任意选择放电种类，控制各放电信号的起始电压、熄灭电压和放电强度。通过传统局部放电试验设备及无线传感局部放电试验设备，试验组合电器尖端、悬浮、气隙、颗粒、沿面等放电类型，多种放电可复合产生，可为脉冲电流、特高频、超声波、高频、SF_6 气体分析等技术检测提供试验。

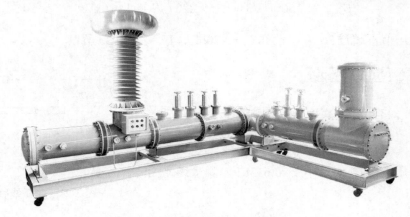

图 3-22　无局部放电故障模拟试验装置

该装置用于模拟气体绝缘开关设备（GIS）内部各种放电现象，适用于 GIS 局部放电带电检测的试验研究、仪器考核。

1. 功能特点

（1）真实性好：按实体 GIS 设计，真实模拟 GIS 内部的各种局部放电故障。

（2）整体性好：升压变压器及耦合电容器等高压设备内置于 GIS。

（3）故障模拟：可模拟 GIS 尖端、悬浮、气隙、颗粒、沿面等放电类型，多种放电可复合产生。

（4）放电可控：可任意选择放电种类，控制各放电信号的起始电压、熄灭电压和放电强度。

（5）检测多样化：可为脉冲电流、特高频、超声波、高频、SF_6 气体分析等技术检测提供试验平台。

（6）计量传递：内建脉冲电流法相关耦合、校验单元，可同步检测。

（7）稳定性好：各放电模块可重复使用，放电特征稳定。

（8）操作便捷：各类故障的产生及消失，可在装置外直接调控。

（9）盆子多样化：盆式绝缘子设有全屏蔽、裸盆、浇注口等多种型式。

（10）可视化：内置红外视频探头，方便观察内部状态，捕捉放电视频。

（11）传感器内置：内置特高频传感器，方便与被检仪器进行比对。

2．技术参数

（1）电压等级：110～500kV。

（2）局部放电量：≤1pC。

（3）调节方式：手动、电动。

（4）耦合电容量：50pF。

（5）放电模拟：尖端放电 5～800pC，颗粒放电 0.1～10pC，悬浮放电 100～20000pC，气隙放电 10～1000pC，沿面放电 10～1000pC。

二、总结

本章从高电压技术的基础理论入手，首先介绍了电介质的电气特性，进而讨论气体、液体、固体的击穿特性和放电理论，最后，对电力系统的波过程和过电压理论进行了讨论分析。

1．电介质特性

电介质的特性包括电介质的极化现象、介质损耗以及击穿特性。电介质在电场作用下会产生极化现象，这是电介质内部电荷分布发生变化的结果。介质损耗则反映了电介质在电场中能量转换的效率，它决定了电介质在实际应用中的性能。击穿特性是电介质在强电场作用下失去绝缘性能的现象，是评估电介质绝缘强度的重要指标。

2．放电理论

放电理论包括气体放电、液体放电和固体放电。放电现象是电场作用下，介质中电荷的移动和释放过程。不同介质中的放电过程具有不同的特点和机制。气体放电主要发生在气体间隙中，液体放电则涉及液体内部的电荷运动和界面效应，而固体放电则与固体材料的微观结构和缺陷有关。放电理论对于理解电力系统中的各种放电现象和故障机理具有重要意义。

3．波过程与过电压

波过程描述了电磁波在介质中的传播、反射和折射等现象，是电力系统暂态分析的基础。过电压则是指电力系统中出现的超过正常工作电压的电压值，它可能由内部故障、操作失误或外部因素引起。内部过电压和外部过电压是电力系统中最常见的两种过电压类型，它们对电力设备的绝缘性能和运行安全构成威胁。

在过电压分析中，本章详细介绍了波过程的计算方法和过电压的产生机理，通过建立等效电路和数学模型，可以模拟电力系统中的暂态过程，并计算过电压的幅值和持续时间。同时，本章还讨论了过电压对电力设备的影响和防护措施，为电力系统的安全运行提供了指导。

第四章　电力系统

第一节　变电站主接线

一、概述

主接线的基本接线形式就是主要电气设备常用的几种连接方式。由于各个发电厂或变电站的出线回路数和电源数不同，每路馈线所传输的功率也不一样。为便于电能的汇集和分配，在进出线数较多时（一般超过 4 回），采用母线作为中间环节，可使接线简单清晰，运行方便，有利于安装和扩建。与有母线的接线相比，无汇流母线的接线使用开关电器较少，配电装置占地面积较小，通常用于进出线回路少，不再扩建和发展的发电厂或变电站。

有汇流母线的接线形式概括地可分为单母线接线和双母线接线两大类；无汇流母线的接线形式主要有桥形接线、角形接线和单元接线。其中，较常见的为有汇流母线接线形式，无汇流母线不过多介绍。

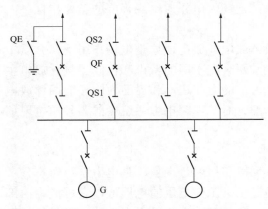

图 4-1　单母线不分段接线方式

二、单母线接线及单母线分段接线

如图 4-1 所示，单母线接线的特点是简单、清晰、设备少。当母线故障、检修或母线隔离开关检修时，整个系统全部停电。断路器检修期间也必须停止该回路的供电。其适用范围单电源的发电厂和变电站，且出线回路数少，用户对供电可靠性要求不高的场合。

如图 4-2 所示，单母线分段接线的特点是减少母线故障或检修时的停电范围。断路器检修期间必须停止该回路的供电。

母线分段的数目，通常以 2～3 分段为宜，分段太多需增加分段断路器。其适用范围是 6～10kV 配电装置出线 6 回及以上；35kV 出线数为 4～8 回；110～220kV 出线数为 3～4 回。

三、双母线接线及双母线分段接线

如图 4-3 所示，双母线接线具有两组母线 W1、W2。每一回路经一台断路器和两组隔离开关分别与两组母线连接，母线之间通过母线联络断路器 QF（简称母联）连接。运行方式为母联 QF 断开，一组母线工作，另一组母线备用，全部进出线接于运行母线上。母联 QF 断开，进出线分别接于两组母线，两组母线分别运行。母联 QF 闭合，电源和馈线平均分配在两组母线上。其优点是检修一组母线，可使回路供电不中断；一组母线故障，部分进出线会暂时停电；供电可靠，调度灵活，又便于扩建。

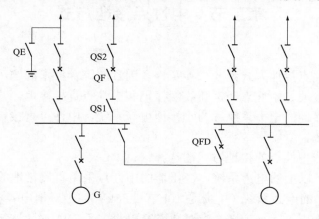

图 4-2　单母线分段接线方式

如图 4-4 所示，为了减小母线故障的停电范围，可以采用双母线分段接线，用分段断路器将工作母线分为两段，每段工作母线用各自的母联断路器与备用母线相连，电源和出线回路均匀地分布在两段工作母线上。

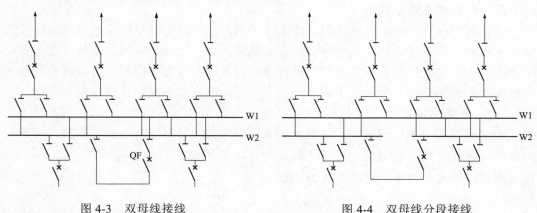

图 4-3　双母线接线　　　　　　　　图 4-4　双母线分段接线

四、小节练习

1．变电站主接线的定义是什么？

答：变电站主接线是指由变压器、断路器、隔离开关、母线等设备按一定的电气顺序连接而成的，用于汇集和分配电能的电路。

2．变电站主接线的主要功能是什么？

答：变电站主接线的主要功能是接受和分配电能，确保电能的连续、安全和高效传输。

3．变电站主接线选择时需要考虑哪些因素？

答：选择变电站主接线时需要考虑供电的可靠性、灵活性、经济性以及具有发展和扩建的可能性。

第二节　中性点接地方式

一、概述

电力系统中性点接地方式是一个涉及许多因素的综合技术问题。中性点的接地方式分为中性点不接地、中性点经消弧线圈接地和中性点直接接地。其中，中性点不接地和经消弧线圈接地的电力系统称为小接地电流系统，中性点直接接地的电力系统称为大接地电流系统。

我国电力系统中性点的接地方式的选择：

（1）110kV 及以上的电力系统，变压器的中性点采用直接接地的方式。

（2）6～60kV 的电力系统（主要是 10kV 和 35kV），当对地电容电流小于 10A 时，变压器的中性点采用不接地方式；当对地电容电流大于 10A 时，变压器的中性点采用经消弧线圈接地方式。

（3）380/220V 三相四线制低压配电系统，大多采用中性点直接接地方式。

（4）在城市电网的发展中，由于广泛采用电缆线路代替架空线路，使单相接地电容电流大增，有的城市的 10kV 系统中性点采用经小电阻接地方式。

二、中性点不接地系统

任意两个导体之间隔以绝缘介质就形成了电容，所以电网三根导线对地或导线之间都存在着分布电容，这些电容将引起附加电流。一般可以把各相对地的分布电容用一个集中电容来代替，若不考虑相间电容并认为各相对地电容相等，可以画出相应的电路图，如图 4-5（a）所示。下面对中性点不接地系统的各种运行情况进行分析。

（一）系统正常运行

中性点不接地系统在正常运行时，由于三相电压 $\dot{U}_A$、$\dot{U}_B$、$\dot{U}_C$ 是对称的，三相对地电容又相等，则各相对地电压等于其相电压，各相对地的电容电流 $\dot{I}_{CA}$、$\dot{I}_{CB}$、$\dot{I}_{CC}$ 也是对称的（即大小相等，相位差互为 120°），即

$$\dot{I}_{CA} + \dot{I}_{CB} + \dot{I}_{CC} = 0 \tag{4-1}$$

如图 4-5（b）所示，为三相电容电流的相量图。它们分别比相应的相电压超前 90°。由于三相电容电流的相量和为零，故地中没有电流流过，中性点的电位为零（大地为零电位）。

（二）单相完全接地

中性点不接地的三相系统，任何一相（如 C 相）绝缘受到破坏而产生单相完全接地（接地过渡电阻为零）时的电路图，如图 4-6（a）所示。

C 相完全接地时有以下特点：

（1）C 相对地电压为零，即 $\dot{U}_{Cd} = 0$。

（2）中性点对地电压等于负的 C 相电压，即 $\dot{U}_{Nd} = -\dot{U}_C$。

（3）不接地相对地电压 $\dot{U}_{Ad}$、$\dot{U}_{Bd}$ 分别等于其相电压 $\dot{U}_A$、$\dot{U}_B$ 和中性点对地电压 $\dot{U}_{Nd}$ 的相量和，即

$$\dot{U}_{Ad} = \dot{U}_A + \dot{U}_{Nd} = \dot{U}_A - \dot{U}_C = \dot{U}_{AC} \qquad (4-2)$$
$$\dot{U}_{Bd} = \dot{U}_B + \dot{U}_{Nd} = \dot{U}_B - \dot{U}_C = \dot{U}_{BC}$$

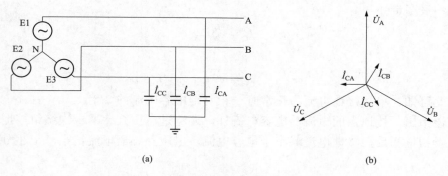

图 4-5　中性点不接地系统正常运行状态

（a）电路图；（b）相量图

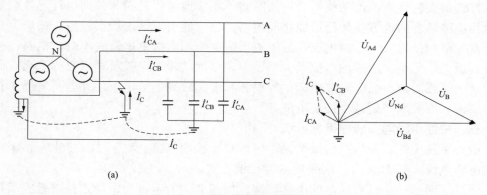

图 4-6　相完全接地的情况

（a）电路图；（b）相量图

由图 4-6（b）可知，当 C 相发生完全接地时，不接地相的对地电压值由正常运行时的相电压升高为线电压，即升高了 $\sqrt{3}$ 倍。同时，由图 4-6（b）的相量图可知，两相对地电压相量 $\dot{U}_{Ad}$、$\dot{U}_{Bd}$ 的夹角为 60°。

（4）三个线电压 $\dot{U}_{AB}$、$\dot{U}_{BC}$、$\dot{U}_{CA}$ 的大小和相位并不因单相接地而改变，仍然是对称系统，即

$$\dot{U}_{AB} + \dot{U}_{BC} + \dot{U}_{CA} = 0 \qquad (4-3)$$

（5）接地点有接地电流 $\dot{I}_C$ 流过，它等于不接地相对地的电容电流 $\dot{I}'_{CA}$、$\dot{I}'_{CB}$ 的相量和，即

$$\dot{I}_C = \dot{I}'_{CA} + \dot{I}'_{CB} \qquad (4-4)$$

由图 4-6（b）的相量图可知，A、B 相对地电容电流 $\dot{I}'_{CA}$、$\dot{I}'_{CB}$ 分别超前 A、B 相对地电压 $\dot{U}_{Ad}$、$\dot{U}_{Bd}$ 的角度为 90°，接地电流 $\dot{I}_C$ 超前中性点对地电压 $\dot{U}_{Nd}$ 的角度也为 90°。

设正常运行时一相对地电容电流的数值为 $\dot{I}_{C0}$，则 C 相完全接地后，不接地相对

地电容电流的数值为

$$\dot{I}'_{CA} = \dot{I}'_{CB} = \sqrt{3}\dot{I}_{CO} \tag{4-5}$$

由相量图可知

$$I_C = \sqrt{3}I'_{CA}$$

故

$$I_C = \sqrt{3}I_{CO} \tag{4-6}$$

由此可知，单相接地电流为正常时一相对地电容电流的 3 倍。

应该指出，接地点的电流除电容电流外，还流过电压互感器一次绕组接地电流，由于两者相位相反，接地电流略小于电容电流，电压互感器电流很小，上述分析中忽略不计。

由上述分析可知，中性点不接地系统发生单相接地时，网络线电压的大小和相位差仍然维持不变。因此，三相用电设备的工作不会受到破坏，可以继续运行，这是该接地方式最大的优点。但系统不允许长时间单相接地运行，因为长期运行可能引起非接地相绝缘薄弱的地方损坏而造成相间短路，还可能引发铁磁谐振过电压损坏设备。

发生单相接地时，接地电流在故障点形成电弧，当接地电流较小时，电弧往往能够自行熄灭；但是，当接地电流较大时，单相接地故障的电弧就难以自行熄灭，而形成稳定电弧或间歇电弧，可能烧坏电气设备和引起较高的过电压，并容易发展为相间短路，所以要采取措施减少接地电流。

三、中性点经消弧线圈接地系统

电力系统中性点经消弧线圈接地，可以减少接地电流。对于 10、35kV 系统，当对地电容电流大于 10A 时，应采用这种接地方式。

消弧线圈是一个具有铁芯的电感线圈，如图 4-7 所示，为中性点经消弧线圈接地的三相系统电路图。

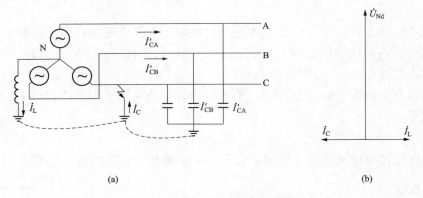

(a)　　　　　　　　　　　　　　　(b)

图 4-7　中性点经消弧线圈接地的三相系统

（a）电路图；（b）相量图

正常运行时，如图 4-7（a）所示，设三相电压对称，三相对地电容相等，故各相对地电压等于相电压，中性点对地电位为零，消弧线圈没有电流流过。当 C 相发生完全接地时，接地相对地电压为零，非接地的 A、B 相对地电压升高为线电压，产生接地电容电流 $\dot{I}_C$ 超前中性点对地电压 $\dot{U}$ 为 90°。同时，消弧线圈上加上了中性点对地电压 $\dot{U}_{Nd}$，产生电感电流 $\dot{I}_L$ 流过消弧线圈和接地点，当忽略消弧线圈的电阻时，$\dot{I}_L$ 落后 $\dot{U}_{Nd}$ 为 90°。由于电感电流 $\dot{I}_L$ 和电容电流 $\dot{I}_C$ 相位差 180°，因此在接地点两者是互相抵消的（或称补偿），如图 4-7（b）所示。适当选择消弧线圈的电感（匝数），可使接地电流变得很小，单相接地时产生的电弧就能自行熄灭。

根据消弧线圈的电感电流对接地电容电流的补偿程度，可分为以下三种补偿方式。

（1）全补偿。使 $\dot{I}_C = \dot{I}_L$（即令 $3\omega C = \dfrac{1}{\omega L}$），接地点处的电流为零，称为全补偿。从消弧的观点来看，全补偿的效果最佳。但是，由于电网三相的对地电容并不完全相等，在正常运行时，中性点对地会存在一定的电压，称为位移电压。如果为全补偿，位移电压将引起串联谐振过电压，危及电网的绝缘。因此，实际应用时不能采用这种补偿方式。

（2）欠补偿。使 $\dot{I}_C > \dot{I}_L$（即令 $3\omega C > \dfrac{1}{\omega L}$），这时接地点电流为容性，称为欠补偿。在这种补偿情况下，当运行方式改变时，有可能使系统接近或达到全补偿，故较少采用。

（3）过补偿。使 $\dot{I}_C < \dot{I}_L$（即令 $3\omega C < \dfrac{1}{\omega L}$），这时接地点电流为感性，称为过补偿。过补偿方式可以避免产生串联谐振过电压，应用最广泛。但是，在过补偿运行方式下，接地处将流过一定数值的感性电流，这一电流值不能超过规定值；否则，接地故障点的电弧将不能自行熄灭。

四、中性点直接接地系统

中性点不接地系统的缺点主要是间歇电弧产生危险的过电压，并且长期工作电压高，电网的绝缘相对要加强。中性点经消弧线圈接地虽然可以解决前一个问题，但要增加附加设备，而电网绝缘水平要求高的问题仍然没有解决，这对于电压等级较高的电网会大大增加投资。因此，110kV 及以上的系统，采用中性点直接接地的方式。

在这种系统中发生单相接地时，故障相便直接经过大地形成单相短路，由于单相短路电流很大，因而继电保护装置可立即动作，将接地短路的线路切除，使系统的其他部分恢复正常运行。由此可知，中性点直接接地系统在发生单相接地时，不会产生间歇电弧。同时，因中性点电位为接地体所固定，在发生单相接地时，非故障相对地的电压不会升高，因而各相对地的绝缘水平只需按相电压考虑，这就使电网的造价大大降低。电网的电压等级越高，其经济效益越显著。高压电器的绝缘问题是影响其设计和制造的关键问题，绝缘要求降低，高压电器的造价随之降低，同时高压电器的性能进一步改善。

五、小节练习

系统中变压器中性点接地方式的安排一般如何考虑？

答：变压器中性点接地方式的安排应尽量保持变电站的零序阻抗基本不变。遇到因变压器检修等原因使变电站的零序阻抗有较大变化的特殊运行方式时，应根据《规程》规定或实际情况临时处理。

（1）变电站只有一台变压器，则中性点应直接接地，计算正常保护定值时，可只考虑变压器中性点接地的正常运行方式。当变压器检修时，可作特殊运行方式处理，例如改定值或按规定停用、启用有关保护段。

（2）变电站有两台及以上变压器时，应只将一台变压器中性点直接接地运行，当该变压器停运时，将另一台中性点不接地变压器改为直接接地。如果由于某些原因，变电站正常必须有两台变压器中性点直接接地运行，当其中一台中性点直接接地的变压器停运时，若有第三台变压器，则将第三台变压器改为中性点直接接地运行。否则，按特殊运行方式处理。

（3）双母线运行的变电站有三台及以上变压器时，应按两台变压器中性点直接接地方式运行，并把它们分别接于不同的母线上，当其中一台中性点直接接地变压器停运时，将另一台中性点不接地变压器直接接地。若不能保持不同母线上各有一个接地点时，作为特殊运行方式处理。

（4）为了改善保护配合关系，当某一段线路检修停运时，可以用增加中性点接地变压器台数的办法来抵消线路停运对零序电流分配关系产生的影响。

（5）自耦变压器和对绝缘有要求的变压器中性点必须直接接地运行。

第三节　工程应用及总结

一、工程应用

（一）自动跟踪消弧线圈装置

上述的普通消弧线圈都是手动调整匝数的，必须使消弧线圈退出运行后才能调整分接头，加之往往没有实测系统电容电流的手段，故在实际运行中很少根据电网电容电流的变动及时调整分接头，因此仍有可能产生不能自行熄弧和过电压的问题。

自动跟踪消弧线圈装置采用微机自动跟踪控制器，在线测量计算系统电容电流等有关参数，根据补偿度等定值自动调整消弧线圈分接头，使消弧线圈电感调在最佳位置。一般普通消弧线圈的补偿有效率大约为 0.6，即 60%的单相接地故障不发展为相间短路，而采用自动跟踪消弧线圈装置可以提高到90%。在需更换消弧线圈时，应尽可能选择自动跟踪消弧线圈装置。

（二）变压器中性点间隙保护原理

110kV 及以上系统中性点的间隙保护主要是防止过电压，在这种电压等级的设备由于绝缘投资的问题，都采用分级绝缘，在靠近中性点的地方绝缘等级比较低。如果发生过电压会造成设备损坏，间隙保护可以起到作用，但是又由于中性点接地的选择问题，一个系统不要有太多的中性点接地，所以有的变压器中性点接地开关没有合上（保护的配置原因）。此时如果由于变压器本身发生过电压就会由间隙保护实现对变压器的保护，其原理就是电压击穿，在一定电压下其间隙就会击穿，把电压引向大地。间隙保护可以起到变压器绕组绝缘的作用，当系统出现过电压（大气过电压、操作过电压、谐振过电压、雷击过电压等）时，间隙被击穿时由零序保护动作，间隙未被击穿时由过电压保护动作切除变压器。

二、总结

本章首先深入探讨了变电站的主接线方式，随后介绍了中性点接地方式的多种选择及其特点。这两部分内容对于理解和设计变电站的运行方式和安全性至关重要。

（1）变电站主接线。变电站的主接线方式决定了其电能输送和分配的效率和可靠性。主接线方式有：

1）单母线接线。结构简单，操作方便，但供电可靠性相对较低。在母线发生故障时，可能会导致整个系统停电。

2）单母线分段接线。通过分段提高了供电可靠性，减少了停电范围。当某段母线发生故障时，可以迅速隔离并继续供电。

3）双母线接线。具有较高的供电可靠性和调度灵活性。当一条母线发生故障时，可以迅速将负荷转移到另一条母线上，确保系统连续供电。

4）双母线分段接线。在双母线基础上进一步提高了可靠性和灵活性。通过将两条母线分段，可以更好地应对各种故障情况。

（2）中性点接地方式。中性点接地方式对电力系统的安全运行有重要影响。中性点接地方式有：

1）直接接地。简单直接，但在单相接地故障时可能产生较大短路电流。需要采取相应保护措施来限制短路电流。

2）不接地。可以减小单相接地故障时的短路电流，但可能导致系统出现过电压现象。需要采取过电压保护措施。

3）通过消弧线圈接地。在发生单相接地故障时，消弧线圈可以减小故障点电流并加速电弧熄灭。具有较好的灭弧性能，但需要合理选择消弧线圈参数。

总之，变电站的主接线方式和中性点接地方式的选择需要根据具体的电力系统需求和条件进行综合考虑。通过合理选择主接线方式和中性点接地方式，可以确保变电站的安全、高效和稳定运行。

第二部分
试验方法篇

第五章　变压器试验

本章所罗列的试验项目均为工作中常做的试验项目，试验顺序均是根据《规程》和安全要求以及多年工作经验总结出的最方便省时的顺序。

第一节　频响法绕组变形试验

一、试验目的

留取绕组结构正常时的频响曲线或相同结构变压器的频响曲线作为参考曲线，将现场试验曲线与参考曲线进行比较，通过曲线的变形程度来诊断变压器内部是否发生绕组变形并判断其严重程度。

二、试验方法

（1）使用频响法绕组变形试验仪进行试验。

（2）如图 5-1 所示，根据变压器的接线方式选定被测变压器的输入端（激励端）和测量端（响应端）。

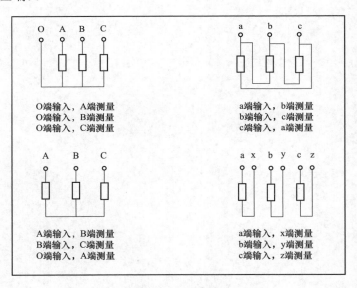

图 5-1　频响法试验接线方式图

（3）如图 5-2 所示，以 YNyn0d 接线方式为例，进行现场接线，非被测绕组开路。按试验仪标示分别连接输入端电缆和测量端电缆，并将输入端夹钳和测量端夹钳分别夹在被测变压器的输入端和测量端。再通过专用 USB 通信线缆把试验仪主机的通信接口与计算机的任何一个 USB 接口可靠连接。

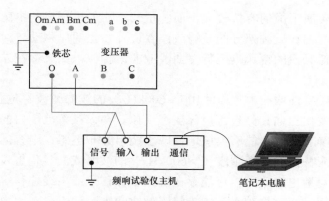

图 5-2　频响法试验现场接线图

（4）连接主机及计算机的电源线，合上主机电源开关，单击计算机上的试验软件进行连接，连接成功后输入被测变压器的基本信息，进行试验。

（5）试验完毕后对被测变压器进行充分放电，更改试验接线进行其他相试验，同一电压等级三相试验完毕后进行图形比较，三相波形重合良好、数据符合《规程》规定，可判断变压器良好。将变压器各电压等级均试验完毕，判断数据合格后对被测变压器进行充分放电，拆除试验接线，表示本项试验结束。

三、注意事项

（1）变压器绕组变形试验须在直流试验项目之前或者在变压器绕组得到充分放电以后进行，否则将会影响试验数据的重复性，甚至导致检测仪器损坏。

（2）试验前应拆除与变压器套管端头相连的所有引线，并使拆除的引线尽可能远离被测变压器套管。对于套管引线无法拆除的变压器，注明后，可利用套管末屏作为测量端进行检测，并应与同样条件下的检测结果作比较。

（3）变压器绕组的频率响应特性与分接开关的位置有关，建议在最高分接位置下进行试验，或者应保证每次试验时分接开关均处于相同的位置。

（4）夹钳应与变压器绕组端头可靠连接，减小接触电阻，以免由于生锈或者接触不良产生接触电阻，影响试验结果。

（5）输入单元和检测单元的接地线应共同连接在变压器铁芯接地点。如果铁芯接地点或者其他接地点有灰尘或者生锈，可用砂纸简单打磨，露出金属本色后，可靠接地。

（6）为了防止在现场试验时，发生突然停电损坏试验仪器，必须使用和试验仪器配套的电源隔离变压器。

四、试验标准

根据《规程》可通过相关系数来判断绕组变形情况，如表 5-1 所示。

当绕组扫频响应曲线与原始记录基本一致时，即绕组频响曲线的各个波峰、波谷点所对应的幅值及频率基本一致时，可以判定被测绕组没有变形。测量和分析方法参考 DL/T 911—2011《电力变压器绕组变形的频率响应分析法》。

（1）幅频响应特性曲线低频段（1～100kHz）的波峰或波谷位置发生明显变化，通常预示着绕组的电感改变，可能存在匝间或饼间短路的情况。频率较低时，绕组的对地电容及饼间电容所形成的容抗较大，而感抗较小，如果绕组的电感发生变化，会导致其幅频响应特性曲线低频部分的波峰或波谷位置发生明显移动。对于绝大多数变压器，其三相绕组低频段的幅频响应特性曲线应非常相似，如果存在差异，则应及时查明原因。

（2）幅频响应特性曲线中频段（100～600kHz）的波峰或波谷位置发生明显变化，通常预示着绕组发生扭曲和鼓包等局部变形现象。在该频率范围内的幅频响应特性曲线具有较多的波峰和波谷，能够灵敏地反映出绕组分布电感、电容的变化。

（3）幅频响应特性曲线高频段（＞600kHz）的波峰或波谷位置发生明显变化，通常预示着绕组的对地电容改变，可能存在绕圈整体移位或引线位移等情况。频率较高时，绕组的感抗较大，容抗较小，由于绕组的饼间电容远大于对地电容，波峰和波谷分布位置主要以对地电容的影响为主。但由于该频段易受试验引线的影响，且该类变形现象通常在中频段也会有明显的反应，故一般不把高频段试验数据作为绕组变形分析的主要信息。

表 5-1 　　　　　　相关系数与变压器绕组变形程度的关系（供参考）

绕组变形程度	相关系数
严重变形	$R_{LF} < 0.6$
明显变形	$1.0 > R_{LF} \geq 0.6$ 或 $R_{MF} < 0.6$
轻度变形	$2.0 > R_{LF} \geq 1.0$ 或 $0.6 \leq R_{MF} < 1.0$
正常绕组	$R_{LF} \geq 2.0$ 和 $R_{MF} \geq 1.0$ 和 $R_{HF} \geq 0.6$

注：在用于横向比较法时，被测变压器三相绕组的初始频响数据应较为一致，否则判断无效。
R_{LF} 为幅频响应特性曲线在低频段（1～100kHz）内的相关系数；
R_{MF} 为幅频响应特性曲线在中频段（100～600kHz）内的相关系数；
R_{HF} 为幅频响应特性曲线在高频段（600～1000kHz）内的相关系数

五、试验异常及处理方法

试验时，可能出现的异常现象和对应处理方法见表 5-2。

表 5-2 　　　　　　　　试验时可能出现的异常现象及处理方法

序号	异常现象	处 理 方 法
1	测量启动后不能正常测量	1）检查试验仪器连接是否可靠，否则应关机后重新连接。 2）检查试验连接是否正确，接触是否良好可靠。 3）按仪器要求的步骤进行操作
2	测量信号幅值过低或特性曲线幅值整体位移	检查试验连接是否良好可靠，减小接触电阻
3	试验曲线全频段呈现杂乱、无规律	1）试验时，变压器各侧套管引线应全部拆除，尽量避免外部干扰。 2）测量电缆屏蔽层接地线应尽量短，最好与变压器的铁芯同点接地，接地点要良好，使高频电流的流向正确。 3）检查变压器接地是否良好。 4）检查电源是否稳定，有无谐波干扰。 5）周围有无强干扰源。 6）变压器应在充分放电后测量

续表

序号	异常现象	处 理 方 法
4	试验曲线高频段杂乱、无规律	1）测量时，人应远离套管，一般应大于 1m，以免影响高频段的测量结果。 2）周围物体（包括引线）的影响，尽量远离，避免外部干扰。 3）每次测量应保证输入端和测量端在同一位置。 4）高频段易受外部干扰，如中、低频段无异常，高频段一般只作参考
5	试验曲线相关系数低或横向、纵向比较差异大的	1）检测变压器绕组的幅频响应特性与分接开关的位置有关，宜在最高分接位置下检测，或者应保证每次检测时分接开关均处于相同的位置；对无载调压变压器应在同一分接处进行测量。 2）排除测量方式、条件不同造成的影响。 3）进行横向、纵向比较，根据低、中、高频段相关系数、波峰或波谷分布位置及分布数量的变化分析变压器绕组变形情况

第二节　直流电阻试验

一、试验目的

测量变压器直流电阻的目的是检查分接开关是否接触不良，主要检查分接开关内部是否清洁，电镀层有无脱落，弹簧压力是否足够；变压器套管的导电杆与引线是否接触良好，螺栓是否松动等；焊接是否良好；引线与绕组的焊接处接触是否良好；多股并绕绕组有无脱焊现象；三角形接线某一相是否断线；绕组局部匝间、层间、段间有无短路或断线等缺陷。

二、试验方法

（1）使用变压器绕组电阻试验仪进行试验。

（2）以三绕组变压器为例，接线方式为 YNyn0d。高、中压侧接线方式，如图 5-3 所示，高、中压侧可以三相一起测量。将试验仪良好接地，非被试绕组开路。

（3）试验前检查接线是否正确，仪器开关是否在"关"状态，检查无误后开始试验。

（4）将变压器有载分接开关调到 1 挡，选择合适的试验电流（5～20A），按"试验"键开始高压侧绕组电阻试验。

（5）待数据稳定后记录试验数据，随后切换有载分接开关至下一分接位置，待切换完毕后，在仪器上长按"试验"键，继续进行试验。当所有分接（指 1 分接到极性开关转换后两个分接）都试验完毕后，按"复位"键放电，待"嘀"声消失表示放电完毕。

（6）测量低压直流电阻选择合适的试验电流（40A），低压绕组如果为角形接线则需要单相测量。变压器低压侧套管 a、b 分别接至试验仪低压的 a、b 端子，注意电流和电压分别接对应的试验线，进行 ab 线间直流电阻测量，试验时间会较长，待数据稳定后读数并记录试验结果，之后按"复位"键充分放电完毕，再分别进行 bc、ca 相间的电阻试验。

（7）全部被测相直流电阻试验完毕后，判断数据合格后对被测变压器进行充分放电，拆除试验接线，表示本项试验结束。

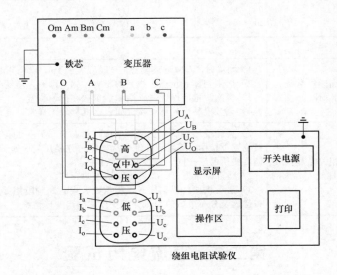

图 5-3　变压器高、中压侧绕组电阻试验接线图

三、注意事项

（1）测量一般应在油温稳定后进行。只有油温稳定后，油温才能等同绕组温度，测量结果才不会因温度差异而引起温度换算误差。

（2）绕组电阻试验电流不宜大于 20A，铁芯的磁化极性应保持一致。

（3）对无载调压绕组，不允许在试验过程中切换开关。

（4）各引线端应连接牢靠，在加压过程中不允许拆除试验线，变更接线前，应充分放电，放电时间不少于 5min。

（5）试验充放电时，严禁触碰变压器引线端子，试验引线严禁打开、移动，防止触电。

（6）调节有载开关时应确保无人接触机构及转动部分。

（7）三相变压器有中点引出线时，应测量各相绕组的电阻；无中点引出线时，可以测量线间电阻。

（8）试验线中粗线要对应电流，细线要对应电压。

四、试验标准

根据《规程》，有如下要求：

（1）1.6MVA 以上变压器，各相绕组电阻相间的差别不大于三相平均值的 2%（警示值），无中性点引出的绕组，线间差别不应大于三相平均值的 1%（注意值）；1.6MVA 及以下的变压器，相间差别一般不大于三相平均值的 4%（警示值），线间差别一般不大于三相平均值的 2%（注意值）。

（2）同相初值差不超过 ±2%（警示值）。

五、试验异常及处理方法

试验时可能出现的异常现象及处理方法，见表 5-3。

表 5-3   试验时可能出现的异常现象及处理方法

序号	异常现象	处 理 方 法
1	开机无显示、显示错误或试验启动时熔丝熔断	1）检查电源电压及电源线。 2）检查熔断器是否已熔断。 3）检查仪器插件是否松动。 4）确认仪器是否损坏，联系仪器厂家处理
2	试验启动后仪器显示故障	1）采用专用的试验线。 2）检查试验接线是否正确。 3）确认仪器是否损坏，联系仪器厂家处理
3	试验数据不稳定或试验时间长	1）选用合适的电流挡位测量。 2）试验线与被测绕组的连接要牢固可靠。 3）非被试绕组不能短路。 4）绕组充电时间不够。 5）注意仪器电源谐波可能影响测量结果，必要时采取稳压、滤波措施改善电源质量。 6）使用助磁法、消磁法进行试验
4	绕组三相电阻互差偏大或电阻值偏大	1）注意试验时温度的影响，应换算至同一温度下进行比较。 2）三相试验位置是否相同，减少接触面。 3）用砂纸打磨清理试验夹与出线套管接触面以减小接触电阻。 4）操作有载分接开关，消除分接开关由于油膜造成电阻偏大的影响，如某一两个分接电阻偏大，可能是该分接处接触不良等（可多次操作，如不能解决需检修分接开关）；如某一两相所有分接均偏大，可能是该相分接开关接触不良（可多次操作，如不能解决需检修分接开关）、套管导电杆的接头接触不良（一部分可拆开套管将军帽处理）、内部各接头接触不良、绕组断股、匝层段间短路等，可结合绕组变形试验、油试验等判断（需内部检查处理）。 5）三相电阻值均偏大时应检查是否为中性点引起，可测量线间电阻后换算至相间进行比较。 6）三角形绕组如某一线间电阻比其他两相大一倍时，可能为其中一相断线。 7）若出厂值已偏大，可能是变压器结构原因

第三节　有载分接开关试验

一、试验目的

检查变压器有载分接开关的切换开关、切换程序、过渡时间、过渡波形、过渡电阻等是否正常。变压器在运行中检查有载分接开关，可以发现触点的烧损情况、触点动作是否灵活、切换时间有无变化、主弹簧是否疲劳变形、过渡电阻值是否发生变化等缺陷。

二、试验方法

（1）采用变压器有载分接开关参数综合试验仪进行试验，接线方式如图 5-4 所示。

（2）将试验仪配置的试验线（夹）接至高压侧套管 A、B、C 以及中性点上。

（3）变压器铁芯及中压侧、低压侧短路接地，接触良好、牢固。

（4）分接开关需要试验单到双和双到单的过渡波形，如果变压器分接开关现在在 3 挡，要测 3-4 分接，在试验仪上将分接改为 3-4，数值都稳定后按"执行"键屏幕出现"待触发！"，这时可以电动或手动操作机构，切换完毕后，波形自动出现在屏幕上。

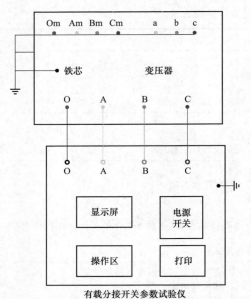

图 5-4 变压器有载分接开关试验接线图

（5）按以上步骤试验并打印双到单（如4-5或4-3）的过渡波形。

（6）试验完毕关闭仪器开关，拔掉电源线，对被试变压器充分放电，并经检查数据无问题后，拆除试验接线，表示本项试验结束。

三、注意事项

（1）操动有载分接开关前，应确认无人接触有载开关机构及转动部分。

（2）务必在接通试验线后启动电源，避免变压器电感反向电动势可能造成的损害。

（3）带绕组试验时，非试验端应短路接地。

（4）严禁带电试验，当变压器外接引线距离较长时，应拆去引线，以免受周围强电磁声的干扰，引起过大误差。

（5）仪器必须可靠接地，确保试验人员和设备安全。试验进行时不要移动试验线，以免拉弧损坏仪器。

四、试验标准

（1）三相同步的偏差、切换时间的数值及正反向切换时间的偏差均与制造厂的技术要求相符。

（2）过渡波形要求曲线平滑，无开路现象。

五、试验异常及处理方法

试验时可能出现的异常现象及处理方法，见表5-4。

表 5-4 试验时可能出现的异常现象及处理方法

序号	异常现象	处 理 方 法
1	三相波形较乱	1）检查试验接线是否正确，中低压侧是否短路并接地，仪器接地是否良好。 2）对于新安装的有载调压器，试验前应多次切合；对于长时间未切换过的有载开关，试验前应多次切合，磨除触头表面氧化层及触头间杂质。 3）输出接线与端口接好拧紧，试验钳与高压端套管要夹紧并接触良好。 4）降低仪器灵敏度。 5）当三相波形较乱时，可能是其中一相接触不良，此时应分相试验；当只进行一相试验时，其他两相试验线应开路
2	触发过早或过晚	1）过渡电阻小于3Ω时，应提高灵敏度，按"↑↓"键。 2）触发过早（误触发）按"↑"键（数字增大）。 3）触发过晚（未触发）按"↓"键（数字减小）。 4）一般情况在10即可
3	波形有断点	1）可以反向做一次试验，如反向试验的波形与正向试验的波形对称处也有断点，很可能有问题，应请检修班组吊出分接开关进行检查。 2）反向试验如无断点，应再做一次正向试验，并作分析，防止误判

第四节 低电压短路阻抗试验

一、试验目的

诊断变压器是否发生绕组变形，留取绕组结构正常时低电压下短路阻抗的数值。

二、试验方法

（1）使用低电压短路阻抗绕组变形试验仪进行试验，如图 5-5 所示。

（2）被测绕组对的加压侧接试验仪器对应端子，不加压侧所有接线端子全部短接，非被测绕组对开路。

（3）以"YNynd"接线的三相变压器为例，若试验高对中，则变压器高压侧 A、B、C 端子接试验仪对应端子，中压侧短路，低压侧悬空，如图 5-5 所示；若试验高对低，则变压器高压侧 A、B、C 端子接试验仪对应端子，低压侧短路，中压侧悬空；若试验中对低，则变压器中压侧 A、B、C 端子接试验仪对应端子，低压侧短路，高压侧悬空。

（4）打开仪器，设置"联结方式（一般选择 Yny/Ynd 联结）、被测线圈、额定容量、分接电压、铭牌阻抗电压"等参数，进行试验。

（5）依次测量高-中、高-低、中-低压参数。

（6）试验完毕，打印出相关数据，经检查无误后，关闭仪器开关，拔掉电源线，拆除试验接线，表示本项试验结束。

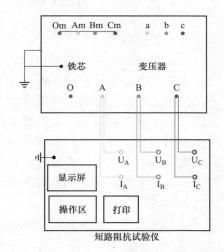

图 5-5 "YNynd"接线的三相变压器的高对中试验接线图

三、注意事项

（1）试验前准确测量或计算绕组平均温度。试验测量应迅速进行，试验时绕组所产生的温升不应引起明显的误差。

（2）宜在最大分接位置和相同电流下测量。试验电流可用额定电流，也可低于额定值，但不宜小于 5A。对于分接范围超过±5%的变压器，应对主分接、极限正/负分接进行短路阻抗测量。

（3）试验结果出现异常时，应对所有绕组采用单相法进行复测。

（4）需用电源轴进行测量，移动电源谐波含量较大，易使测量结果超标。

四、试验标准

根据《规程》，有如下要求：

（1）容量 100MVA 及以下且电压等级 220kV 以下的变压器，初值差不超过±2%。

（2）容量 100MVA 以上或电压等级 220kV 以上的变压器，初值差不超过±1.6%。

（3）容量 100MVA 及以下且电压等级 220kV 以下的变压器三相之间的最大相对互差不应大于±2.5%。

（4）容量 100MVA 以上或电压等级 220kV 以上的变压器三相之间的最大相对互差

不应大于±2%。

五、试验异常及处理方法

试验时可能出现的异常现象及处理方法，见表 5-5。

表 5-5   试验时可能出现的异常现象及处理方法

序号	异常现象	处 理 方 法
1	短路阻抗值超过注意值要求	1）检查电源是否合适，谐波含量是否超标。 2）短路侧接触是否良好，接触电阻是否过大。 3）结合频响法、电容量分解法进行互相印证

第五节　电压比及接线组别试验

一、试验目的

变压器的绕组间存在着极性、变比关系，当需要几个绕组互相连接时，必须知道极性才能正确地进行连接。而变压器变比、接线组别是变压器并列运行的重要条件之一，若参加并列运行的变压器变比、接线组别不一致，将出现环流，这是不允许的。因此，变压器在出厂试验时，检查变压器变比、极性、接线组别的目的在于检验绕组匝数、引线及分接引线的连接、分接开关位置及各出线端子标志的正确性。对于安装后的变压器，主要是检查分接开关位置及各出线端子标志与变压器铭牌的正确性，而当变压器发生故障后，检查变压器是否存在匝间短路等。

二、试验方法

（1）采用变比试验仪进行试验，接线方式如图 5-6 所示。

（2）将试验仪高压端和低压端电缆的 4 色夹钳按黄、绿、红、黑各对应 A 相、B 相、C 相、中性点连接。若无中性点引出，或三角形接法，黑色夹悬空即可。

（3）试验前检查仪器接线是否正确，开关是否在"关"状态，检查无误后开始试验。

（4）将变压器有载分接开关调至"1"位置。

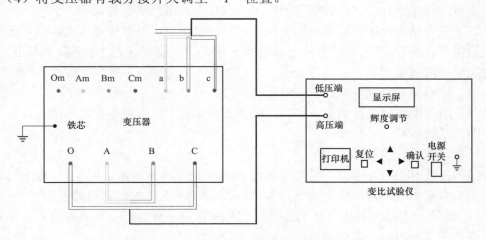

图 5-6   变压器变比及接线组别试验接线图

（5）打开电源开关，按一下"复位"键，根据变压器铭牌参数在仪器上设置"组别""相序""额定比值""每级调压""高/低压值""分接值"。

（6）按"确认"键开始试验，试验完毕打印试验数据，按"复位"键进行放电。

（7）调节有载分接开关位置，相应地在仪器上调节"分接值"，进行其他分接头变比试验。

（8）试验完毕关闭仪器开关，拔掉电源线，对被试变压器充分放电，试验数据经检查无问题后，拆除试验接线，表示本项试验结束。

三、注意事项

（1）在试验过程中，拉、合开关的瞬间，注意不要用手触及绕组的端头，以防触电。

（2）严格执行操作顺序，在测量时要先接通测量回路，然后再接通电源回路。读完数后，要先断开电源回路，然后再断开测量回路，以免反向感应电动势伤及试验人员，损坏试验仪器。

（3）试验线夹的黄、绿、红、黑分别对应变压器的 A、B、C、O 不要接错。

（4）高、低压电缆不要接反。

四、试验标准

根据《规程》，有如下要求：

（1）试验结果应与铭牌标识一致。

（2）初值差不超过±0.5%（额定分接位置）。

（3）初值差不超过±1%（其他）（警示值）。

五、试验异常及处理方法

试验时可能出现的异常现象及处理方法，见表5-6。

表5-6   试验时可能出现的异常现象及处理方法

序号	异常现象	处 理 方 法
1	变比不合格	1）检查分接开关引线是否焊错，分接开关指示位置与内部引线位置是否不符，绕组匝间、层间是否短路。 2）结合绕组电阻、低电压短路阻抗试验数据进行综合分析

第六节 绕组绝缘电阻、吸收比和（或）极化指数试验

一、试验目的

测量变压器绕组绝缘电阻、吸收比（极化指数）能有效地检查出变压器绝缘整体受潮、部件表面受潮或脏污，以及贯穿性的集中性缺陷，如瓷绝缘子破裂、引线靠壳、器身内部有金属接地、线圈严重老化、绝缘油严重受潮等缺陷。

二、试验方法

（1）测量绕组绝缘电阻时，应依次测量各绕组对其他绕组及地间绝缘电阻值，接线方式如图5-7所示。

（2）检查绝缘电阻表是否正常。

首先检查绝缘电阻表电量是否充足，然后将绝缘电阻表水平放置，将绝缘电阻表"L"和"E"端子开路，打开电源开关，其数字应显示最大值。将绝缘电阻表"L"和"E"端子短路，打开电源开关，其数字应显示"O"，断开电源开关。

（3）被测绕组（如高压绕组）各引出端应短路，接绝缘电阻表"L"端子，其余各非被测绕组应短路接地，绝缘电阻表"E"端子接地，接线方式如图5-7所示。

（4）如遇天气潮湿、套管表面脏污，为避免表面泄漏的影响，必须加以屏蔽。屏蔽线应接在绝缘电阻表的屏蔽端头"G"上，加屏蔽时接线方式如图5-8所示。

（5）检查接线无误后启动绝缘电阻表至额定输出电压后，将端头"L"接至变压器高压绕组，记录15s、60s和（或）600s的绝缘电阻值，R15与R60的比值即为吸收比，R60与R600的比值即为极化指数。

（6）试验结束仪器自放电完成后，关闭绝缘电阻表，并对被试变压器进行充分放电。

（7）变更试验接线，按步骤（3）～（6）测量中压对高、低压及地，低压对高、中压及地的绝缘电阻。

（8）全部试验结束后，对被试变压器进行充分放电，试验数据经检查无问题后，拆除试验接线，表示本项试验结束。

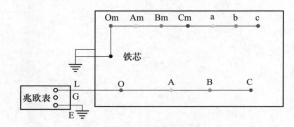

图 5-7　变压器绕组连同套管的绝缘电阻试验
（以高压侧为例）

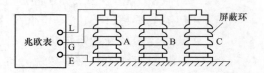

图 5-8　绝缘电阻表采用屏蔽的接线

三、注意事项

（1）试验前后对被试变压器充分放电。

（2）测量时，铁芯、外壳及非测量绕组应接地，测量绕组应短路，套管表面应清洁、干燥。

（3）每次试验应选用相同电压、相同型号的绝缘电阻表。

（4）测量时，绝缘电阻表的"L"端和"E"端不能对调、不能绞接，应使用高压屏蔽线连接。

（5）试验人员之间应分工明确，测量时应配合默契，测量过程中要大声呼唱。

（6）非被测部位短路接地要良好，不要接到变压器有油漆的地方，以免影响试验结果。

（7）按低、中、高压的顺序进行试验，或按要求顺序进行，一旦确定试验顺序，试验中此顺序不宜改变。

四、试验标准

根据《规程》，有如下要求：

（1）无显著下降。

（2）吸收比大于或等于1.3，极化指数大于或等于1.5，绝缘电阻大于或等于10000MΩ（注意值）。

五、试验异常及处理方法

试验时可能出现的异常现象及处理方法，见表5-7。

表 5-7　　　　　　　　　　试验时可能出现的异常现象及处理方法

序号	异常现象	处 理 方 法
1	绕组绝缘电阻偏低	1）采用专用屏蔽型试验线。 2）试验线不能绞接，必要时悬空。 3）检查电动绝缘电阻表电量是否符合要求，量程是否合适。 4）绝缘电阻表开路和短路检查是否合格。 5）历次试验选用测量电压相同和负载特性相近的绝缘电阻表（最好是同一型号）。 6）采取清抹、屏蔽等措施，重新试验，如因湿度造成外绝缘降低，可在湿度相对较小的时段（如午后）进行复测。 7）确认是否有感应电等电磁场的干扰。 8）检查外磁套是否破损、有无放电痕迹。 9）进行 tanδ 及电容量试验及油试验确认是否受潮等
2	绕组吸收比或极化指数偏低	1）绝缘电阻大于 10000MΩ 可降低要求。 2）当外绝缘降低影响绝缘电阻偏低时，可采取清抹、午后试验、屏蔽等措施。 3）检查是否为外连接设备引起
3	绝缘电阻很高，没有吸收现象	1）绝缘电阻表开路和短路检查是否合格。 2）接线是否正确，接地是否良好

第七节　绕组连同套管的介质损耗及电容量试验

一、试验目的

试验变压器绕组连同套管的介质损耗角正切值 tanδ 的目的主要是检查变压器整体是否受潮、绝缘油及纸是否劣化、绕组上是否附着油泥及是否存在严重局部缺陷等。它是判断变压器绝缘状态的一种较有效的手段。近年来随着变压器绕组变形试验的开展，测量变压器绕组的介质损耗及电容量可以作为绕组变形判断的辅助手段之一。

二、试验方法

（1）采用变压器介质损耗因数试验仪进行试验，接线方式如图5-9所示。

（2）试验中被测绕组（高压绕组）短路接试验仪高压输出端子，各非被测绕组（中、低压绕组）短路接地，采用反接线测量方式，测量电压为

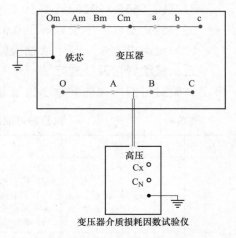

图 5-9　绕组连同套管的介质损耗及电容量试验（以高压绕组为例）

10kV。

（3）检查接线是否正确，仪器开关是否在"关"状态，检查无误后开始试验。

（4）加压前要先呼唱，站在绝缘垫上并有专人监护。打开仪器"总电源"开关，选择"反接线"测量方式，打开"内高压允许"开关，设置测量电压为10kV。开始测量，加压过程中要精力集中，一旦发现异常应立即断开电源停止试验，查明原因并排除后方可继续试验。

（5）试验完毕，先关"内高压允许"，记录或打印试验数据，然后关掉仪器"总电源"开关，拉开电源刀闸。

（6）戴绝缘手套使用放电棒对变压器进行充分放电。

（7）更改试验接线，按试验步骤（3）～（6）为双绕组变压器进行低压对高压及地、三绕组变压器进行中压对高低压及地、低压对中高压及地进行试验。

（8）试验完毕关掉仪器"总电源"开关，拔下电源线，戴绝缘手套使用放电棒对变压器进行充分放电，试验数据检查无误后拆除试验接线，表示本项试验结束。

三、注意事项

（1）试验中应注意高压试验线对地及试验人员保持足够的绝缘距离。

（2）拆、接试验接线前，应将被试设备对地放电。

（3）试验仪器的金属外壳应可靠接地，仪器操作人员必须站在绝缘垫上。

（4）试验时变压器铁芯、电容型套管末屏应良好接地，套管 TA 二次应短路接地。

（5）测量宜在顶层油温高于 0℃时且低于 50℃进行，测量时记录顶层油温和空气相对湿度。

四、试验标准

根据《规程》，有如下要求：

（1）20℃时的介质损耗因数。

1）330kV 及以上小于或等于 0.005（注意值）；

2）110（66）～220kV 小于或等于 0.008（注意值）；

3）35kV 及以下小于或等于 0.015（注意值）。

（2）绕组电容量。与上次试验结果相比无明显变化。

五、试验异常及处理方法

试验时可能出现的异常现象及处理方法见表 5-8。

表 5-8 试验时可能出现的异常现象及处理方法

序号	异常现象	处 理 方 法
1	$\tan\delta$ 值为负	1）采用专用屏蔽型试验线。 2）检查接线是否正确，接地是否良好。 3）采取清抹、屏蔽等措施，重新试验。 4）采取变频等抗干扰措施。 5）判断是否为标准电容器介质损耗增大引起
2	$\tan\delta$ 值明显偏大或电容量明显变化	1）采用专用屏蔽型试验线，必要时试验线应悬空。 2）检查接线是否正确、接地是否良好、试验线接触是否良好。 3）采取清抹、屏蔽等措施，重新试验。

续表

序号	异常现象	处 理 方 法
2	tanδ 值明显偏大或电容量明显变化	4）采取变频等抗干扰措施。 5）采用不同仪器、方法作对比分析。 6）进行绝缘电阻、绕组变形、油试验判断变压器是否受潮、变形等

第八节　铁芯及夹件的绝缘电阻试验

一、试验目的

统计资料表明，变压器铁芯多点接地故障在变压器总事故中占第三位，主要原因是变压器在现场装配及安装中不慎遗落金属异物，造成多点接地或铁轭与夹件短路、芯柱与夹件相碰等。通过试验铁芯及夹件的绝缘电阻能够检查铁芯及夹件的绝缘状态，判断铁芯是否存在多点接地的情况，防止因铁芯多点接地造成铁芯局部过热甚至烧坏的情况。

二、试验方法

（1）将铁芯引出小套管的接地线打开。

（2）检查绝缘电阻表是否正常：首先检查绝缘电阻表电量是否充足，然后将绝缘电阻表水平放置，将绝缘电阻表"L"和"E"端子开路，打开电源开关，其数字应显示最大值。将绝缘电阻表"L"和"E"端子短路，打开电源开关，其数字应显示"O"，断开电源开关。

（3）将绝缘电阻表"L"端接小套管，"E"端接变压器外壳，进行测量，时间不得小于 60s。

（4）测量完成后，关闭绝缘电阻表，用放电棒对铁芯进行放电。检查试验数据无问题后拆除试验接线，并恢复铁芯接地线，表示本项试验结束。

三、注意事项

（1）每次试验应选用相同电压、相同型号的绝缘电阻表，绝缘电阻测量采用 2500V（老旧变压器 1000V）绝缘电阻表。

（2）测量时，绝缘电阻表的"L"端和"E"端不能对调、不能绞接，应使用高压屏蔽线。

（3）试验人员之间应分工明确，测量时应配合默契，测量过程中要大声呼唱。

（4）将铁芯引出小套管的接地线解开时要注意，不能使小套管漏油或渗油。

（5）有些变压器铁芯引出后经小套管、胶木瓷绝缘子沿变压器外壳，在变压器本体底部接地。在测量此类变压器铁芯绝缘电阻时，应在铁芯引出小套管处进行测量，以免胶木、瓷绝缘子绝缘不良而带来测量误差。

（6）试验完毕后恢复铁芯及夹件接地连片，连接牢固。

四、试验标准

根据《规程》，有如下要求。

（1）绝缘电阻大于或等于 100MΩ（新投运 1000MΩ）。

（2）除注意绝缘电阻的大小外，要特别注意绝缘电阻的变化趋势。

五、试验异常及处理方法

试验中可能出现的异常现象及处理方法见表5-9。

表 5-9   试验中可能出现的异常现象及处理方法

序号	异常现象	处理方法
1	铁芯、夹件绝缘电阻低或为零	1）清抹铁芯、夹件瓷套或绝缘部位。 2）可用电吹风等干燥或在湿度相对较小的时段（如午后）进行复测。 3）分解测量铁芯对夹件、铁芯对地、夹件对地绝缘电阻，判断绝缘不良可能位置。 4）如存在多点接地应进行油试验。 5）可采取串接电阻等措施限制运行中接地电流不大于0.1A
2	绝缘电阻表无充电现象，放电时无声音或火花	表明铁芯引线已断裂

第九节   绕组连同套管的交流耐压试验

一、试验目的

绕组连同套管的交流耐压试验对考核变压器的主绝缘强度，检查主绝缘有无局部缺陷具有决定性的作用。它是验证变压器设计、制造和安装质量的重要手段。

二、试验方法

（1）可根据情况采用工频试验变压器或串联谐振耐压装置进行试验，根据被试变压器各侧电容量和试验设备参数，计算并选择合适的设备和接线方式。

（2）被试绕组所有出线套管应短接后加电压，非加压绕组所有出线也应短接并可靠接地。

（3）交流耐压试验可以采用外施电压试验的方法，也可采用感应电压试验的方法。试验电压波形尽可能接近正弦，试验电压值为测量电压的峰值除以$\sqrt{2}$，试验时宜在高压端监测，如在低压侧监测应考虑容升现象。外施交流电压试验电压的频率不应小于40Hz，全电压下耐受时间为60s，具体接线如图5-10所示。

（4）试验前检查接线是否正确，仪器开关是否在"关"状态，调压器是否在零位，检查无误后开始试验。

（5）仪器参数设置：过电压整定为1.15倍试验电压。

（6）调谐。按红色"高压通"按钮，红灯亮绿灯灭，高压回路

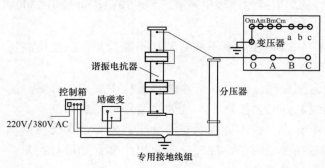

图 5-10   电力变压器交流耐压试验接线图

接通。可直接自动调谐，也可以调节"电压调节"电位器使机箱面板指针电压升至20V左右，调节"手动调节"旋钮，使输出电压（屏幕显示）达到最大值，高压回路即进入谐振状态。如需快速改变频率可按动或按住"手动调频"旋钮。注意：在快速调频过程中，电压不能调得过高，以免在进入谐振状态时输出电压超过试验电压。

（7）升压。升压速度在 75%试验电压以前，可以是任意的，自 75%电压开始应均匀升压，约为每秒 2%试验电压的速率升压。由分压器测量试验电压，当达到试验电压时，启动计时器，保持 1min，试验过程中不出现闪络及放电现象，则耐压试验合格，均匀降压结束，关掉电源。

（8）戴绝缘手套，使用放电棒对被试变压器进行充分放电，变更试验接线，对其他部位进行试验。

（9）全部试验完毕后对被试设备进行充分放电，拆除试验接线，表示本项试验结束。

三、注意事项

（1）交流耐压是一项破坏性试验，因此进行耐压试验之前被试品必须通过绝缘电阻、吸收比、绝缘油色谱、tanδ 等各项绝缘试验且合格。充油设备还应在注油后静置足够时间（110kV 及以下，24h；220kV，48h；500kV，72h）方能加压，以避免耐压时造成不应有的绝缘击穿。

（2）油浸变压器的套管、升高座、人孔等部位均应充分排气，避免器身内残存气泡的击穿放电。变压器本体所有电流互感器二次短路接地。

（3）升压必须从零（或接近于零）开始，切不可冲击合闸。

（4）试验过程中试验人员之间应口号联系清楚，加压过程中应有人监护并呼唱。

（5）当耐压试验进行了数十秒钟，中途因故失去电源，使试验中断时，在查明原因、恢复电源后，应重新进行全时间的持续耐压试验，不可仅进行"补足时间"的试验。

（6）试验设备、试品绝缘表面应干燥、清洁。尽量缩短高压引线的长度，采用大直径的高压引线，以减小电晕损耗，提高试验回路品质因数。

（7）分级绝缘变压器，仅对中性点和低压绕组进行；全绝缘变压器，对各绕组分别进行。

四、试验标准

根据 DL/T 474.4—2018《现场绝缘试验实施导则 交流耐压试验》，有如下要求：

（1）容量为 10000kVA 以下、绕组额定电压在 110kV 以下的变压器，线端试验应按表 5-10 进行交流耐压试验。

（2）容量为 10000kVA 及以上、绕组额定电压在 110kV 以下的变压器，在有试验设备时，按表 5-10 进行线端交流耐压试验。

（3）绕组额定电压为 110kV 及以上的变压器，其中性点应进行交流耐压试验，试验耐受电压标准为出厂试验电压值的 80%，见表 5-11。

（4）试验中如无破坏性放电发生，试验后应结合其他试验如变压器耐压前后的绝缘电阻试验、局部放电试验、空载特性的试验、绝缘油的色谱分析等试验结果，进行综合判断，以确定被试品是否通过试验。

表 5-10　　　　　电力变压器和电抗器交流耐压试验电压标准　　　　单位：kV

系统标称电压	设备最高电压	交流耐受电压	
		油浸电力变压器和电抗器	干式电力变压器和电抗器
6	7.2	20	16

续表

系统标称电压	设备最高电压	交流耐受电压	
		油浸电力变压器和电抗器	干式电力变压器和电抗器
10	12	28	22
35	40.5	68	56
110	126	160	—

注：表中，变压器试验电压是根据 GB/T 1094.3—2017《电力变压器 第 3 部分：绝缘水平、绝缘试验和外绝缘空气间隙》规定的出厂试验电压乘以 0.8 制定的。

表 5-11　额定电压 110kV 及以上的电力变压器中性点交流耐压试验电压标准　　单位：kV

系统标称电压	设备最高电压	中性点接地方式	出厂交流耐受电压	交接交流耐受电压
110	126	不直接接地	95	76
220	252	直接接地	85	68
		不直接接地	200	160
500	550	直接接地	85	68
		经小阻抗接地	140	112

五、试验异常及发生原因

试验中可能出现的异常现象及发生原因见表 5-12。

表 5-12　　　　　试验中可能出现的异常现象及发生原因

序号	异 常 现 象	发 生 原 因
1	被试变压器若发出很清脆的"当""当"的很像金属东西碰击油箱的放电声音，且电流表突然变化	引线距离不够或者油中的间隙放电所造成的
2	放电声音很清脆，但比前一种声音小，仪表摆动不大，重复试验时放电现象消失	1）这种现象是变压器内部气泡放电造成的。2）为了消除和减少油中的气泡，对 110kV 及以上变压器，应抽真空注油，静放时间应满足标准要求
3	放电声音如果是"哧……、吱……"，或者很沉闷的响声，电流表指示立即增大	1）这往往是固体绝缘内部放电造成的。2）借助超声定位来判断故障部位，或进行解体检查
4	在加压过程中，变压器内部有如炒豆般的响声，电流表的指示也很稳定	这是悬浮金属放电的声音，如夹件接地不良或变压器内部有金属异物以及铁芯悬浮等，都有可能产生这种放电声音

第十节　绕组连同套管的长时感应电压试验带局部放电试验

一、试验目的

感应耐压试验考核全绝缘变压器纵绝缘及分级绝缘变压器主绝缘、纵绝缘；局部放电的检测能够提前反映变压器的绝缘状况，及时发现变压器内部的绝缘缺陷，预防潜伏性和突发性事故的发生。

二、试验方法

（1）进行感应耐压试验时，要分析被试变压器的结构，比较不同的接线方式，选用适当的分接位置，计算出线端相间及对地的试验电压，选用满足试验电压的接线。一般要借助辅助变压器或非被试相线圈支撑，对三相变压器往往要轮换三次，才能完成一台变压器的感应耐压试验，试验接线方式如图 5-11 所示。接好各试验设备以及仪表，并保证各高电压引线的电气距离，连接中间变压器和被试变压器低压套管端头的导线应用绝缘带固定，防止摆动。

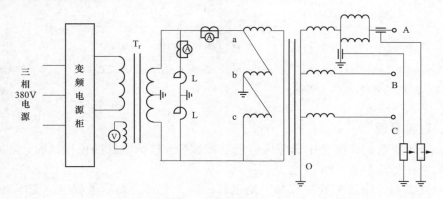

图 5-11　变压器局部放电试验接线（A 相）

（2）从变压器顶端注入标准方波进行校准，在各端头分别注入标准信号，局部放电校准方法，如图 5-12 所示。

（3）局部放电试验加压程序示意图如图 5-13 所示。施加试验电压时，接通电源并增加至 U_3，持续 5min，读取放电量值；无异常则增加电压至 U_2，持续 5min，读取放电量值；无异常再增加电压至 U_1，进行耐压试验，耐压时间为（120×50/f）s；然后，立即将电压从 U_1 降低至 U_2，保持 30min（330kV 以上变压器为 60min），进行局部放电观测，在此过程中，每 5min 记录一次放电量值；30min 满，则降电压至 U_3，持续 5min，记录放电量值；降电压，当电压降低到 0V 时切断电源，加压完毕。

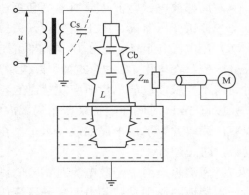

图 5-12　适用于电容式套管的局部放电测量校准回路

（4）按加压程序给被试变压器加压，试验并记录局部放电起始放电电压、局部放电熄灭电压、各阶段局部放电量等数值。试验过程中一直监视局部放电量、放电波形、各表计读数。

（5）全部试验结束后，迅速降低试验电压，当电压降到 30%试验电压以下时，可以切断电源。升压变压器高压端挂接地线，对试验回路充分放电后拆除试验接线，表示本项试验结束。

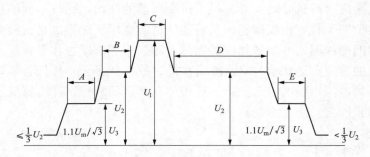

图 5-13　局部放电试验加压程序示意图

注：A=5min；B=5min；C=试验时间；$D\geqslant60$min；E=5min $U_3=1.1U_m/\sqrt3$，$U_2=1.3U_m/\sqrt3$（相对地电压），
　　$U_1=U_m$（U_m 为系统最高运行线电压）。

三、注意事项

（1）局部放电试验前变压器完成全部常规试验，包括绝缘油色谱试验，结果合格。变压器真空注油后静置 48h 以上。

（2）被试高、中压套管顶部装上均压罩，防止套管尖端电晕放电。变压器三侧套管顶端均压罩与导电杆连接可靠。

（3）确保被试变压器全部套管式电流互感器二次端子均已短接接地。变压器外壳、铁芯及铁芯夹件应可靠接地。

（4）局部放电试验前，放掉各侧套管法兰及散热器顶端等处沉积的气体。

（5）被试变压器高、中压侧分接开关应调至 1 挡，使全部线匝绝缘都受到考验。

（6）在电压升至 U_2 及由 U_2 再降低的过程中，应记录可能出现的起始放电电压和熄灭电压值；在电压 U_3、U_2 的第一阶段中应分别读取并记下一个读数；在施加 U_1 的短时间内不要求读取放电量但应观察；在电压 U_2 的第二阶段的整个期间，应连续地观察，并按每 5min 时间间隔记录一个局部放电水平；在电压 U_3 的第二阶段内，应连续地观察，读取并记下一个局部放电水平。在整个加压过程中要注意观察钳形表、电压表读数，防止超标。

（7）为消除地网中杂散电流对试验的影响，应检查地线连接，坚持局部放电试验回路一点接地的原则。试验电源、升压变压器和补偿电抗器外壳接地线应分别引至被试变压器油箱的接地引下线上，防止地线环流产生干扰。

（8）仔细检查试验回路，对可能引起电场较大畸变的部位，进行适当处理。

（9）被试变压器附近的围栏、油箱等可能电位悬浮的导体均应可靠接地，防止因杂散电容耦合而产生悬浮电位放电。

（10）局部放电试验过程中，被试变压器周围的电气施工应尽可能停止，特别是电焊作业，以减少试验干扰。

（11）为防止铁芯饱和及励磁电流过大，试验电压的频率应适当大于额定频率。除另有规定，当试验电压频率等于或小于 2 倍额定频率时，全电压下试验时间为 60s；当试验电压频率大于 2 倍额定频率时,全电压下试验时间为 $120 \times \dfrac{额定频率}{试验频率}$(s),但不少于 15s。

（12）在进行感应耐压之前,应先进行低电压下的相关试验以评估感应耐压试验的风险。

四、试验标准

根据《规程》,有如下要求:

（1）感应耐压:出厂试验值的 80%。

（2）局部放电:$1.3U_{\text{m}}/\sqrt{3}$ 下小于或等于 300pC（注意值）。

五、试验异常及处理方法

试验中可能出现的异常现象及处理方法,见表 5-13。

表 5-13　　　　　　　　　　试验中可能出现的异常现象及处理方法

序号	异常现象	处 理 方 法
1	存在干扰	1）根据图谱判断干扰来源。 2）使用隔离变压器、增加滤波装置可抑制来自电源的干扰。 3）变压器套管套上均压帽、高压引线使用蛇皮管等可抑制高压端电晕带来的干扰。 4）试验回路采用一点接地可抑制来自接地系统的干扰
2	局部放电数据异常	排除干扰影响,必要时开窗测量

第十一节　章 节 练 习

1. 根据《规程》规定,电力变压器,电压、电流互感器交接及大修后的交流耐压试验电压值均比出厂值低,这主要是考虑（　　　）。

A. 试验容量大,现场难以满足;　　　　　B. 试验电压高,现场不易满足;

C. 设备绝缘的积累效应;　　　　　　　　D. 绝缘裕度不够

答：C

2. 如测得变压器铁芯绝缘电阻很小或接近零,则表明铁芯（　　　）。

A. 多点接地;　　　　　　　　　　　　　B. 绝缘良好;

C. 片间短路;　　　　　　　　　　　　　D. 运行时将出现高电位

答：A

3. 测量电力变压器的绕组绝缘电阻、吸收比或极化指数,宜采用（　　）绝缘电阻表。

A. 2500V 或 5000V;　　　　　　　　　　B. 1000～5000V;

C. 500V 或 1000V;　　　　　　　　　　　D. 500～2500V

答：A

4. 测量变压器绕组直流电阻时除抄录其铭牌参数编号之外,还应记录（　　　）。

A. 环境空气湿度;　　　　　　　　　　　B. 变压器上层油温（或绕组温度）;

C. 变压器散热条件;　　　　　　　　　　D. 变压器油质试验结果

答：B

5．测量变压器绕组绝缘的 tanδ 时，非被试绕组应（　　）。

A．对地绝缘；　　　　　　　　　　B．短接；

C．开路；　　　　　　　　　　　　D．短接后接地或屏蔽

答：D

6．油浸式变压器绕组额定电压为 10kV，交接时或大修后该绕组连同套管一起的交流耐压试验电压为（　　）。

A．22kV；　　　　B．26kV；　　　　C．30kV；　　　　D．35kV

答：C

7．变压器感应耐压试验的作用是考核变压器的（　　）强度。

A．主绝缘；　　　　　　　　　　　B．匝绝缘；

C．层绝缘；　　　　　　　　　　　D．主绝缘和纵绝缘

答：D

8．变压器绝缘普遍受潮以后，绕组绝缘电阻、吸收比和极化指数（　　）。

A．均变小；

B．均变大；

C．绝缘电阻变小、吸收比和极化指数变大；

D．绝缘电阻和吸收比变小，极化指数变大

答：A

9．下列各种因素中，（　　）与变压器高压绕组直流电阻的测得值无关。

A．分接开关所在挡位；

B．高压绕组匝间短路或断线；

C．高压绕组主绝缘的 tanδ 值，直流泄漏电流和绝缘电阻值超标；

D．分接开关触头烧损，接触不良

答：C

10．变压器、电磁式电压互感器感应耐压试验，按规定当试验频率超过 100Hz 后，试验持续时间应减小至按公式 $t=60\times\dfrac{100}{f}$(s) 计算所得的时间（但不少于 20s）执行，这主要是考虑（　　）。

A．防止铁芯磁饱和；

B．绕组绝缘薄弱；

C．铁芯硅钢片间绝缘太弱；

D．绕组绝缘介质损耗增大，热击穿可能性增加

答：D

第六章　套管试验

第一节　套管主绝缘及电容型套管末屏对地绝缘电阻试验

一、试验目的

试验套管的绝缘电阻能有效地发现其绝缘整体受潮、脏污、贯穿性缺陷，以及绝缘击穿和严重过热老化等缺陷。

二、试验方法

（1）采用绝缘电阻表进行试验，试验电压为 2500V。

（2）套管主绝缘电阻接线方式，如图 6-1 所示，纯瓷套管：将套管的一次侧（导电杆）接入绝缘电阻表的"L"端，法兰（接地端）接入绝缘电阻表的"E"端；电容套管主绝缘：将套管的一次侧（导电杆）接入绝缘电阻表的"L"端，末屏接入绝缘电阻表的"E"端。

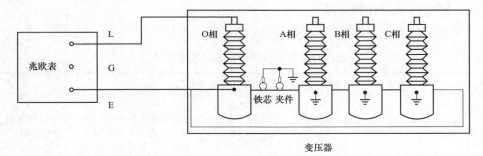

图 6-1　电容型套管主绝缘电阻试验（以高压侧 O 相为例）

（3）电容套管末屏绝缘电阻接线如图 6-2 所示，将套管的末屏接入绝缘电阻表的"L"端，外壳及地接入绝缘电阻表的"E"端。

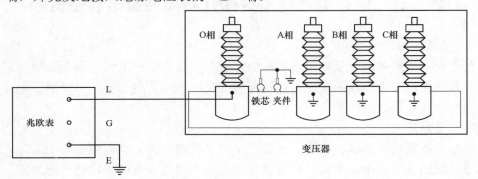

图 6-2　电容型套管末屏绝缘电阻试验（以高压侧 O 相为例）

（4）检查接线无误后开始试验，记录 15、60s 时的绝缘电阻值。

（5）关闭绝缘电阻表，戴绝缘手套使用放电棒对被试变压器进行充分放电。

（6）变更试验接线，按照上述方法逐只测量套管主绝缘及电容型套管末屏绝缘电阻。

（7）试验完毕戴绝缘手套使用放电棒对被试变压器及末屏进行充分放电，拆除试验接线，恢复末屏接地，表示本项试验结束。

三、注意事项

（1）每次试验应选用相同电压、相同型号的绝缘电阻表。

（2）测量时绝缘电阻表的"L"端和"E"端不能对调、不能绞接，应使用高压屏蔽线。

（3）试验人员之间应分工明确，测量时应配合默契，测量过程中要大声呼唱。

（4）测量应在天气良好的情况下进行，且空气相对湿度不高于 80%。若遇天气潮湿、套管表面脏污，则需要进行"屏蔽"测量。

（5）试验完毕后恢复套管末屏接地连片，连接牢固。

四、试验标准

根据《规程》，有如下要求：

（1）主绝缘电阻大于或等于 10000MΩ（注意值）。

（2）末屏对地绝缘电阻大于或等于 1000MΩ（注意值）。

五、试验异常及处理方法

试验时可能出现的异常现象及处理方法，见表 6-1。

表 6-1　　　　　　　　　　　试验时可能出现的异常现象及处理方法

序号	异常现象	处 理 方 法
1	套管末屏绝缘电阻偏低	1）清抹末屏小磁套。 2）可用电吹风等干燥或在湿度相对较小的时段（如午后）进行复测。 3）当末屏绝缘电阻低于 1000MΩ 时测量末屏对地 tanδ 及电容量。 4）对套管末屏进行处理（由专业人员处理）
2	绝缘电阻很高，没有吸收现象	1）检查绝缘电阻表开路和短路是否合格。 2）检查接线是否正确，接地是否良好

第二节　电容型套管主绝缘介质损耗及电容量试验

一、试验目的

套管介质损耗和电容量试验是判断电容型套管是否受潮的一个重要试验项目。根据套管介质损耗和电容量的变化可以较灵敏地反映出套管绝缘劣化、受潮、电容层短路、漏油和其他局部缺陷。

二、试验方法

（1）使用介质损耗试验仪进行试验，采用正接线方式，试验电压为 10kV。

（2）如图 6-3 所示，试验时与被试套管相连绕组的所有端子连在一起加压，非被测绕组端子均短路接地，被测套管末屏接测量仪信号端子。

（3）检查无误后开始试验，加压前要先呼唱，站在绝缘垫上并有专人监护。打开仪器"总电源"开关，选择"正接线"测量方式，打开"内高压允许"开关，设置测量电压为 10kV，开始测量。加压过程中要精力集中，一旦发现异常应立即断开电源停止试验，查明原因并排除后方可继续试验。

（4）试验完毕先关"内高压允许"，记录或打印试验数据，然后关掉仪器"总电源"开关，拉开电源刀闸。

（5）戴绝缘手套使用放电棒对变压器及套管末屏进行充分放电，恢复套管末屏接地。

（6）按以上方法逐只试验其他相套管主绝缘介质损耗及电容量。

（7）试验完毕关掉仪器"总电源"开关，拔下电源线，戴绝缘手套使用放电棒对变压器进行充分放电，恢复套管末屏接地，检查试验数据无问题后拆除试验接线，表示本项试验结束。

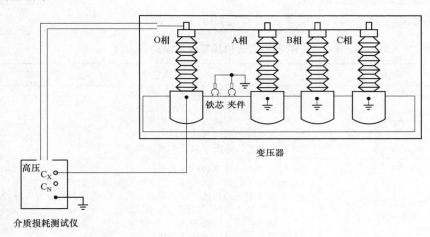

图 6-3 电容型套管主绝缘介质损耗及电容量试验（以高压侧 O 相为例）

三、注意事项

（1）测量前应确认外绝缘表面清洁、干燥。

（2）拆、接试验接线前，应将被试设备对地放电。

（3）试验仪器的金属外壳应可靠接地，仪器操作人员必须站在绝缘垫上，与高压试验线保持足够的绝缘距离。

（4）试验时变压器铁芯、夹件、非被试套管末屏应良好接地，套管 TA 二次应短路接地。

（5）末屏绝缘电阻低于 1000MΩ 时，应测试末屏对地 $\tan\delta$ 与电容量，测量电压 2kV，采用反接线，套管末屏连接试验线。

（6）不便断开高压引线且测量仪器负载能力不足时，试验电压可加在套管末屏的试验端子，套管高压引线接地，把高压接地电流接入测量系统，此时试验电压一般为2000V。

四、试验标准

根据《规程》，有如下要求：

（1）电容量初值差不超过±5%（警示值）。

（2）介质损耗 tanδ 满足表 6-2 的要求（注意值）。

表 6-2　　　　　　　　　　　介质损耗因数 tanδ 注意值

U_m（kV）	126/72.5	252/363	≥550
tanδ	≤0.01	≤0.008	≤0.007

注　聚四氟乙烯缠绕绝缘介质损耗因数 tanδ≤0.005。

超过注意值时，可测量介质损耗因数与测量电压之间的关系曲线，测量电压从 10kV 到 $U_m/\sqrt{3}$，介质损耗增量不应超过±0.003，且介质损耗不大于表 6-2 中的标准，分析时应考虑测量温度的影响。

五、试验异常及处理方法

试验时可能出现的异常现象及处理方法，见表 6-3。

表 6-3　　　　　　　　　　试验时可能出现的异常现象及处理方法

序号	异常现象	处 理 方 法
1	tanδ 值为负	1）采用专用屏蔽型试验线。 2）检查接线是否正确，接地是否良好。 3）采取清抹、屏蔽等措施，重新试验。 4）采取变频等抗干扰措施。 5）判断是否为标准电容器介质损耗增大引起
2	tanδ 值明显偏大或电容量明显变化	1）检查环境湿度是否符合要求。 2）采用专用屏蔽型试验线，必要时试验线应悬空。 3）检查接线是否正确、接地是否良好、试验线接触是否良好。 4）采取清抹、屏蔽等措施，重新试验。 5）采取变频等抗干扰措施。 6）采用不同仪器、方法作对比分析。 7）采用纵横比和显著性差异法对试验数据进行分析

第三节　章 节 练 习

1．为什么套管注油后要静置一段时间才能测量其 tanδ？

答：检修刚注油后的套管，无论是采取真空注油还是非真空注油，总会或多或少地残留少量气泡在油中。这些气泡在试验电压下往往发生局部放电，因而使实测的 tanδ 增大。为保证测量的准确度，对于非真空注油及真空注油的套管，一般都采取注油后静置一段时间且多次排气后再进行测量的方法，从而纠正偏大的误差。

2．测量装在三相变压器上的任一相电容型套管的 tanδ 和 C 时，其所属绕组的三相线端与中性点（有中性点引出者）必须短接一起加压，其他非被测绕组则短接接地，否则会造成较大的误差。以上说法是否正确？

答：正确。

3．为什么测量 110kV 及以上高压电容型套管的介质损耗因数时，套管的放置位置不同，往往测量结果有较大的差别？

答：测量高压电容型套管的介质损耗因数时，由于其电容小，当放置不同时，因高压电极和测量电极对周围未完全接地的构架、物体、墙壁和地面的杂散阻抗的影响，会对套管的实测结果有很大影响。不同的放置位置，影响又各不相同，所以往往出现分散性很大的测量结果。因此，测量高压电容型套管的介质损耗因数时，要求把套管垂直放置在妥善接地的套管架上进行，而不应该把套管水平放置或用绝缘索吊起来在任意角度进行测量。

4．为什么《规程》规定油纸电容型套管的 $\tan\delta$ 一般不进行温度换算？有时又要求测量 $\tan\delta$ 随温度的变化？

答：油纸电容型套管的主绝缘为油纸绝缘，其 $\tan\delta$ 与温度的关系取决于油与纸的综合性能。良好的绝缘套管在现场测量温度范围内，其 $\tan\delta$ 基本不变或略有变化，且略呈下降趋势。因此，一般不进行温度换算。

对受潮的套管，其 $\tan\delta$ 随温度的变化而有明显的变化。绝缘受潮的套管的 $\tan\delta$ 随温度升高而显著增大。

基于上述，《规程》规定，当 $\tan\delta$ 的测量值与出厂值或上一次试验值比较有明显增长或接近于《规程》要求值时，应综合分析 $\tan\delta$ 与温度、电压的关系；当 $\tan\delta$ 随温度增加明显增大或试验电压从 10kV 升到 $U_\mathrm{m}/\sqrt{3}$，$\tan\delta$ 增量超过 ±0.3% 时，不应继续运行。

鉴于近年来电力部门频繁发生套管试验合格而在运行中爆炸的事故以及电容型套管 $\tan\delta$ 的要求值提高到 0.8%～1.0%，现场认为再用准确度较低的 QS1 型电桥（绝对误差为 $|\tan\delta|\leqslant 0.3\%$）进行测量值得商榷，建议采用准确度高的测量仪器，其测量误差应达到 $|\Delta\tan\delta|\leqslant 0.1\%$，以准确测量小介质损耗因数 $\tan\delta$。

5．已知 110kV 电容式套管介损 $\tan\delta$ 在 20℃时的标准不大于 1.5%，在电场干扰下，用倒相法进行两次测量，第一次 $R_{31}=796\Omega$，$\tan\delta_1=4.3\%$，第二次 $R_{32}=1061\Omega$，$-\tan\delta=-2\%$，分流器为 0.01 挡，试验时温度为 30℃，试问这只套管是否合格？（30℃时 $\tan\delta$ 换算至 20℃时的换算系数为 0.88）

解：首先计算出 $-\tan\delta=-2\%$ 时的实际值，即

$$\tan\delta_2 = \frac{R_{32}}{3184}\times(-\tan\delta) = \frac{1061}{3184}\times(-2.0\%) \approx -0.67\%$$

则 30℃时 $\tan\delta_\mathrm{x}$ 的值为

$$\begin{aligned}\tan\delta_\mathrm{x} &= \frac{R_{32}\tan\delta_1 + R_{31}\tan\delta_2}{R_{31}+R_{32}}\\ &= \frac{1061\times4.3\% + 796\times(-0.67\%)}{1061+796} \approx 2.74\%\end{aligned}$$

换算至 20℃时，得到

$$\tan\delta_\mathrm{x} = 0.88\times2.74\% \approx 2.41\%$$

答：这只套管 $\tan\delta_\mathrm{x}>1.5\%$，不合格。

第七章 电压互感器试验

第一节 极间绝缘电阻试验

一、试验目的

试验电容式电压互感器的极间绝缘电阻能有效地发现其绝缘整体受潮、脏污、贯穿性缺陷，以及绝缘击穿和严重过热老化等缺陷。

二、试验方法

（1）本试验采用 2500V 绝缘电阻表进行试验。

（2）测 C_{11} 的绝缘电阻：绝缘电阻表 "L" 端子接互感器 "A" 端，绝缘电阻表 "E" 端子接互感器中间法兰，如图 7-1 所示。

（3）测 C_{12} 的绝缘电阻：绝缘电阻表 "L" 端子接互感器中间法兰，绝缘电阻表 "E" 端子接互感器 "X" 端子，如图 7-2 所示。

（4）测 C_2 的绝缘电阻：绝缘电阻表 "L" 端子接互感器 "δ" 端子，绝缘电阻表 "E" 端子接互感器 "X" 端子，如图 7-3 所示。

（5）检查接线无误后开始试验，记录 60s 时的绝缘电阻值。

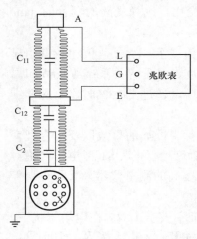

图 7-1　C_{11} 绝缘电阻试验接线图

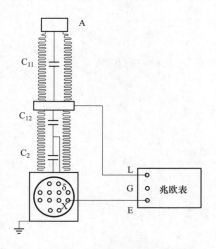

图 7-2　C_{12} 绝缘电阻试验接线图

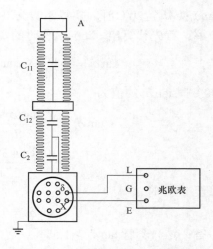

图 7-3　C_2 绝缘电阻试验接线图

（6）关闭绝缘电阻表，戴绝缘手套使用放电棒对被试品进行充分放电，更改试验接线进行其他部位试验，直至全部完成，拆除试验接线，恢复二次端子接线，表示本项试验结束。

三、注意事项

（1）每次试验应选用相同电压、相同型号的绝缘电阻表。

（2）测量时，绝缘电阻表的"L"端和"E"端不能对调、不能绞接，应使用高压屏蔽线。

（3）试验人员之间应分工明确，测量时应配合默契，测量过程中要大声呼唱。

四、试验标准

根据《规程》，有如下要求：极间绝缘电阻大于或等于 5000MΩ（注意值）。

五、试验异常及处理方法

试验时可能出现的异常现象及处理方法，见表 7-1。

表 7-1　　　　　　　　　　试验时可能出现的异常现象及处理方法

序号	异常现象	处 理 方 法
1	绝缘电阻偏低	1）采用专用屏蔽型试验线。 2）试验线不能绞接，必要时悬空。 3）检查电动绝缘电阻表电量是否符合要求，量程是否合适。 4）检查绝缘电阻表开路和短路是否合格。 5）历次试验选用测量电压相同和负载特性相近的绝缘电阻表（最好是同一型号）。 6）采取清抹、屏蔽等措施，重新试验，如因湿度造成外绝缘降低，可在湿度相对较小的时段（如午后）进行复测。 7）检查是否有感应电等电磁场的干扰。 8）检查外磁套是否破损、有无放电痕迹。 9）进行 $\tan\delta$ 及电容量试验确认是否受潮等

第二节　低压端对地绝缘电阻试验

一、试验目的

试验电容式电压互感器的低压端对地绝缘电阻能有效地发现其受潮、脏污以及小套管破裂等缺陷。

二、试验方法

（1）本试验采用 2500V 绝缘电阻表进行试验。

（2）绝缘电阻表"L"端子接互感器"δ"端子，绝缘电阻表"E"端子接地，如图 7-4 所示。

（3）检查接线无误后开始试验，记录 60s 时的绝缘电阻值。

（4）关闭绝缘电阻表，戴绝缘手套使用放电棒对被试品进行充分放电，拆除试验接线，恢复二次端子接线，表示本项试验结束。

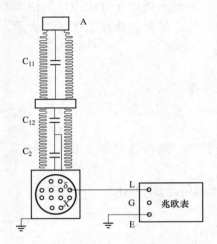

图 7-4 低压端对地绝缘电阻试验接线图

三、注意事项

（1）每次试验应选用相同电压、相同型号的绝缘电阻表。

（2）测量时，绝缘电阻表的"L"端和"E"端不能对调、不能绞接，应使用高压屏蔽线。

（3）试验人员之间应分工明确，测量时应配合默契，测量过程中要大声呼唱。

四、试验标准

根据 DL/T 596—2021《电力设备预防性试验规程》（以下简称《试验规程》），有如下要求：低压端对地绝缘电阻大于或等于 1000MΩ。

五、试验异常及处理方法

试验时可能出现的异常现象及处理方法，见表 7-2。

表 7-2　　　　　　　试验时可能出现的异常现象及处理方法

序号	异常现象	处　理　方　法
1	绝缘电阻偏低	1）采用专用屏蔽型试验线。 2）试验线不能绞接，必要时悬空。 3）检查电动绝缘电阻表电量是否符合要求，量程是否合适。 4）检查绝缘电阻表开路和短路是否合格。 5）历次试验选用测量电压相同和负载特性相近的绝缘电阻表（最好是同一型号）。 6）采取清抹、屏蔽等措施，重新试验，如因湿度造成外绝缘降低，可在湿度相对较小的时段（如午后）进行复测。 7）检查是否有感应电等电磁场的干扰。 8）检查外磁套是否破损、有无放电痕迹。 9）进行 tanδ 及电容量试验确认是否受潮等

第三节　中间变压器绝缘电阻试验

一、试验目的

试验电容式电压互感器中间变压器绝缘电阻，能有效地发现其绝缘整体受潮情况，以及绝缘击穿和严重过热老化等缺陷。

二、试验方法

（1）本试验采用 1000V 绝缘电阻表进行试验。

（2）一次绕组对二次绕组及地的绝缘电阻：所有二次绕组短路接地，绝缘电阻表"L"端子接互感器"X"端，"E"端接地，如图 7-5 所示。

（3）二次绕组之间及对地的绝缘电阻：被测二次绕组短路接绝缘电阻表"L"端子，其余非被测二次绕组短路接地，绝缘电阻表"E"端接地，如图 7-6 所示。

（4）检查接线无误后开始试验，记录 60s 时的绝缘电阻值。

（5）关闭绝缘电阻表，戴绝缘手套使用放电棒对被试品进行充分放电，更改试验接线进行其他部位试验，直至全部完成，拆除试验接线，恢复二次端子接线，表示本项试验结束。

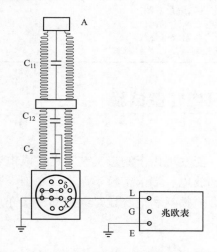

图 7-5 中间变压器一次绕组对二次绕组
及地绝缘电阻试验接线图

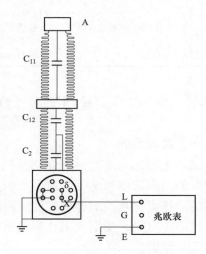

图 7-6 中间变压器二次绕组之间及
对地绝缘电阻试验接线图

三、注意事项

（1）每次试验应选用相同电压、相同型号的绝缘电阻表。

（2）测量时，绝缘电阻表的"L"端和"E"端不能对调、不能绞接，应使用高压屏蔽线。

（3）试验人员之间应分工明确，测量时应配合默契，测量过程中要大声呼唱。

四、试验标准

（1）根据《试验规程》，有如下要求：

1）一次绕组对二次绕组及地绝缘电阻大于 1000MΩ（注意值）。

2）二次绕组之间及对地绝缘电阻大于 1000MΩ（注意值）。

（2）根据《规程》，有如下要求：二次绕组绝缘电阻不大于 10MΩ（注意值）。

五、试验异常及处理方法

试验时可能出现的异常现象及处理方法，见表 7-3。

表 7-3 　　　　　　　　　　试验时可能出现的异常现象及处理方法

序号	异常现象	处 理 方 法
1	绝缘电阻偏低	1）采用专用屏蔽型试验线。 2）试验线不能绞接，必要时悬空。 3）检查电动绝缘电阻表电量是否符合要求，量程是否合适。 4）检查绝缘电阻表开路和短路是否合格。 5）历次试验选用测量电压相同和负载特性相近的绝缘电阻表（最好是同一型号）。

序号	异常现象	处 理 方 法
1	绝缘电阻偏低	6）采取清抹、屏蔽等措施，重新试验，如因湿度造成外绝缘降低，可在湿度相对较小的时段（如午后）进行复测。 7）检查是否有感应电等电磁场的干扰。 8）检查外磁套是否破损、有无放电痕迹。 9）进行 $\tan\delta$ 及电容量试验确认是否受潮等

第四节　介质损耗及电容量试验

一、试验目的

试验电容式电压互感器介质损耗及电容量，能发现由于制造工艺不良造成电容极板边缘的局部放电和绝缘介质不均匀产生的局部放电、端部密封不严造成底部受潮、电容层绝缘老化及油的介电性能下降等缺陷。介质损耗和电容量是判定其绝缘介质中局部缺陷、气泡、受潮及老化等的重要指标。

二、试验方法

（1）220kV 电容式电压互感器电容单元一般分为两节，上节为 C_{11}，下节为 C_{12} 和 C_2 的串联组合。220kV 电容式电压互感器在试验中一般采用不拆引线法进行试验，在不拆引线时，上节（C_{11}）应采用屏蔽法测量，测量电压为 10kV，如图 7-7 所示：介质损耗试验仪高压线连接中间法兰，C_x 引出的信号线连接电容式电压互感器的中间变压器"X"端子，二次面板中"X"端子的接地打开。

（2）110kV 电容式电压互感器电容单元只有一节，为 C_{11}、C_2 的串联组合。对于无试验抽头的 110kV 电容式电压互感器和 220kV 电容式电压互感器的下节应采用自激法进行试验，电压一般不超过 3kV，如图 7-8 所示：介质损耗试验仪高压线连接互感器的低压端"δ"，C_x 引出的信号线连接电容式电压互感器的中间法兰（对于 110kV 电容式电压互感器即顶端法兰），二次面板中"X"端子的接地恢复，"δ"端子的接地打开，介质损耗试验仪的低压端子（CVT 端子）引出线连接二次绕组的"da""dn"端子。

（3）对于下节有中间试验抽头的 220kV 电容式电压互感器，试验上节 C_{11} 和下节 C_{12} 时仍采用屏蔽法，相较于屏蔽法，此时应将 C_x 引出的信号线连接中间试验抽头，二次面板中接线不动；测量 C_2 时，从试验抽头加压，从"δ"端子取信号，"δ"端子的接地打开，"X"端子仍接地，介质损耗仪用正接线测量方式，测量电压不应高于 C_2 在正常工作时的电压。对于有中间试验抽头的 110kV 电容式电压互感器，测量 C_{12} 时，从互感器中间法兰加压，从试验抽头取信号，二次面板中接线不动，介质损耗仪用正接线测量方式，测量电压为 10kV；测量 C_2 时，与 220kV 电容式电压互感器 C_2 试验方法一致。

（4）以 220kV 电容式电压互感器介质损耗及电容量试验为例，按图 7-7 进行接线，检查无误后开始试验，加压前要先呼唱，站在绝缘垫上并有专人监护。打开仪器"总电源"开关，选择"反接线"测量方式，待光标停在"启动"位置时按"↑"或"↓"

即设为屏蔽法，打开"内高压允许"开关，设置测量电压为 10kV，开始测量，加压过程中要精力集中，一旦发现异常应立即断开电源停止试验，查明原因并排除后方可继续试验。

（5）试验完毕先关"内高压允许"，记录或打印试验数据，然后关掉仪器"总电源"开关，拉开电源刀闸。

（6）戴绝缘手套使用放电棒对被试互感器进行充分放电，正确接线方式，如图 7-8 所示。

（7）检查无误后开始试验，加压前要先呼唱，站在绝缘垫上并有专人监护。打开仪器"总电源"开关，选择"自激法"（CVT）测量方式，打开"内高压允许"开关，设置测量电压为 2kV，开始测量，加压过程中要精力集中，一旦发现异常应立即断开电源停止试验，查明原因并排除后方可继续试验。

（8）试验完毕先关"内高压允许"，记录或打印试验数据，关掉仪器"总电源"开关，拉开电源刀闸。

（9）戴绝缘手套使用放电棒对被试互感器进行充分放电，拆除试验接线后表示本项试验结束（110kV 电容式电压互感器介质损耗及电容量试验只需按步骤（6）～（9）进行即可）。

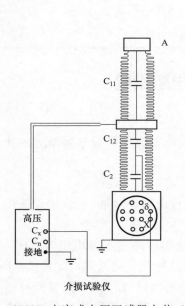

图 7-7　220kV 电容式电压互感器上节（C_{11}）介质损耗及电容量试验接线图

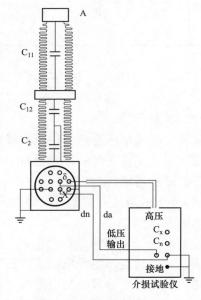

图 7-8　220kV 电容式电压互感器下节（C_{12}、C_2）介质损耗及电容量试验接线图

三、注意事项

（1）试验中应注意高压试验线对地及试验人员保持足够的绝缘距离。

（2）拆、接试验接线前，应将被试设备对地放电。

（3）试验仪器的金属外壳应可靠接地，仪器操作人员必须站在绝缘垫上。

（4）自激法试验电压不允许超过铭牌规定值。

（5）试验前先对二次面板内接线进行标记，试验完成后进行恢复。

四、试验标准

根据《规程》，有如下要求：

（1）电容量初值差不超过±2%（警示值）。

（2）介质损耗因数：不大于0.005（油纸绝缘）（注意值）；不大于0.0025（膜纸复合）（注意值）。

五、试验异常及处理方法

试验时可能出现的异常现象及处理方法，见表7-4。

表7-4　　　　　试验时可能出现的异常现象及处理方法

序号	异常现象	处 理 方 法
1	$\tan\delta$ 为负值	1）采用专用屏蔽型试验线。 2）检查接线是否正确，接地是否良好。 3）采取清抹、屏蔽等措施，重新试验。 4）采取变频等抗干扰措施。 5）判断是否为标准电容器介质损耗增大引起
2	$\tan\delta$ 明显偏大或电容量明显变化	1）采用专用屏蔽型试验线，必要时试验线应悬空。 2）检查接线是否正确、接地是否良好、试验线接触是否良好。 3）采取清抹、屏蔽等措施，重新试验。 4）采取变频等抗干扰措施。 5）采用不同仪器、方法作对比分析

第五节　绕组绝缘电阻试验

一、试验目的

试验电磁式电压互感器绕组绝缘电阻，能有效地发现其绝缘整体受潮、脏污、贯穿性缺陷以及绝缘击穿和严重过热老化等缺陷。

二、试验方法

（1）电磁式电压互感器一次绕组采用2500V绝缘电阻表测量、二次绕组采用1000V绝缘电阻表测量。

（2）试验一次绕组绝缘电阻时，互感器一次绕组短路接绝缘电阻表"L"端子，二次绕组短路接地，绝缘电阻表"E"端子与互感器外壳一同接地，如图7-9所示。

（3）试验二次绕组绝缘电阻时，被测二次绕组短路，"L"端接互感器被测二次绕组，非被测二次绕组短路接地，绝缘电阻表"E"端子与互感器外壳一同接地，如图7-10所示。

（4）将绝缘电阻表"L"端子接至被试部位上，绝缘电阻表"E"端接地，检查接线无误后开始试验，记录60s时的绝缘电阻值。

（5）自放电结束后关闭绝缘电阻表，戴绝缘手套使用放电棒对被试品进行充分放电，更改试验接线进行其他部位试验，直至全部完成，拆除试验接线，恢复设备初始状态，表示本项试验结束。

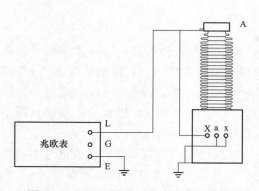 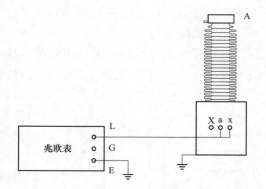

图 7-9 电压互感器一次绕组绝缘电阻
试验接线图

图 7-10 电压互感器二次绕组绝缘电阻
试验接线图

三、注意事项

（1）每次试验应选用相同电压、相同型号的绝缘电阻表。

（2）测量时，绝缘电阻表的"L"端和"E"端不能对调、不能绞接，应使用高压屏蔽线。

（3）试验人员之间应分工明确，测量时应配合默契，测量过程中要大声呼唱。

四、试验标准

根据《试验规程》，有如下要求：一次绕组对二次绕组及地（基座外壳）之间的绝缘电阻、二次绕组间及对地（基座外壳）的绝缘电阻不宜小于 1000MΩ。

五、试验异常及处理方法

试验时可能出现的异常现象及处理方法，见表 7-5。

表 7-5　　　　　　　　试验时可能出现的异常现象及处理方法

序号	异常现象	处 理 方 法
1	绝缘电阻偏低	1）采用专用屏蔽型试验线。 2）试验线不能绞接，必要时悬空。 3）检查电动绝缘电阻表电量是否符合要求，量程是否合适。 4）检查绝缘电阻表开路和短路是否合格。 5）历次试验选用测量电压相同和负载特性相近的绝缘电阻表（最好是同一型号）。 6）采取清抹、屏蔽等措施，重新试验，如因湿度造成外绝缘降低，可在湿度相对较小的时段（如午后）进行复测。 7）检查是否有感应电等电磁场的干扰。 8）检查外磁套是否破损、有无放电痕迹

第六节　一次、二次绕组直流电阻试验

一、试验目的

测量电压互感器一次、二次绕组直流电阻是为了检查电气设备回路的完整性，以便及时发现因制造、运输、安装中由于振动和机械应力等原因所造成的导线断裂、接

头开焊、接触不良、匝间短路等缺陷。

二、试验方法

（1）首先估计所测部位的电阻值，根据电阻值选择合适的挡位。一次绕组直流电阻一般在千欧（kΩ）级别，二次绕组直流电阻一般在欧姆（Ω）级别。仪器"+"端连接一次绕组"A"端，仪器"－"端连接一次绕组"X"端，二次绕组悬空，进行一次绕组直流电阻测量，如图 7-11 所示。

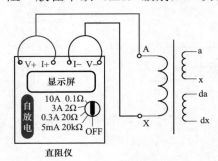

图 7-11　直阻仪测量电压互感器
一次绕组直流电阻

（2）待数据稳定后读取数据，自放电结束后更改接线进行二次绕组直流电阻试验。仪器"+"端连接被试二次绕组"a"端，仪器"－"端连接被试二次绕组"x"端，其他二次绕组及一次绕组悬空。

（3）待数据稳定后读取数据，自放电结束后更改接线进行其他二次绕组直流电阻试验。方法如步骤（2）直至所有绕组试验完毕，自放电结束，检查数据合格，拆除试验接线，恢复设备初始状态，表示本项试验结束。

三、注意事项

（1）试验时应记录环境温度。

（2）选择合适的挡位，否则试验时间较长且数据不稳定。

（3）试验完毕，自放电结束后才能更换接线。

四、试验标准

根据 GB 50150—2016《电气装置安装工程　电气设备交接试验标准》（以下简称交接试验标准），有如下要求：

（1）与换算到同一温度下出厂值比较，一次绕组直流电阻相差不大于 10%，二次绕组直流电阻不大于 15%。

（2）同一批次的同型号、同规格电压互感器一次绕组、二次绕组的直流电阻值相互间的差异不大于 5%。

五、试验异常现象及处理方法

试验时可能出现的异常现象及处理方法，见表 7-6。

表 7-6　　　　　　　　　　试验时可能出现的异常现象及处理方法

序号	异常现象	处　理　方　法
1	数值偏大	1）检查试验线是否连接牢固，有无松动。 2）检查接触部位是否有锈蚀，进行打磨后复测

第七节　变比及极性检查试验

一、试验目的

试验电压互感器的极性很重要，一旦极性判断错误会导致接线错误，进而使计量仪表指示错误，更为严重的是会导致带有方向性的继电保护误动作。测量电压互感器变比可以检查互感器一次、二次绕组关系的正确性，为继电保护正确动作、保护定值计算提供依据。

二、试验方法

（1）采用电压互感器综合试验仪进行试验，仪器电压输出端连接被试电压互感器一次绕组，电压输入端连接被试电压互感器二次绕组，其他二次绕组悬空，如图 7-12 所示。

（2）打开仪器进行参数设置，输入额定一次电压和被试二次绕组的额定二次电压，进行试验，记录变比、比差和极性。

（3）试验结束后进行放电，更改试验接线，试验一次绕组对其他二次绕组的变比直至全部试验完毕。关闭仪器，对被试设备充分放电，检查数据合格，拆除试验接线，恢复设备初始状态，表示本项试验结束。

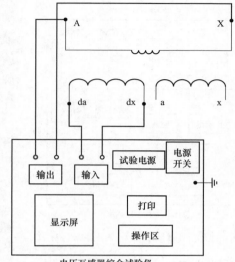

电压互感器综合试验仪

图 7-12　电压互感器变比及极性试验接线图

三、注意事项

（1）一次侧与二次侧接线应与主机对应。

（2）试验前应将被试二次绕组的接地线断开，并将其与未试验的二次绕组均断开。

四、试验标准

根据《交接试验标准》，有如下要求：

（1）电压互感器的接线组别和极性应符合设计要求，并与铭牌标志相符。

（2）电压互感器变比应与制造厂铭牌值相符。

五、试验异常及处理方法

试验时可能出现的异常现象及处理方法，见表 7-7。

表 7-7　　　　　　　　　试验时可能出现的异常现象及处理方法

序号	异常现象	处 理 方 法
1	结果超出铭牌值要求	1）检查接线是否正确。 2）检查参数设置是否正确

第八节　励磁特性和空载电流试验

一、试验目的

测量电磁式电压互感器励磁特性和空载电流，可检查电压互感器的铁芯质量，通过鉴别励磁特性曲线的饱和程度，以判断互感器的绕组有无匝间短路等缺陷。

二、试验方法

（1）采用电压互感器综合试验仪进行试验，仪器电压输出端连接被试电压互感器二次绕组，一般选择 da、dx 绕组，因为 da、dx 绕组容量较大，其他二次绕组单端接地，一次绕组"X"端接地，如图 7-13 所示。

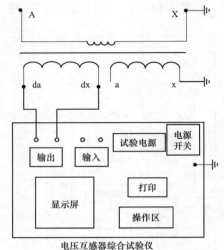

图 7-13　励磁曲线及空载电流试验接线

（2）打开仪器进行参数设置，为了能够绘制励磁特性曲线，一般将定点采样功能关闭。设置最大输出电压，一般能够达到 $1.9U_{\mathrm{m}}/\sqrt{3}$；最大输出电流一般不超过 5A。根据被试电压互感器铭牌上的相应绕组的额定电压，设置合适的电压采样步长，然后进行试验。

（3）试验完毕后查看数据，励磁特性曲线合格后保存或打印数据，拆除试验接线，恢复设备初始状态，表示本项试验结束。

三、注意事项

（1）空载电流及励磁特性曲线测量是高电压试验，试验时要保证被试品对周围人员、物体的安全距离，并在试验设备及被试品周围设围栏并有专人监护，升压时应呼唱，更改接线应断开电源刀闸。

（2）一次端子要保证单端接地。

四、试验标准

根据《规程》和《交接试验标准》，有如下要求：

（1）测量点电压至少包含 20%、50%、80%、100%、120%，测量出对应的励磁电流，与出厂值相比应无显著变化。

（2）与同一批次、同一型号的其他电磁式电压互感器相比，彼此差异不应大于 30%。

（3）对于中性点非有效接地系统，半绝缘结构电磁式电压互感器最高测量点应为 190%，全绝缘结构电磁式电压互感器最高测量点应为 120%。

（4）对于中性点直接接地的电压互感器，最高测量点应为 150%。

五、试验异常及处理方法

试验时可能出现的异常现象及处理方法，见表 7-8。

表 7-8　　　　　　　　　　试验时可能出现的异常现象及处理方法

序号	异常现象	处 理 方 法
1	试验过程发生闪络、放电异常、击穿	1）检查试验引线对地绝缘距离是否足够，应保持足够的安全距离。 2）试品内部发生放电，应停止试验，检查试验设备是否损害，检查试品是否损坏，查找放电点

第九节　章节练习

1．TYD220/3 型电容式电压互感器，其额定开路的中间电压为 13kV，若运行中发生中间变压器的短路故障，则主电容器 C_1 承受的电压将提高约（　　　）。

A．5%；　　　　　　B．10%；　　　　　　C．15%；　　　　　　D．20%

答：B

2．110～220kV 电磁式电压互感器，电气试验项目（　　）的试验结果与其油中溶解气体色谱分析总烃和乙炔超标无关。

A．空载损耗和空载电流试验；　　　　　　B．绝缘电阻和介质损耗因数 $\tan\delta$ 测量；

C．局部放电测量；　　　　　　D．引出线的极性检查试验

答：D

3．电容式电压互感器电气试验项目（　　）的试验结果与其运行中发生二次侧电压突变为零的异常现象无关。

A．测量主电容器 C_1 的 $\tan\delta$ 和 C；

B．测量分压电容器 C_2 及中间变压器的 $\tan\delta$、C 和绝缘电阻；

C．电压比试验；

D．检查引出线的极性

答：D

4．系统短路电流所形成的动稳定和热稳定效应，对系统中的（　　）可不予考虑。

A．变压器；　　　　　　B．电流互感器；

C．电压互感器；　　　　　　D．断路器

答：C

5．怎样测量 CVT 主电容器 C_1 和分压电容器 C_2 的介质损耗？

答：测量主电容器 C_1 和 $\tan\delta_1$ 的接线方式，如图 7-14 所示。试验时由 CVT 的中间变压器二次绕组励磁加压，E 点接地，分压电容器 C_2 的 δ 点接高压电桥标准电容器的高压端，主电容器 C_1 高压端接高压电桥的 C_x 端，按正接线法测量。由于 δ 绝缘水平所限，试验时电压不应超过 3kV，为此可在 δ 点与地间接入一静电电压表进行电压监视。此时由 C_2 与 C_n 串联构成标准支路，由于 C_n 的 $\tan\delta$ 近似于零，而分压电容器 C_2 的电容量远大于 C_n，故不影响电压监视及测量结果。

测量分压电容器 C_2 和 $\tan\delta_2$ 接线方式，如图 7-15 所示。由 CVT 中间变压器二次

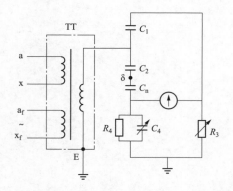

图 7-14　主电容器 C_1 和 $\tan\delta_1$ 接线图

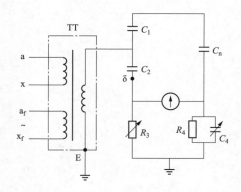

图 7-15　分压电容器 C_2 和 $\tan\delta_2$ 接线图

绕组励磁加压。E 点接地，分压电容器 C_2 的 δ 点接高压电桥的 C_x 端，主电容器 C_1 高压端与标准电容器 C_n 高压端相接，按正接线法测量。试验电压 4～6.5kV 应在高压侧测量，此时 C_1 与 C_n 串联组成标准支路。为防止加压过程中绕组过载，最好在回路中串入一个电流表进行电流监视。

第八章　电流互感器试验

第一节　绕组及末屏的绝缘电阻试验

一、试验目的

试验油浸式电流互感器的绕组绝缘电阻能有效地发现其绝缘整体受潮、脏污、贯穿性缺陷，以及绝缘击穿和严重过热老化等缺陷。末屏对地绝缘电阻的测量能有效地监测电容型电流互感器进水受潮缺陷。

二、试验方法

（1）本试验采用2500V绝缘电阻表测量电流互感器绕组绝缘电阻，当有两个一次绕组时，还应测量一次绕组间的绝缘电阻。有末屏端子的，还要测量末屏对地的绝缘电阻。

（2）测量一次绕组绝缘电阻时，绝缘电阻表"E"端与互感器外壳、末屏、二次绕组一同接地，"L"端接互感器高压侧，如图8-1所示。

（3）测量二次绕组绝缘电阻时，被测二次绕组短路，其他二次绕组短路接地，绝缘电阻表"E"端与互感器外壳、末屏一同接地，"L"端接互感器被测二次绕组，如图8-2所示。所有电流互感器二次绕组都要全部分别进行测量，直至所有绕组测量完毕。

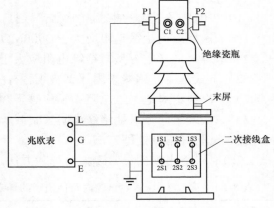

图 8-1　电流互感器一次绕组绝缘电阻试验接线图

（4）测量电容型电流互感器末屏绝缘电阻时，拆除末屏接地片，绝缘电阻表"E"端与互感器外壳一同接地，"L"端接互感器末屏，如图8-3所示。

（5）检查接线无误后开始试验，记录60s时的绝缘电阻值。

（6）关闭绝缘电阻表，戴绝缘手套使用放电棒对被试品进行充分放电，更改试验接线进行其他部位试验，直至全部完成，拆除试验接线，恢复设备初始状态，表示本项试验结束。

三、注意事项

（1）每次试验应选用相同电压、相同型号的绝缘电阻表。

（2）测量时绝缘电阻表的"L"端和"E"端不能对调、不能绞接，应使用高压屏蔽线。

（3）试验人员之间应分工明确，测量时应配合默契，测量过程中要大声呼唱。

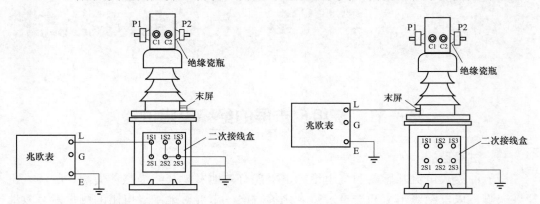

图 8-2 电流互感器二次绕组绝缘电阻　　　图 8-3 电容型电流互感器末屏绝缘电阻

试验接线图　　　　　　　　　　　　　试验接线图

（4）将末屏引出小套管的接地线解开时要注意，不能使小套管漏油或渗油。

（5）试验完毕后恢复末屏接地连片，连接牢固。

四、试验标准

（1）110kV 及以上的电流互感器，根据《规程》，有如下要求：

1）一次绕组的绝缘电阻应大于 3000MΩ，或与上次测量值相比无明显变化。

2）末屏对地（电容型）绝缘电阻应大于 1000MΩ（注意值）。

（2）干式电流互感器采用《试验规程》，有如下要求：

1）一次绕组对地绝缘电阻大于或等于 3000MΩ；

2）二次绕组间及对地绝缘电阻大于或等于 1000MΩ。

五、试验异常及处理方法

试验时可能出现的异常现象及处理方法，见表 8-1。

表 8-1　　　　　　　　　试验时可能出现的异常现象及处理方法

序号	异常现象	处 理 方 法
1	主绝缘电阻偏低	1）采用专用屏蔽型试验线。 2）试验线不能绞接，必要时悬空。 3）检查电动绝缘电阻表电量是否符合要求，量程是否合适。 4）检查绝缘电阻表开路和短路是否合格。 5）历次试验选用测量电压相同和负载特性相近的绝缘电阻表（最好是同一型号）。 6）采取清抹、屏蔽等措施，重新试验，如因湿度造成外绝缘降低，可在湿度相对较小的时段（如午后）进行复测。 7）检查是否有感应电等电磁场的干扰。 8）检查外磁套是否破损、有无放电痕迹。 9）进行 tanδ 及电容量试验及油试验确认是否受潮等
2	末屏绝缘电阻偏低	1）清抹末屏出线部位。 2）可用电吹风等干燥或在湿度相对较小的时段（如午后）进行复测。 3）当末屏绝缘电阻低于 1000MΩ 时测量末屏对地 tanδ 及电容量

第二节 主绝缘介质损耗及电容量试验

一、试验目的

试验油浸式电流互感器主绝缘介质损耗及电容量，能发现由于制造工艺不良造成电容极板边缘的局部放电和绝缘介质不均匀产生的局部放电、端部密封不严造成底部和末屏受潮、电容层绝缘老化及油的介电性能下降等缺陷。主绝缘介质损耗及电容量是判定电流互感器绝缘介质中局部缺陷、气泡、受潮及老化等的重要指标。

二、试验方法

（1）试验中一次绕组短接，二次绕组短路接地。

（2）有末屏套管引出的电流互感器采用正接线测量，试验电压为 10kV，互感器末屏接地片打开，介质损耗试验仪高压线接至一次绕组，信号线接至互感器末屏，如图 8-4 所示。

（3）无末屏套管引出的电流互感器采用反接线测量，试验电压为 10kV，介质损耗试验仪高压试验线接至一次绕组，如图 8-5 所示。

（4）根据被试电流互感器的结构特点，如图 8-4（或图 8-5）所示进行正确接线，检查仪器开关是否在"关"状态，无误后开始试验。

（5）加压前要先呼唱，站在绝缘垫上并有专人监护。打开仪器"总电源"开关，选择"正接线"（或"反接线"）测量方式，打开"内高压允许"开关，设置测量电压为 10kV，开始测量。加压过程中要精力集中，一旦发现异常应立即断开电源停止试验，查明原因并排除后方可继续试验。

（6）试验完毕先关"内高压允许"，记录或打印试验数据，然后关掉仪器"总电源"开关，拉开电源刀闸。

（7）戴绝缘手套使用放电棒对被试互感器进行充分放电，恢复末屏接地（无末屏引出的不用此步）。

（8）检查数据无问题后拆除试验接线，表示本项试验结束。

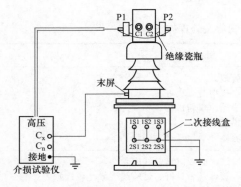

图 8-4 有末屏引出的电流互感器主绝缘
介质损耗及电容量试验（正接线）

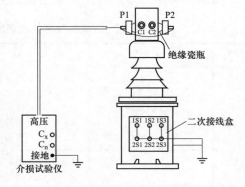

图 8-5 无末屏引出的电流互感器主绝缘
介质损耗及电容量试验（反接线）

三、注意事项

（1）试验中应注意高压试验线对地及试验人员保持足够的绝缘距离。

（2）拆、接试验接线前，应将被试设备对地放电。

（3）试验仪器的金属外壳应可靠接地，仪器操作人员必须站在绝缘垫上。

（4）试验完成后应将末屏恢复接地，接地应牢靠。

四、试验标准

（1）110kV 及以上的电流互感器，根据《规程》，有如下要求：

1）电容量初值差小于或等于±5%（警示值）。

2）主绝缘 $\tan\delta$ 满足表 8-2 的要求（注意值）。

3）聚四氟乙烯缠绕绝缘小于或等于 0.005。

表 8-2 主绝缘 $\tan\delta$ 注意值

U_m（kV）	126/72.5	252/363	≥550
$\tan\delta$	≤0.01	≤0.008	≤0.007

（2）110kV 以下的电流互感器，根据《试验规程》，有如下要求：

1）电容量标准与 110kV 及以上的电流互感器标准一致。

2）主绝缘 $\tan\delta$（%）不应大于表 8-3 的数值，且与历年数据比较，不应有显著变化。

表 8-3 主绝缘 $\tan\delta$ 注意值

U_m（kV）	≤110（电容型）	≤110（充油型）	≤110（胶纸型）
$\tan\delta$	≤0.01	≤0.025	≤0.025

注　末屏对地绝缘电阻小于 1000MΩ 时，还需要测量末屏对地的电容量和介质损耗值，应采用反接线，介质损耗试验仪高压试验线接至末屏端子，加压 2kV，二次绕组短路接地，一次绕组接介质损耗试验仪屏蔽端，末屏对地介质损耗因数不应大于 0.02。

五、试验异常及处理方法

试验时可能出现的异常现象及处理方法，见表 8-4。

表 8-4 试验时可能出现的异常现象及处理方法

序号	异常现象	处 理 方 法
1	$\tan\delta$ 为负值	1）采用专用屏蔽型试验线。 2）检查接线是否正确，接地是否良好。 3）采取清抹、屏蔽等措施，重新试验。 4）采取变频等抗干扰措施。 5）判断是否为标准电容器介质损耗增大引起
2	$\tan\delta$ 明显偏大或电容量明显变化	1）采用专用屏蔽型试验线，必要时试验线应悬空。 2）检查接线是否正确、接地是否良好、试验线接触是否良好。 3）采取清抹、屏蔽等措施，重新试验。 4）采取变频等抗干扰措施。 5）采用不同仪器、方法作对比分析

第三节 绕组直流电阻试验

一、试验目的

试验电流互感器绕组直流电阻，可以检查一次绕组内部导线接头的焊接质量，以及二次绕组有无匝间短路现象。

二、试验方法

（1）使用直阻仪进行试验。

（2）试验时被测绕组接试验线，非被测绕组开路。

（3）先估计所测部位的电阻值，根据电阻值选择合适的挡位。一次绕组直流电阻的试验接线图，如图 8-6 所示，二次绕组直流电阻的试验接线图，如图 8-7 所示。

（4）待数据稳定后读取数据，自放电结束后更改接线进行其他绕组直流电阻试验，直至所有绕组试验完毕。自放电结束后，检查数据合格后，拆除试验接线，恢复设备初始状态，表示本项试验结束。

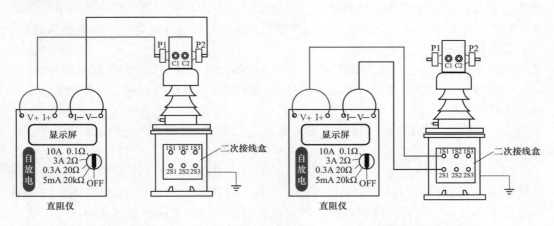

图 8-6 电流互感器一次绕组直流电阻
试验接线图

图 8-7 电流互感器二次绕组直流电阻试验
接线图（以 1S1/2S1 绕组为例）

三、注意事项

（1）试验时应记录环境温度。

（2）选择合适的挡位，否则试验时间较长且数据不稳定。

（3）测量时，试验线夹必须与被试品被测部位接触牢固可靠。

（4）试验完毕，自放电结束后才能更换接线。

四、试验标准

根据《交接试验标准》，有如下要求：

同型号、同规格、同批次电流互感器绕组的直流电阻和平均值的差异不宜大于10%。一次绕组有串、并联接线方式时，对电流互感器的一次绕组的直流电阻测量应在正常运行方式下测量，或同时测量两种接线方式下的一次绕组的直流电阻，倒立式电流互感器单匝一次绕组的直流电阻之间的差异不宜大于 30%。当有怀疑时，应提高施加的测量电流，测量电流（直流值）不宜超过额定电流（方均根值）的 50%。

五、试验异常及处理方法

试验时可能出现的异常现象及处理方法，见表 8-5。

表 8-5　　　　　　　　　　试验时可能出现的异常现象及处理方法

序号	异常现象	处 理 方 法
1	直流电阻数值偏大	1）检查试验线是否连接牢固，有无松动。 2）接触部位是否有锈蚀，进行打磨后复测

第四节　交流耐压试验

一、试验目的

交流耐压试验是鉴定干式电流互感器绝缘强度最直接的方法，它对于判断电流互感器能否投入运行具有决定性的意义，也是保证其绝缘水平，避免发生绝缘事故的重要手段。交流耐压试验符合设备实际运行情况，能够有效地发现电流互感器绝缘缺陷。

二、试验方法

（1）试验时，一次绕组短路并接至试验变压器的高压端，二次绕组均短路并接地。

（2）摆放试验仪，如图 8-8 所示，进行正确接线，将保护控制电压整定为 1.2 倍试验电压。

（3）试验前检查接线是否正确，调压器是否在零位，仪器开关是否在断位，无误后开始试验。

（4）从零（或接近于零）开始升压，切不可冲击合闸。在 75%试验电压以前，升压速度可以是任意的，自 75%电压开始，应均匀升压，约为每秒 2%试验电压的速率升压。升压过程中应密切监视高压回路和仪表指示，监听被试品有何异响。升至试验电压，开始计时并读取试验电压。

（5）1min 后，迅速均匀降压到零，然后切断电源。

（6）戴绝缘手套使用放电棒对被试电流互感器进行充分放电，拆除试验接线，设备恢复到初始状态后，表示本项试验结束。

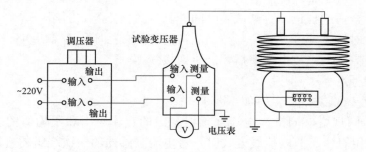

图 8-8　电流互感器交流耐压试验接线图

三、注意事项

（1）试验中应注意高压试验线对地及试验人员保持足够的绝缘距离。

（2）此项试验属破坏性试验，必须在其他绝缘试验完成后进行。

（3）试验可根据试验回路的电流表、电压表的突然变化，控制回路过电流继电器的动作，被试品放电或击穿的声音进行判断。

（4）交流耐压前后应测量绝缘电阻，两次测量结果不应有明显差别。

（5）如试验中发生放电或击穿，应立即降压，查明故障部位。

四、试验标准

根据《规程》，有如下要求：

（1）一次绕组：试验电压为出厂试验值的 80%。

（2）二次绕组之间及末屏对地的试验电压为 2kV，时间为 60s。

五、试验异常及处理方法

试验时可能出现的异常现象及处理方法，见表 8-6。

表 8-6　　　　　　　　试验时可能出现的异常现象及处理方法

序号	异常现象	处 理 方 法
1	试验过程发生闪络、放电异常、击穿	1）检查高压引线对地绝缘距离是否足够，应保持足够的安全距离。 2）试品内部发生放电，应停止试验，检查试验设备是否损害，检查试品是否损坏，查找放电点

第五节　局部放电试验

一、试验目的

局部放电量是电流互感器的一项重要性能指标，局部放电量过高，会危及电气设备的使用寿命，局部放电而产生的电子、离子以及热效应会加速电流互感器绝缘的电老化，造成安全隐患。系统中很多电流互感器故障是由局部放电而形成的。因此，电流互感器局部放电试验是判断其绝缘状况的一种有效方法。

二、试验方法

（1）试验时，一次绕组短路并接至试验变压器的高压端，二次绕组均短路并接地，有末屏引出的电流互感器按图 8-9 所示进行接线，无末屏引出的电流互感器按图 8-10 所示进行接线。

（2）从高压侧施加试验电压。对 35kV 及以下的电流互感器，电源可由工频无局部放电试验变压器提供；对 110kV 及以上的电流互感器，电源可由变频电源提供。

（3）局部放电试验先将电压升至预加电压，预加电压为工频交流耐压值的 80%，停留 10s 后，将电压降至局部放电测量电压进行测量。

（4）摆放试验仪，如图 8-9（或图 8-10）所示，进行正确接线，并正确选择检测单元，进而完成试验接线及电源的连接。要求试验接线最大限度避免干扰，正确良好接地。

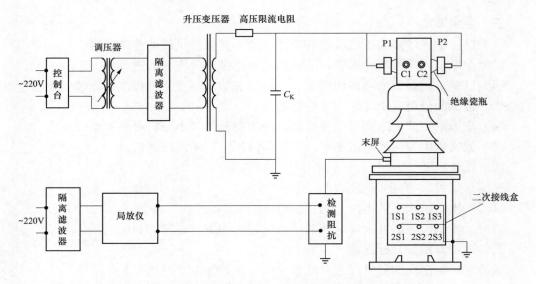

图 8-9　有末屏引出的电流互感器局部放电试验接线图

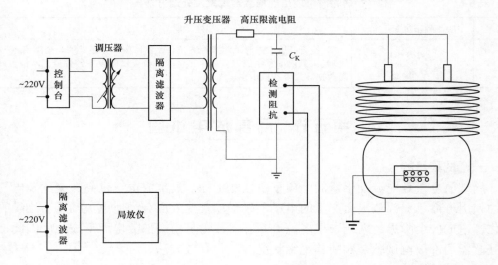

图 8-10　无末屏引出的电流互感器局部放电试验接线图

（5）试验前检查接线是否正确，仪器开关是否在"关"状态，调压器是否在零位，检查无误，通知有关人员离开被试设备，开始进行试验。

（6）设备视在放电量的校准：①依据试验方案选择校准的方法（直接或间接）；②选择挡位人员和设备试验波形检测人员配合默契；③记录校准的视在放电量和增益的挡位，微调增益调整后应固定。

（7）根据试验要求进行局部放电试验的升压程序，升压要按该升压系统的操作说明规范操作。预加压时间应保持 10s。根据放电波形检查放电位置及偶发放电的位置，利用开窗及窗口大小的调节屏蔽非设备内部的放电位置。

（8）记录局部放电起始电压、熄灭电压和视在放电量值。将视在放电量有关标准进行比较，确定设备局部放电量是否合格。

（9）变换被试设备，根据试验要求再次进行方波校准，依照上述程序再次试验，直至完成所有被试设备的试验。

（10）全部试验完毕后，戴绝缘手套使用放电棒对被试设备进行充分放电，拆除试验接线，设备恢复初始状态后，表示本项试验结束。

三、注意事项

（1）试验时应记录环境湿度，相对湿度超过80%时不应进行本试验。

（2）升压设备的容量应足够，试验前应确认高压升压等设备功能正常。

（3）试验前，互感器完成全部常规试验，结果合格。如果互感器受机械作用，应静止一段时间再进行试验。

（4）被试互感器附近的围栏等可能有电位悬浮的导体均应可靠接地，防止因杂散电容耦合而产生悬浮电位放电。

（5）被试互感器附近所有金属物体均良好接地，否则由于尖端电晕或小间隙放电，对局部放电测量会产生严重干扰。试区内一般要求地面无任何金属异物、场地干净、试品瓷套无纤维尘积等，否则它们对局部放电试验存在或多或少的影响。

（6）试验应在不大于1/3测量电压下接通电源，然后按标准规定进行测量，最后降到1/3测量电压下，方可切除电源。

（7）按照电压等级选择试验回路的所有引线直径，引线宜采用金属圆管，试验导线接头、试品高压端放置均压环，从而保证了试验回路在试验电压下不产生明显电晕。

（8）局部放电测量时应考虑容升现象。

（9）采用无晕试验变压器，保证试验回路固有局部放电量小于5pC；整个试验回路一点接地，接地回路采用铜箔，抑制试验回路接地系统的干扰。

（10）仔细检查试验回路，对可能引起电场较大畸变的部位，进行适当处理。

（11）局部放电试验过程中，被试互感器周围的电气施工应尽可能停止，特别是电焊作业，以减少试验干扰。

四、试验标准

根据《交接试验标准》，有如下要求：

（1）电压等级为10kV及以上的电流互感器应逐台进行局部放电测量。

（2）局部放电测量的测量电压及视在放电量应满足表8-7中的规定。

表8-7 允许的视在放电量水平

测量电压（kV）	允许的视在放电量水平（pC）	
	环氧树脂及其他干式	油浸式和气体式
$1.2U_m/\sqrt{3}$	50	20
$1.2U_m$（必要时）	100	50

说明：

1）局部放电试验宜与耐压试验同时进行。

2）电压等级为 35～110kV 互感器的局部放电测量可按 10%进行抽测，若局部放电量达不到规定要求应增大抽测比例。

3）电压等级为 220kV 及以上互感器在绝缘性能有怀疑时宜进行局部放电测量。

4）局部放电测量时，应在高压侧（包括互感器感应电压）监测施加的一次电压。

五、试验异常及处理方法

试验时可能出现的异常现象及处理方法，见表 8-8。

表 8-8 试验时可能出现的异常现象及处理方法

序号	异常现象	处 理 方 法
1	试验过程中发现外界干扰影响了正确读数	对试验高压线及周围对地绝缘或可能带来的空间干扰采用抑制干扰的各种措施进行逐一排除。 1）根据干扰来源采用屏蔽式隔离变压器及电源滤波器进行供电网络的干扰抑制。 2）采取高压滤波器在高压端抑制电源网络的干扰。 3）检查接地线是否存在多点接地或形成闭合环的状况。 4）采取平衡法或极性鉴别方法抑制电磁辐射干扰。 5）检查邻近试验回路或不接地金属物并搬离一定距离

第六节　章　节　练　习

1. 10kV 及以下电流互感器的主绝缘结构大多为（　　）。

A．油纸电容式；　　　B．胶纸电容式；　　　C．干式；　　　D．油浸式

答：C

2. 对电容型绝缘结构的电流互感器进行（　　）时，不可能发现绝缘末屏引线在内部发生的断线或不稳定接地缺陷。

A．绕组主绝缘及末蔽绝缘的 $\tan\delta$ 和绝缘电阻测量；

B．油中溶解气体色谱分析；

C．局部放电测量；

D．一次绕组直流电阻测量及变比检查试验

答：D

3. 对一台 LCWD2-110 型电流互感器，根据其主绝缘的绝缘电阻 10000Ω、$\tan\delta$ 值为 0.33%；末屏对地绝缘电阻 60MΩ、$\tan\delta$ 值为 16.3%，给出了各种诊断意见，其中（　　）项是错误的。

A．主绝缘良好，可继续运行；

B．暂停运行，进一步做油中溶解气体色谱分析及油的水分含量试验；

C．末屏绝缘电阻及 $\tan\delta$ 值超标；

D．不合格

答：A

4. 已知 LCLWD3-220 型电流互感器的电容 C_x 约为 800pF，则正常运行中其电流为 30～40mA 是否正确。（　　）

答：√

5．高压电容型电流互感器受潮的特征是什么？常用什么方法进行干燥？

答：高压电容型电流互感器现场常见的受潮状况有三种情况。

（1）轻度受潮。进潮量较少，时间不长，又称初期受潮。其特征为：主屏的 $\tan\delta$ 无明显变化；末屏绝缘电阻降低，$\tan\delta$ 增大；油中含水量增加。

（2）严重进水受潮。进水量较大，时间不太长。其特征为：底部往往能放出水分，油耐压降低；末屏绝缘电阻较低，$\tan\delta$ 较大；若水分向下渗透过程中影响到端屏，主屏 $\tan\delta$ 将有较大增量，否则不一定有明显变化。

（3）深度受潮。进潮量不一定很大，但受潮时间较长。其特性是：由于长期渗透，潮气进入电容芯部，使主屏 $\tan\delta$ 增大；末屏绝缘电阻较低，$\tan\delta$ 较大；油中含水量增加。

当确定互感器受潮后，可用真空热油循环法进行干燥。目前认为这是一种最适宜的处理方式。

第九章　断路器试验

第一节　绝缘电阻试验

一、试验目的

试验断路器的绝缘电阻能有效地发现其绝缘整体受潮、脏污、贯穿性缺陷，以及断口间绝缘击穿等缺陷。

二、试验方法

（1）本项试验采用 2500V 绝缘电阻表，被试断路器处于检修状态。试验分闸状态下断口间的绝缘电阻时，断路器三相上触头短接，三相下触头短接，底座接地，绝缘电阻表"L"端接断路器上触头，"E"端接断路器下触头，如图 9-1 所示。试验合闸状态下断路器相间及对地的绝缘电阻时，绝缘电阻表"L"端接断路器某一相，"E"端接地，其他两相短接并与底座一同接地，如图 9-2 所示。

（2）检查接线无误后开始试验，记录 60s 时的绝缘电阻值。

（3）关闭绝缘电阻表，戴绝缘手套使用放电棒对被试品进行充分放电，更改试验接线进行合闸状态下其他两相绝缘电阻试验，直至全部完成，拆除试验接线，恢复设备初始状态，表示本项试验结束。

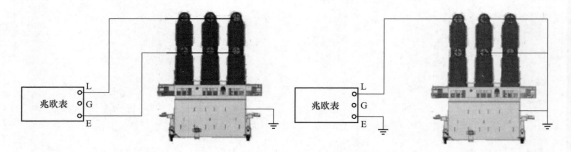

图 9-1　断路器断口绝缘电阻试验接线图　　图 9-2　断路器相间及对地绝缘电阻试验接线图

三、注意事项

（1）每次试验应选用相同电压、相同型号的绝缘电阻表。

（2）测量时绝缘电阻表的"L"端和"E"端不能对调，与被试品间的连线不能铰接或拖地。

（3）测量时应使用高压屏蔽线，试验线不要与地线缠绕，尽量悬空。

（4）试验人员之间应分工明确，测量时应配合默契，测量过程中要大声呼唱。

（5）注意仪表放电完毕，才将被试品短路接地。

四、试验标准

根据《规程》，有如下要求：绝缘电阻不小于 3000MΩ，且没有显著下降。

五、试验异常及处理方法

试验时可能出现的异常现象及处理方法，见表 9-1。

表 9-1　　　　　　　　试验时可能出现的异常现象及处理方法

序号	异常现象	处 理 方 法
1	绝缘电阻偏低	1）采用专用屏蔽型试验线。 2）试验线不能绞接，必要时悬空。 3）检查电动绝缘电阻表电量是否符合要求，量程是否合适。 4）检查绝缘电阻表开路和短路是否合格。 5）历次试验选用测量电压相同和负载特性相近的绝缘电阻表（最好是同一型号）。 6）采取清抹、屏蔽等措施，重新试验，如因湿度造成外绝缘降低，可在湿度相对较小的时段（如午后）进行复测。 7）检查是否有感应电等电磁场的干扰

第二节　导电回路电阻试验

一、试验目的

导电回路电阻的大小，直接影响通过正常工作电流时是否产生发热现象及通过短路电流时开关的开断性能，它是反映安装检修质量的重要标志。

二、试验方法

（1）对于 SF₆ 断路器、油断路器、真空断路器、高压开关柜内用断路器，应在设备合闸并可靠导通的情况下，测量每相的回路电阻值。

（2）使用输出电流 100A 以上的回路电阻试验仪进行测量。

（3）SF₆ 断路器回路电阻试验原理接线方式，如图 9-3 所示。35kV 及下真空断路器回路电阻试验原理接线方式，如图 9-4 所示。

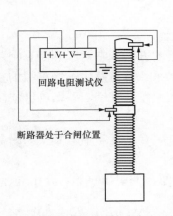

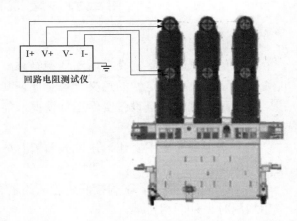

图 9-3　SF₆断路器导电回路电阻试验接线图　　图 9-4　真空断路器导电回路电阻试验接线图

143

（4）检查接线无误后开始试验，试验完毕应使用测量设备或仪表上的"放电"或"复位"键对被试品充分放电，记录试验数据。数据合格后拆除试验接线，将被试设备恢复到试验前状态，表示本项试验结束。

三、注意事项

（1）在没有完成全部接线时，不允许在试验接线开路的情况下通电，否则会损坏仪器。

（2）试验时，为防止被测设备突然分闸，应断开被测设备操作回路的电源。

（3）试验线应接触良好、连接牢固，防止试验过程中突然断开。

（4）测量真空开关主回路电阻时，禁止将电流线夹在开关触头弹簧上，防止烧坏弹簧。

四、试验标准

根据《规程》，有如下要求：

（1）SF_6 断路器不大于制造商规定值（注意值）。

（2）真空断路器初值差小于 30%。

五、试验异常及处理方法

试验时可能出现的异常现象及处理方法，见表 9-2。

表 9-2　　　　　　　　　　试验时可能出现的异常现象及处理方法

序号	异常现象	处理方法
1	开机无显示、显示错误或试验启动时熔丝熔断	1）检查电源电压及电源线。 2）检查熔断器是否已熔断。 3）检查仪器插件是否松动。 4）检查仪器是否损坏，联系仪器厂家处理
2	试验启动后仪器显示故障	1）采用专用的试验线。 2）检查试验接线是否正确。 3）检查仪器是否损坏，联系仪器厂家处理

第三节　交流耐压试验

一、试验目的

交流耐压试验是鉴定真空断路器绝缘强度最直接的方法，它对于判断真空断路器能否投入运行具有决定性的意义，也是保证其绝缘水平，避免发生绝缘事故的重要手段。交流耐压试验符合设备实际运行情况，能够有效地发现真空断路器绝缘缺陷。

二、试验方法

（1）本项试验采用交流耐压试验装置，分别在分、合闸状态下对真空断路器进行交流耐压试验。

（2）如图 9-5 所示，正确接线进行断路器合闸状态下的耐压试验，分相进行试验，一相加压时另外两相接地。

（3）如图 9-6 所示，正确接线进行断路器分闸状态下的耐压试验，三相一起进行试验，断路器一端三相短接加压，另一端短接接地。

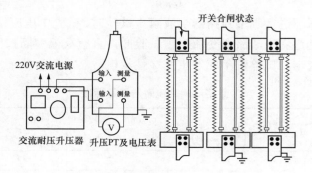

图 9-5 断路器合闸交流耐压接线图

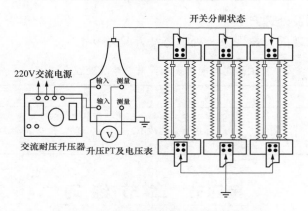

图 9-6 断路器断口交流耐压接线图

（4）试验前检查接线仪器无误后开始试验，将保护控制电压整定为 1.2 倍，试验电压从零（或接近于零）开始升压，切不可冲击合闸。在 75%试验电压以前，升压速度可以是任意的。自 75%电压开始应均匀升压，约为每秒 2%试验电压的速率升压。升压过程中应密切监视高压回路和仪表指示，监听被试品有何异响。升至试验电压，开始计时并读取试验电压。

（5）1min 后，迅速均匀地降压到零，然后切断电源。

（6）戴绝缘手套使用放电棒对被试断路器进行充分放电，拆除试验接线，恢复设备初始状态，表示本项试验结束。

三、注意事项

（1）试验中应注意高压试验线对地及试验人员保持足够的绝缘距离。

（2）此项试验属破坏性试验，必须在被试品的非破坏性试验均合格之后进行。

（3）试验可根据试验回路的电流表、电压表的突然变化，控制回路过电流继电器的动作，被试品放电或击穿的声音进行判断。

（4）交流耐压前后应测量绝缘电阻，两次测量结果不应有明显差别。

（5）如试验中发生放电或击穿时，应立即降压，查明故障部位。

四、试验标准

根据《交接试验标准》，有如下要求：

当在合闸状态下进行真空断路器交流耐压试验时，试验电压应符合表 9-3 的规定。当在分闸状态下进行真空断路器交流耐压试验时，真空灭弧室断口间的试验电压应按产品技术条件的规定，试验时不应发生贯穿性放电。

表 9-3 断路器的交流耐压试验标准

额定电压（kV）	最高工作电压（kV）	1min 工频耐受电压（kV）有效值			
		相对地	相间	断路器断口	隔离断口
10	12	42	42	42	48
35	40.5	95	95	95	118

五、试验异常及处理方法

试验时可能出现的异常现象及处理方法，见表 9-4。

表 9-4 试验时可能出现的异常现象及处理方法

序号	异常现象	处 理 方 法
1	试验过程发生闪络、放电异常、击穿	1）高压引线对地绝缘距离是否足够，应保持足够的安全距离。 2）试品内部发生放电，应停止试验，检查试验设备是否损害，检查试品是否损坏，查找放电点

第四节　章节练习

1. SF₆ 断路器中，SF₆ 气体的作用是（　　）。

A. 绝缘；　　　　　　　　　　　　　B. 散热；

C. 绝缘和散热；　　　　　　　　　　D. 灭弧、绝缘和散热

答：D

2. 高压断路器的额定开断电流是指在规定条件下开断（　　）。

A. 最大短路电流最大值；　　　　　　B. 最大冲击短路电流；

C. 最大短路电流有效值；　　　　　　D. 最大负荷电流的 2 倍

答：C

3. SN10-10 型断路器大修后，用 2500V 绝缘电阻表测量绝缘电阻值，其值大于（　　）MΩ 为合格。

A. 300；　　　　B. 500；　　　　C. 700；　　　　D. 1000

答：A

4. 对回路电阻过大的断路器，应重点检查哪些部位？

答：对于因回路电阻过大而检修的断路器，应重点做以下检查：

（1）静触头座与支座、中间触头与支座之间的连接螺栓是否上紧，弹簧是否压平，检查有无松动或变色。

（2）动触头、静触头和中间触头的触指有无缺损或烧毛，表面镀层是否完好。

（3）各触指的弹力是否均匀合适，触指后面的弹簧有无脱落或退火、变色。

对已损坏的部件要更换掉。

5．简述测量高压断路器导电回路电阻的意义。

答：导电回路电阻的大小，直接影响通过正常工作电流时是否产生发热现象及通过短路电流时开关的开断性能，它是反映安装检修质量的重要标志。

第十章 避雷器试验

第一节 绝缘电阻试验

一、试验目的

进行避雷器绝缘电阻试验，可检查底座绝缘是否受潮或瓷套出现裂纹等，保证放电计数器在避雷器动作时能够正确计数。

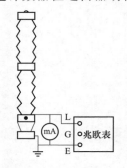

图 10-1 避雷器底座绝缘
电阻试验接线图

二、试验方法

（1）采用 2500V 绝缘电阻表上端解开进行试验。

（2）将避雷器底座和放电计数器的连接断开，绝缘电阻表"L"端子接避雷器底座上端，"E"端子接地，如图 10-1 所示。

（3）试验前检查接线无误后开始进行试验。

（4）试验结束后关闭绝缘电阻表。

（5）戴绝缘手套使用放电棒对被试设备进行充分放电，检查数据合格，拆除试验接线，表示本项试验结束。

三、注意事项

（1）每次试验应选用相同电压、相同型号的绝缘电阻表。

（2）测量时绝缘电阻表的"L"端和"E"端不能对调、不能绞接，应使用高压屏蔽线。

（3）试验人员之间应分工明确，测量时应配合默契，测量过程中要大声呼唱。

（4）非被测部位短路接地要良好，不要接到被试设备有油漆的地方，以免影响试验结果。

四、试验标准

根据《规程》，有如下要求：底座绝缘电阻大于或等于 100MΩ。

五、试验异常及处理方法

试验时可能出现的异常现象及处理方法，见表 10-1。

表 10-1　　　　　　　　　试验时可能出现的异常现象及处理方法

序号	异常现象	处 理 方 法
1	绕组绝缘电阻偏低	1）采用专用屏蔽型试验线。 2）试验线不能绞接，必要时悬空。 3）检查电动绝缘电阻表电量是否符合要求，量程是否合适。 4）检查绝缘电阻表开路和短路是否合格。 5）历次试验选用测量电压相同和负载特性相近的绝缘电阻表（最好是同一型号）。

续表

序号	异常现象	处 理 方 法
1	绕组绝缘电阻偏低	6）采取清抹、屏蔽等措施，重新试验，如因湿度造成外绝缘降低，可在湿度相对较小的时段（如午后）进行复测。 7）检查是否有感应电等电磁场的干扰。 8）检查外磁套是否破损、有无放电痕迹

第二节　直流 1mA 电压 U_{1mA} 及 $0.75U_{1mA}$ 下泄漏电流试验

一、试验目的

进行直流 1mA 电压 U_{1mA} 及 $0.75U_{1mA}$ 下泄漏电流试验，可检查避雷器阀片是否受潮、老化，确定其动作性能是否符合要求。

二、试验方法

（1）根据被试设备，采用直流高压发生器进行试验，根据避雷器串联叠装结构，分为常规试验接线（见图 10-2）和不拆高压引线试验接线（见图 10-3）两种试验接线方法。一般 110kV 及以下电压等级避雷器采用常规试验接线进行试验，220kV 避雷器采用不拆高压引线接线进行试验。

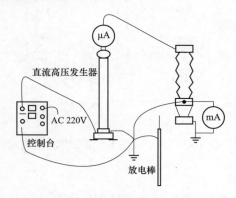

图 10-2　单节结构金属氧化物避雷器试验接线图

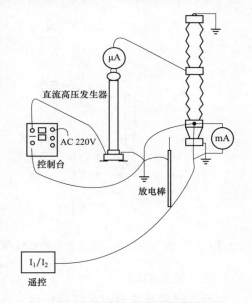

图 10-3　两节结构金属氧化物避雷器试验接线图

（2）试验前检查接线是否正确，仪器开关是否在断位，调压器是否在零位，检查无误后开始进行试验。

（3）仪器参数设置，过电压整定为 1.15 倍 U_{1mA}。

（4）空升仪器，检查过电压保护是否可靠动作；检查完毕后把调压器降到零，关掉仪器电源开关，拉开电源刀闸，戴绝缘手套对直流高压发生器进行充分放电。

（5）把直流高压发生器的高压线接到被试设备试验部位，高压线与地要有足够距离。

（6）110kV 避雷器试验过程：按图 10-2 正确接线，接通电源，然后缓慢地升高电压,从试验电压值的 75%开始,以每秒 2%的速度上升到规定的试验电压值;当电流达到 1mA 时,读取并记录电压值 U_{1mA} 后,降压至 0.75 U_{1mA},读取并记录该电压下的泄漏电流值,降压至零。至此一相 110kV 避雷器试验完成。

(7)220kV 避雷器试验过程:按图 10-3 正确接线,将遥控调至 I_1,接通电源,然后缓慢地升高电压,从试验电压值的 75%开始,以每秒 2%的速度上升到规定的试验电压值;当电流 I_1 达到 1mA 时,读取并记录电压值 U_{1mA} 后,降压至 0.75 U_{1mA},读取并记录该电压下的泄漏电流值,降压至零。至此下节避雷器试验完成。将遥控调至 I_2,接通电源,然后再次缓慢地升高电压,当电流 I_2 达到 1mA 时,读取并记录电压值 U_{1mA} 后,降压至 0.75 U_{1mA},读取并记录该电压下的泄漏电流值,降压至零。至此一相 220kV 避雷器试验完成。

(8)若 220kV 避雷器试验数据有问题,需要拆除引线试验时,则需按照图 10-4 和图 10-5 分别试验上、下节避雷器,试验过程同 110kV 避雷器试验。

(9)断开试验电源,戴绝缘手套使用放电棒对被试设备进行充分放电,经检查试验数据合格,拆除试验接线,表示本项试验结束。

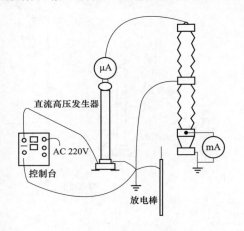

图 10-4 拆引线法上节避雷器试验接线图　　图 10-5 拆引线法下节避雷器试验接线图

三、注意事项

(1)试验充放电时,严禁触碰高压试验引线,高压试验引线的位置应选择适当,避免对试验人员及周围接地体放电。

(2)变更试验接线前应对被测回路充分放电。

(3)试验中周围容性设备应禁止工作,试验后应对避雷器及周围容性设备充分放电。

(4)注意升压时要先呼唱,站在绝缘垫上,并有专人监护。

(5)泄漏电流试验线应使用屏蔽线,试验线与避雷器夹角应尽量大。

(6)不拆高压引线试验时,下节避雷器泄漏电流值由低压端电流表直接读取,其他位置避雷器泄漏电流值需经高压端、低压端两块电流表进行差值计算取得。

四、试验标准

根据《规程》,有如下要求:

（1）U_{1mA} 初值差小于或等于 ±5% 且不低于 GB/T 11032—2020《交流无间隙金属氧化物避雷器》规定值（注意值）。

（2）0.75U_{1mA} 漏电流初值差小于或等于 30%，或不大于 50μA（注意值）。

五、试验异常及处理方法

试验时可能出现的异常现象及处理方法，见表 10-2。

表 10-2　　　　　　　　试验时可能出现的异常现象及处理方法

序号	异常现象	处 理 方 法
1	试验数据异常	1）采用专用屏蔽型试验线。 2）采取清抹、屏蔽等措施，重新试验。 3）调整试验高压引线的角度和距离，重新试验。 4）如有感应电压，应采取相应的抗干扰措施。 5）检查试验接线与避雷器接触是否良好。 6）检查直流高压发生器接地是否良好

第三节　章 节 练 习

1. FZ 型带并联电阻的普通阀式避雷器严重受潮后，绝缘电阻（　　　）。

A. 变大；　　　　　　　　　　　　　　B. 不变；

C. 变化规律并不明显；　　　　　　　　D. 变小

答：D

2. 测得无间隙金属氧化物避雷器的直流 1mA 参考电压值与初始值比较，其变化不应大于（　　　）。

A. ±10%；　　　　　　　　　　　　　B. ±5%；

C. +5%、−10%；　　　　　　　　　　D. +10%、−5%

答：B

3. 交流无间隙金属氧化物避雷器在通过直流 1mA 参考电流时，测得的避雷器端子间的直流电压平均值称为该避雷器的（　　　）。

A. 直流 1mA 参考电压；　　　　　　　B. 工频参考电压；

C. 额定电压；　　　　　　　　　　　　D. 持续运行电压

答：A

4. 无间隙金属氧化物避雷器在 75% 直流 1mA 参考电压下的泄漏电流应不大于（　　　）μA。

A. 10；　　　　　B. 25；　　　　　C. 50；　　　　　D. 100

答：C

5. 能够限制操作过电压的避雷器是（　　　）避雷器。

A. 普通阀型；　　　　　　　　　　　　B. 保护间隙；

C. 排气式（管型）；　　　　　　　　　D. 无间隙金属氧化物

答：D

第十一章 并联电容器例行试验

第一节 绝缘电阻试验

一、试验目的
检查设备的绝缘性能，发现设备局部或整体受潮和脏污、绝缘击穿和严重过热老化等缺陷，有效处理设备问题。

二、试验方法
（1）试验前，工作人员戴绝缘手套，穿绝缘靴，逐台、逐项充分放电。

（2）采用 2500V 绝缘电阻表进行测量。

（3）如图 11-1 所示，进行接线，检查接线无误后开始进行试验。

（4）试验结束后，关闭绝缘电阻表，戴绝缘手套使用放电棒对被试设备进行充分放电，检查数据合格，拆除试验接线，表示本项试验结束。

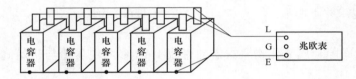

图 11-1 单相电容器极对地绝缘电阻试验接线图

三、注意事项
（1）每次试验应选用相同电压、相同型号的绝缘电阻表。

（2）要求拆除电容器与放电线圈的连线，并且打开主地刀。

（3）对于单套管电容器不要求试验绝缘电阻。

（4）在突然故障后的检查试验前，应对每只电容器以及架构进行充分放电。

四、试验标准
根据《规程》，有如下要求：绝缘电阻不小于 2000MΩ。

五、试验异常及处理方法
试验时可能出现的异常现象及处理方法，见表 11-1。

表 11-1　　　　　　　　　　试验时可能出现的异常现象及处理方法

序号	异常现象	处 理 方 法
1	绝缘电阻偏低	1）采用专用屏蔽型试验线。 2）试验线不能绞接，必要时悬空。 3）检查电动绝缘电阻表电量是否符合要求，量程是否合适。

续表

序号	异常现象	处 理 方 法
1	绝缘电阻偏低	4）检查绝缘电阻表开路和短路是否合格。 5）历次试验选用测量电压相同和负载特性相近的绝缘电阻表（最好是同一型号）。 6）采取清抹、屏蔽等措施，重新试验，如因湿度造成外绝缘降低，可在湿度相对较小的时段（如午后）进行复测。 7）确认是否有感应电等电磁场的干扰。 8）检查外磁套是否破损、有无放电痕迹

第二节 电 容 量 试 验

一、试验目的

检查电容器电容量的变化情况，以判断电容器内部接线是否正确，内部各电容单元是否存在断线、击穿短路或绝缘受潮等现象，避免在运行中发生事故。

二、试验方法

（1）试验前，工作人员戴绝缘手套，穿绝缘靴，逐台、逐项充分放电。

（2）本试验可以直接进行总电容量试验，如图 11-2 所示。若总电容量试验数据不合格可进行单个电容量试验，如图 11-3 所示。

（3）试验前检查试验仪器接线正确无误后，开始进行试验。

（4）试验完毕，断开试验电源，戴绝缘手套使用放电棒对被试设备进行充分放电，检查数据合格，拆除试验接线，表示本项试验结束。

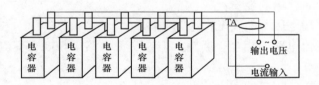

图 11-2 总电容量试验接线图

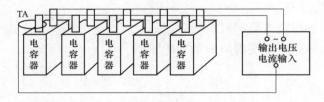

图 11-3 单个电容量试验接线图

三、注意事项

（1）严禁电容器的两端出现短路，即仪器的输出电压短路。

（2）测量用 TA 的电源开关要处于关闭状态。

（3）在突然故障后的检查试验前，应对每只电容器进行充分放电。

四、试验标准

根据《规程》，电容器组的电容量与额定值的相对偏差应符合下列要求：

（1）3Mvar 以下电容器组：−5%～10%。

（2）3～30Mvar 电容器组：0%～10%。

（3）30Mvar 以上电容器组：0%～5%。

任意两线端的最大电容量与最小电容量之比，不应超过 1.05。

当测量结果不满足上述要求时，应逐台进行测量。单台电容器电容量与额定值的相对偏差应在−5%～10%之间，且初值差不超过±5%。

五、试验异常及处理方法

试验时可能出现的异常现象及处理方法，见表 11-2。

表 11-2　　　　　　　　试验时可能出现的异常现象及处理方法

序号	异常现象	处 理 方 法
1	试验数据异常	1）检查电容器组连接方式。 2）采取清抹、屏蔽等措施，重新试验。 3）检查试验接线与电容器接触是否良好

第三节　章节练习

1．下列描述电容器主要物理特性的各项中，（　　）项是错误的。

A．电容器能储存磁场能量；

B．电容器能储存电场能量；

C．电容器两端电压不能突变；

D．电容在直流电路中相当于断路，但在交流电路中，则有交流容性电流通过

答：A

2．电容器的电容量 C 的大小与（　　）无关。

A．电容器极板的面积；

B．电容器极板间的距离；

C．电容器极板所带电荷和极板间电压；

D．电容器极板间所用绝缘材料的介电常数

答：C

3．几个电容器串联连接时，其总电容量等于（　　）。

A．各串联电容量的倒数和；　　　　　　B．各串联电容量之和；

C．各串联电容量之和的倒数；　　　　　D．各串联电容量之倒数和的倒数

答：D

4．几个电容器并联连接时，其总电容量等于（　　）。

A．各并联电容量的倒数和；　　　　　　B．各并联电容量之和；

C．各并联电容量的和之倒数；　　　　　D．各并联电容量之倒数和的倒数

答：B

5．如果把电解电容器的极性接反，则会使（　　）。

A．电容量增大；　　　　　　　　　　B．电容量减小；

C．容抗增大；　　　　　　　　　　　D．电容器击穿损坏

答：D

第十二章　干式电抗器、消弧线圈、干式变压器试验

第一节　绕组电阻试验

一、试验目的

试验电抗器、消弧线圈绕组、变压器绕组的电阻值，可以检查出绕组内部导线接头的焊接质量、引线与绕组接头的焊接质量、载流部分有无短路、接触不良以及绕组有无短路现象。

二、试验方法

（1）摆放试验仪，被试绕组接试验线，非被试绕组开路。

（2）电抗器、消弧线圈试验时，使用绕组电阻试验仪对 A 相进行试验，如图 12-1 所示；干式变压器试验时，使用绕组电阻试验仪对 AB 相进行试验，如图 12-2 所示。

（3）电抗器、消弧线圈试验时，用相同的方法分别试验 B、C 相绕组电阻。

（4）干式变压器试验时，高压侧用相同的方法分别试验 BC、CA 相绕组电阻，将"V+、I+"和"V−、I−"接至低压 oa、ob、oc，分别试验低压 oa、ob、oc 相绕组电阻。

（5）试验完毕按"复位"键放电，关掉仪器电源开关，拔掉电源线，检查试验数据无误后拆除试验接线，设备恢复到初始状态，表示本项试验结束。

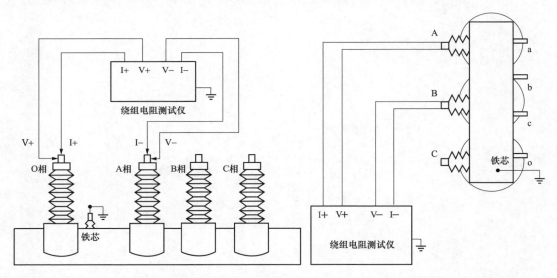

图 12-1　电抗器、消弧线圈绕组电阻试验接线图　　图 12-2　干式变压器绕组电阻试验接线图

三、注意事项

（1）各引线端应连接牢靠，在加压过程中不允许拆除试验线，变更接线前，应充分

放电。

（2）试验充放电时，严禁触碰被试设备引线端子，试验引线严禁打开、移动，防止触电。

四、试验标准

根据《规程》，有如下要求：

（1）1.6MVA 以上变压器，各相绕组电阻相间的差别，不大于三相平均值的 2%（警示值）。无中性点引出的绕组，线间差别不大于三相平均值的 1%（注意值）。

（2）1.6MVA 及以下变压器，相间差别一般不大于三相平均值的 4%（警示值）。线间差别一般不大于三相平均值的 2%（注意值）。

（3）各相绕组电阻与以前相同部位、相同温度下的历次结果相比，无明显差别，其差别不大于 2%。

（4）并联电容器组与串联电抗器三相绕组之间差别不应大于三相平均值 4%；与上次试验结果相差不大于 2%。

说明：

1）绕组电阻试验电流不宜大于 20A，铁芯的磁化极性应保持一致。

2）在扣除原始差异之后，同一温度下各绕组电阻的相间差别或线间差别不大于规定值。

3）同一温度下，各相电阻的初值差不超过 ±2%。

4）不同温度下的电阻值换算公式为

$$R_2 = R_1 (T + t_2) / (T + t_1)$$

式中　R_1、R_2——在温度 t_1、t_2 下的电阻值；

　　　　T——电阻温度常数，铜导线取 235，铝导线取 225。

五、试验异常及处理方法

试验时可能出现的异常现象及处理方法，见表 12-1。

表 12-1　　　　　　　　　　试验时可能出现的异常现象及处理方法

序号	异常现象	处 理 方 法
1	开机无显示、显示错误或试验启动时熔丝熔断	1）检查电源电压及电源线。 2）检查熔断器是否已熔断。 3）检查仪器插件是否松动。 4）确认仪器是否损坏，联系仪器厂家处理
2	按试验键后，阻值显示不正常	1）回路未通，"+I""−I"未接牢。 2）待测阻值太大，或钳口与试品接触不好。 3）"+V""−V"未接好，阻值不正常
3	试验数据不稳定或试验时间长	1）选用合适的电流挡测量。 2）试验线与被测绕组的连接要牢固可靠。 3）非被试绕组不能短路。 4）绕组充电时间不够。 5）注意仪器电源谐波可能影响测量结果，必要时采取稳压、滤波措施改善电源质量

续表

序号	异常现象	处 理 方 法
4	绕组三相电阻互差偏大或电阻值偏大	1）注意试验时温度的影响，应换算至同一温度下进行比较。 2）三相试验位置是否相同，减少接触面。 3）用砂纸打磨清理试验夹，减小与出线套管接触面的接触电阻

第二节　绕组绝缘电阻试验

一、试验目的

测量电抗器、消弧线圈绕组和变压器绕组绝缘电阻能有效地检查出绝缘整体受潮、部件表面受潮或脏污，以及贯穿性的集中性缺陷，如绝缘子破裂、器身内部有金属接地、严重受潮等缺陷。

二、试验方法

（1）采用 2500V 绝缘电阻表进行试验，应依次试验各绕组对地和其他绕组间绝缘电阻值。

（2）被测绕组各引出端应短路，接绝缘电阻表"L"端，其余非被测绕组应短路接地，绝缘电阻表"E"端接地。以高压绕组为例，电抗器、消弧线圈、干式变压器绝缘电阻试验时，高压绕组端接"L"端，低压绕组端短路接地，"E"端接地，如图 12-3 和图 12-4 所示。

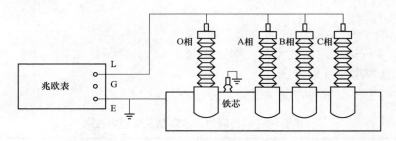

图 12-3　电抗器、消弧线圈绝缘电阻试验接线图

（3）按低压、高压绕组的顺序进行试验，或按本单位要求顺序进行，一旦确定试验顺序，在今后的试验中此顺序不宜改变。

（4）如遇天气潮湿、套管表面脏污时，为避免表面泄漏的影响，必须加以屏蔽。屏蔽线应接在绝缘电阻表的屏蔽端头"G"上，加屏蔽时接线如图 12-5 所示。

（5）试验完毕，关闭绝缘电阻表，断开接至高压绕组的连接线，戴绝缘手套使用放电棒对被试设备进行充分放电。

（6）变更试验接线，按照上述方法试验低压绕组对高压绕组及地的绝缘电阻。

（7）所有绕组试验完毕，关闭绝缘电阻表，断开接至高压绕组的连接线，戴绝缘手套使用放电棒对被试设备进行充分放电，拆除试验接线，设备恢复到初始状态，表示本项试验结束。

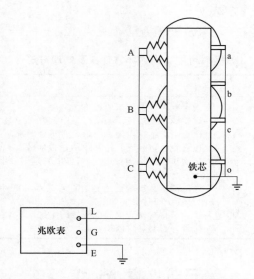

图 12-4 干式变压器的绝缘电阻试验接线图

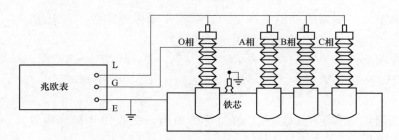

图 12-5 兆欧表采用屏蔽的接线图

三、注意事项

（1）每次试验应选用相同电压、相同型号的绝缘电阻表。

（2）测量时，绝缘电阻表的"L"端和"E"端不能对调、不能绞接，应使用高压屏蔽线。

（3）试验人员之间应分工明确，测量时应配合默契，测量过程中要大声呼唱。

（4）非被测部位短路接地要良好，不要接到被试设备有油漆的地方，以免影响试验结果。

（5）测量应在天气良好的情况下进行，且空气相对湿度不高于 80%。若遇天气潮湿、套管表面脏污，则需要进行屏蔽测量。

四、试验标准

根据《规程》，有如下要求：

（1）绝缘电阻无显著下降。

（2）吸收比不小于 1.3；极化指数不小于 1.5；绝缘电阻不小于 10000MΩ（注意值）。

五、试验异常及处理方法

试验时可能出现的异常现象及处理方法，见表 12-2。

表 12-2　　　　　　　　　试验时可能出现的异常现象及处理方法

序号	异常现象	处 理 方 法
1	绕组绝缘电阻偏低	1）采用专用屏蔽型试验线。 2）试验线不能绞接，必要时悬空。 3）检查电动绝缘电阻表电量是否符合要求，量程是否合适。 4）检查绝缘电阻表开路和短路是否合格。 5）历次试验选用测量电压相同和负载特性相近的绝缘电阻表（最好是同一型号）。 6）采取清抹、屏蔽等措施，重新试验，如因湿度造成外绝缘降低，可在湿度相对较小的时段（如午后）进行复测。 7）检查是否有感应电等电磁场的干扰。 8）检查外磁套是否破损、有无放电痕迹

第三节　章　节　练　习

1. 测量电力变压器的绕组绝缘电阻、吸收比或极化指数，宜采用（　　　）绝缘电阻表。

A. 2500V 或 5000V；　　　　　　　　　　B. 1000V～5000V；

C. 500V 或 1000V；　　　　　　　　　　D. 500～2500V

答：A

2. 变压器绝缘普遍受潮以后，绕组绝缘电阻、吸收比和极化指数（　　　）。

A. 均变小；

B. 均变大；

C. 绝缘电阻变小、吸收比和极化指数变大；

D. 绝缘电阻和吸收比变小，极化指数变大

答：A

3. 变压器中性点经消弧线圈接地是为了（　　　）。

A. 提高电网的电压水平；　　　　　　　　B. 限制变压器故障电流；

C. 补偿电网系统单相接地时的电容电流；　D. 消除"潜供电流"

答：C

4. 交流电的频率越高，则电容器的容抗越大；电抗器的感抗越小。以上说法对否？
（　　　）

答：×

第十三章 母线例行试验

第一节 绝缘电阻试验

一、试验目的

测量高压开关柜绝缘电阻能有效地检查出支持高压开关柜的支柱绝缘子（包括高压开关柜侧刀闸支持绝缘子）的表面受潮或脏污以及贯穿性缺陷，如绝缘子破裂、金属性接地等缺陷。

二、试验方法

（1）采用 2500V 绝缘电阻表进行试验，应依次试验各相母线对地及其他两相的绝缘电阻值。

（2）被测相母线接绝缘电阻表"L"端，其余非被测相母线应短路接地，绝缘电阻表"E"端接地，以 C 相为例，接线如图 13-1 所示。

（3）检查接线无误后开始进行试验，试验时间为 60s。

（4）关闭绝缘电阻表，戴绝缘手套使用放电棒对被试设备进行充分放电，检查数据合格后，拆除试验接线，设备恢复到初始状态，表示本项试验结束。

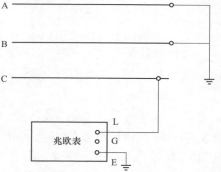

图 13-1　母线绝缘电阻试验接线图

三、注意事项

（1）每次试验应选用相同电压、相同型号的绝缘电阻表。

（2）测量时，绝缘电阻表的"L"端和"E"端不能对调、不能绞接，应使用高压屏蔽线。

（3）试验人员之间应分工明确，测量时应配合默契，测量过程中要大声呼唱。

（4）非被测部位短路接地要良好，不要接到被试设备有油漆的地方，以免影响试验结果。

（5）测量应在天气良好的情况下进行，且空气相对湿度不高于 80%。如遇天气潮湿、套管表面脏污时，为避免表面泄漏的影响，必须加以屏蔽，屏蔽线应接在绝缘电阻表的屏蔽端头"G"上。

四、试验标准

根据国网（运检/3）829—2017《国家电网公司变电检测通用管理规定》（以下简称《管理规定》），有如下要求：

（1）额定电压为 15kV 及以上全连式离相封闭母线在常温下分相绝缘电阻值不小于 100MΩ。

（2）6kV 共箱封闭母线在常温下分相绝缘电阻值不小于 6MΩ。

（3）一般母线绝缘电阻值不低于 1MΩ/kV。

五、试验异常及处理方法

试验时可能出现的异常现象及处理方法，见表 13-1。

表 13-1　　　　　　　　　　　　试验时可能出现的异常现象及处理方法

序号	异常现象	处 理 方 法
1	绕组绝缘电阻偏低	1）采用专用屏蔽型试验线。 2）试验线不能绞接，必要时悬空。 3）检查电动绝缘电阻表电量是否符合要求，量程是否合适。 4）绝缘电阻表开路和短路检查是否合格。 5）历次试验选用测量电压相同和负载特性相近的绝缘电阻表（最好是同一型号）。 6）采取清抹、屏蔽等措施，重新试验，如因湿度造成外绝缘降低，可在湿度相对较小的时段（如午后）进行复测

第二节　绕组对地及相间交流耐压试验

一、试验目的

考核母线所在高压开关柜绝缘强度，检查支持高压开关柜的支柱绝缘子（包括高压开关柜侧刀闸支持绝缘子）以及断路器绝缘有无局部缺陷。

二、试验方法

（1）取下母线上所有地线，断开母联开关，断开母线 TV 侧刀闸，若试验设备容量足够，则可以打压打到主变压器侧，即合上低压侧主进开关，断开低压侧主进开关主变压器侧刀闸，取下主变压器低压侧主进开关至主变压器侧刀闸间的地线。否则，以低压侧主进开关为界，两段分别进行耐压试验。以设备容量均能满足同时耐压为例进行以下试验。

（2）若开关柜为固定柜式，进行两次耐压试验：①开关分闸时做耐压试验，需母线出线侧开关分开，开关两侧刀闸合上，出线侧地刀合上。②开关合闸时做耐压试验，需母线出线侧开关合上，开关母线侧刀闸合上，出线侧刀闸断开，出线侧地刀合上。

（3）若开关柜为手车式，进行一次耐压试验：母线出线开关拉至试验或检修位置，出线侧地刀合上。

（4）以 C 相为例进行试验，如图 13-2 所示正确接线，检查调压器在零位，仪器开关在断位，将保护控制电压整定为 1.2 倍试验电压，无误后开始试验。

（5）从零（或接近于零）开始升压，切不可冲击合闸。在 75%试验电压以前，升压速度可以是任意的，自 75%电压开始应均匀升压，约为每秒 2%试验电压的速率升压。升压过程中应密切监视高压回路和仪表指示，监听被试品有何异响。升至试验电压，开始计时并读取试验电压。

（6）1min 后，迅速均匀降压到零，然后切断电源。

（7）戴绝缘手套使用放电棒对被试相母线进行充分放电。

（8）变更试验接线，按照上述方法依次进行其他两相的交流耐压试验。

（9）试验完毕，戴绝缘手套使用放电棒对被测相母线进行充分放电，拆除试验接线，设备恢复到初始状态，表示本项试验结束。

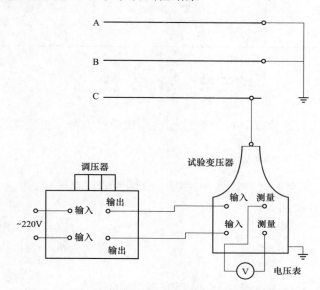

图 13-2　母线对地及其他两相交流耐压接线图

三、注意事项

（1）试验中应注意高压试验线对地及试验人员保持足够的绝缘距离。

（2）此项试验属破坏性试验，必须在其他绝缘试验完成后进行。

（3）试验可根据试验回路的电流表、电压表的突然变化，控制回路过电流继电器的动作，被试品放电或击穿的声音进行判断。

（4）交流耐压前后应测量绝缘电阻，两次测量结果不应有明显差别。

（5）如试验中发生放电或击穿，应立即降压，查明故障部位。

四、试验标准

根据《管理规定》，有如下规定：封闭母线试验电压（见表 13-2）。

表 13-2　　　　　　　　　　　封 闭 母 线 试 验 电 压

额定电压（kV）	试验电压（kV）	
	出厂	现场
6	42	32
15	57	43
20	68	51
24	70	53

五、试验异常及处理方法

试验时可能出现的异常现象及处理方法，如表 13-3。

表 13-3　　　　　　　　试验时可能出现的异常现象及处理方法

序号	异常现象	处 理 方 法
1	试验过程发生闪络、放电异常、击穿	1）高压引线对地绝缘距离是否足够，应保持足够的安全距离。 2）试品发生放电，应立即停止试验，检查试验设备是否损害，检查试品是否损坏，并查找放电点

第三节　章节练习

1．若母线上接有避雷器，对母线进行耐压试验时，必须将避雷器退出。以上说法是否正确？（　　）

答：√

2．交流耐压试验会对某些设备绝缘形成破坏性的积累效应，而在下列各类设备中，（　　）却几乎没有积累效应。

A．变压器和互感器；　　　　　　　　B．电力电容器和电力电缆；

C．纯瓷的套管和绝缘子；　　　　　　D．发电机和调相机

答：C

3．交流 10kV 母线电压是指交流三相三线制的（　　）。

A．线电压；　　　　B．相电压；　　　　C．线路电压；　　　　D．设备电压

答：A

4．在安装验收中，为了检查母线、引线或输电线路导线接头的质量，不应选用（　　）的方法。

A．测量直流电阻；　　　　　　　　　B．测量交流电阻；

C．测量绝缘电阻；　　　　　　　　　D．温升试验

答：C

5．进行交流耐压试验前后应测其绝缘电阻，以检查耐压试验前后被试验设备的绝缘状态。以上说法是否正确？（　　）

答：√

第三部分
案例分析篇

第十四章 案例分析

案例 1 电容式电压互感器内部导电杆对地放电导致电容单元击穿的缺陷分析

一、缺陷概述

2008 年 6 月 19 日，天气晴，环境温度 29℃，相对湿度 52%。对某 110kV 变电站进行巡视时，运行人员发现该站 151 B 相电容式电压互感器的二次侧电压值明显高于 A、C 两相，电压值异常，A、B、C 三相电压值分别为 59V、65V、59V。经上级批准后，运行人员及时将该站 151 线路退出运行。故障设备基本参数如下：电容式电压互感器型号为 TYD110/$\sqrt{3}$–0.02H；出厂日期为 2007 年 3 月。

二、缺陷分析

（一）现场外观检查

检修人员到达现场后，首先对该站 151 线路 B 相电容式电压互感器进行外观检查，发现 B 相电容式电压互感器油位与 A、C 两相电容式电压互感器油位相比明显偏高，已经超出油位计的指示范围，A、B 两相电容式电压互感器油位计的位置如图 14-1、图 14-2 所示。

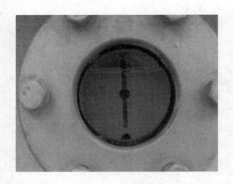 

图 14-1 A 相电容式电压互感器油位计的位置　　图 14-2 B 相电容式电压互感器油位计的位置

TYD110/$\sqrt{3}$–0.02H 型电容式电压互感器中，装有 C_1 和 C_2 两组电容器的瓷套与装有电磁单元的油箱分别具有独立的油室。B 相电容式电压互感器油箱油位明显偏高，根据其结构特点初步认为是由于上部瓷套与下部油箱的两个油室之间密封出现问题，导致上部瓷套油室中的变压器油渗漏到下部油箱的油室中，造成油箱油位升高。TYD110/$\sqrt{3}$–0.02H 型电容式电压互感器的电气接线，如图 14-3 所示。

（二）现场试验检查

试验人员首先打开 N–N′之间连接片，从"N"端加压，"X"端接地试验 C_2 绝缘电阻，试验结果为 0Ω；从"A"端加压，"X"端接地，试验 C_1 绝缘电阻，试验结果大于 5000MΩ，试验结果满足《规程》要求。随后，试验人员采用自激法加压 0.5kV，

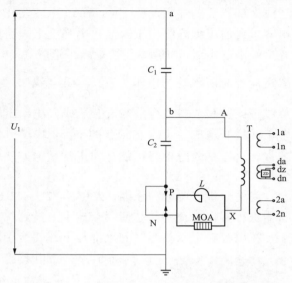

试验 C_1、C_2 电容量及介质损耗，由于电容式电压互感器内部存在接地故障，试验显示值 C_1：C_X=31010pF，R_X=8.245kΩ；C_2：C_X=61220pF，R_X=4.493kΩ，试验数据异常。考虑到介质损耗电桥的试验原理，试验人员将高压线和信号线的接线位置互换，加压 2kV，试验结果 C_1：C_X=34250pF，介质损耗为 0.00787%；C_2：C_X=62270pF，介质损耗为 0.00086。151 线路 B 相电容式电压互感器交接试验数据：C_1：C_X=30030pF，介质损耗为 0.00125；C_2：C_X=63460pF，介质损耗为 0.00143。为了进一步了解情况，试验人员采用正接线加压 6kV 试验 C_1、C_2 串联值，试验结果：C_X=21730pF，介质损耗为 0.00462，额定

图 14-3　TYD110/$\sqrt{3}$ -0.02H 型电容式电压互感器的电气接线

电容量为 20000pF，电容量偏差为 8.65%。另外，试验人员又对该电容式电压互感器的二次绕组进行了直流电阻试验，近两次试验数据，如表 14-1 所示。

表 14-1　　　　　　　　　B 相电容式电压互感器直流电阻试验数据

试验日期 （试验性质）	环境温度 （℃）	1a-1n （mΩ）	2a-2n （mΩ）	da-dn （mΩ）
2007 年 10 月 （交接试验）	28	18.89	35.14	104.3
2008 年 06 月 （检查试验）	33	24.00	39.36	106.1

根据上述试验结果，得出下面 3 个初步结论：

（1）从"N"端加压，"X"端接地，试验 C_2 绝缘电阻，试验结果为 0Ω，采用自激法的正常接线方式（N 点为高电位）试验 C_1、C_2 电容量及介质损耗，不能正常进行试验，而将高压线和信号线的位置互换（N 点为低电位）后采用自激法试验 C_1、C_2 电容量及介质损耗，电桥试验正常。所以，中间变压器 T 的高压侧存在接地点的可能性较小，分析认为 N 点与 C_2 之间连接线存在接地故障，但上述可能的内部故障不影响二次电压显示值。

（2）变电站监控机电压显示数据来自 0.5 级的测量绕组，即 2a-2n，由表 14-1 可知，2a-2n 直流电阻试验数据与交接试验时有一定变化，但满足《规程》要求。1a-1n、2a-2n、da-dn 三个二次绕组的直流电阻都有所增长，是由于试验时环境温度不同所引起的，所以二次绕组出现故障引起电压升高的可能性也较小。

（3）B 相电容式电压互感器的油位指示异常，初步认为是由于上部瓷套与下部油箱的两个油室之间密封不严，导致上部瓷套的油室中变压器油渗漏到下部油箱的油室中，造成上部瓷套的油室油位下降、而 C_1 电容器在瓷套上部，油位下降会使 C_1 电容器上部电容单元的膜纸绝缘由于缺油耐电强度下降而被击穿短路，由于 C_1 电容器是由多个电容单元串联组成，电容单元数量减少造成 C_1 电容量比交接试验时有所增长，而 C_2 电容器在运行时所承受的电压为 $U_{C_2}\dfrac{C_1}{C_1+C_2}\cdot U$，二次输出电压值与 C_2 两端所承受的电压值成正比关系，C_1 电容量增大会造成二次输出电压升高。考虑 C_2 电容器同样由多个电容单元串联组成，且 C_2 在瓷套的下部，缺油引起电容量下降的可能性较小，所以 C_2 电容量比交接试验时下降可能是非正常试验方法引起的。

（三）解体检查

为进一步查明故障原因，2008 年 7 月 22 日，将该站 151 线路 B 相电容式电压互感器进行解体检查，并邀请厂家技术人员到现场进行指导。

将电容式电压互感器的上部与下部的连接件拆开并吊起上部后，发现"N"端子与 C_2 电容器之间连接的小瓷套由于其内部导电杆与固定法兰放电而被损坏且有渗油痕迹，小瓷套的损坏情况见图 14-4。测量小瓷套内部导电杆与固定法兰之间的绝缘电阻，试验值为 0Ω，说明"N"端子与 C_2 之间连接线存在的接地故障是小瓷套内部导电杆与固定法兰之间的绝缘被破坏而造成的。

图 14-4　小瓷套的放电损坏情况

将电容式电压互感器的上部与下部的连接线拆开后，采用电桥正接的方式对 C_1、C_2 电容器进行了介质损耗及电容量试验。另外，还进行了 C_3 电容器（"P"端子实际是一个电容器）的介质损耗及电容量试验，由于 C_3 为谐波电容器，受电容式电压互感器电气原理的影响，从电容式电压互感器取信号进行谐波试验精度无法达到要求，所以，未使用其谐波试验功能。近两次试验数据，如表 14-2 所示。

表 14-2　　B 相电容式电压互感器 C_1、C_2 及 C_3 的介质损耗及电容量试验数据

试验日期（试验性质）	C_1		C_2		C_3	
	电容量（pF）	介质损耗	电容量（pF）	介质损耗	电容量（pF）	介质损耗
2007 年 10 月（交接试验）	30030	0.00125	63460	0.00143	12700000（标称电容值）	—
2008 年 6 月（检查试验）	34190	0.00667	62390	0.00152	59.42	0.03080

由表 14-2 可知，C_1 电容量由 30030pF 增长到 34190pF，介质损耗也由 0.00125 增至 0.00667，可以进一步确认 C_1 电容器的部分电容单元已被击穿，C_2 电容器的电容量及介质损耗变化不大，而 C_3 电容器的电容量由 12.7μF 剧减到 59.42pF，内部估计已经

断开。

　　将电容式电压互感器上部进行了解体。如图14-5所示，C_1电容器上部已经明显缺油而干枯。使用 MY-6013A 型电容表对 C_1 电容器上部的电容单元电容量逐个进行了试验，发现 6 个电容单元已击穿损坏，损坏电容单元的试验结果，如图14-6所示。

图14-5　C_1 电容器上部的情况

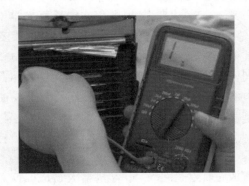

图14-6　损坏电容单元的试验结果

　　为进一步查清 C_1 电容器的损坏情况，将损坏电容单元的电容屏展开。如图14-7所示，在其上部发现了明显的击穿放电痕迹。如图14-8所示，将"N"端子与 C_2 电容器之间连接小瓷套拆除后，发现小瓷套密封位置也已经破裂，造成上部瓷套与下部油箱的两个油室之间密封不严，上部瓷套中变压器油渗漏到下部油箱中，造成上部瓷套的油位下降，使 C_1 电容器上部缺油而干枯。

图14-7　电容单元电容屏的击穿放电痕迹

图14-8　小瓷套密封位置的损坏情况

三、缺陷原因及检修建议

　　该站 151 线路 B 相电容式电压互感器的 C_3 电容器为 2006 年 8 月生产的蜡封低压电容器，见图14-9。额定电压为 0.4kV，额定电容量为 12.7μF，蜡封对 C_3 电容器内部元件主要起固定作用，由于外壳没有全密封，所以不能承受高温，须在电磁单元干燥后，再将其安装在电磁单元上。经咨询厂家技术人员，由于工艺流程控制方面存在问题，该批次产品的电磁单元在高温干燥前已将 C_3 电容器安装完毕，高温干燥（温度为 80℃）将 C_3 电容器的蜡封熔化从而将 C_3 电容器内部结构破坏，使 C_3 电容器的电容量显著变小即容抗显著增大，两端所承受电压显著增大，从而导致 C_3 电容器高电位端的电位比正常时高得多，造成 C_2 电容器低电位端与 C_3 电容器高电位端之间的绝缘最薄弱处对低电位放电。

与该站 151 线路 B 相电容式电压互感器结构类似的产品，C_2 电容器低电位端与 C_3 电容器高电位端之间的绝缘最薄弱处对低电位放电已出现过几次，如图 14-10 所示，为某站 151 线路 A 相电容式电压互感器对低电位放电情况。而该站 151 线路 B 相电容式电压互感器的"N"端子与 C_2 电容器之间的小瓷套处绝缘最薄弱，造成小瓷套由于其内部导电杆对地电位放电而损坏。小瓷套破裂后，上部瓷套与下部油箱的两个油室之间密封不严，上部瓷套中变压器油渗漏到下部油箱中，造成上部瓷套的油位下降，使 C_1 电容器上部电容单元的膜纸绝缘由于缺油耐电强度下降而被击穿短路。由于 C_1 电容器是由多个电容单元串联组成，电容单元数量减少造成 C_1 电容量增大，而 C_2 电容器在运行时所承受的电压为 $U_{C_2} \frac{C_1}{C_1+C_2} \cdot U$，二次输出电压值与 C_2 电容器两端所承受的电压值成正比关系，C_1 电容量增大造成二次输出电压升高。

图 14-9　C_3 电容器　　　　图 14-10　电容式电压互感器对低电位的放电情况

由于上述故障重复发生，经咨询厂家，确知用引线短接 C_3 电容器对测量精度影响大约为 0.4%，为了避免类似故障的再次发生，将 C_3 的两端用引线及时进行了短接。今后，分批将该公司生产的结构类似的电容式电压互感器返厂调整中间变压器一次绕组匝数，以满足测量精度的要求。该站 151 线路 B 相电容式电压互感器在短接 C_3 电容器之前，其内部放电故障已经发生，且巡视时无法察觉，造成了此次故障的发生。

目前，与该站 151 线路 B 相电容式电压互感器结构类似的大量产品仍在网运行，为了避免类似故障的再次发生，积极采取以下预防措施：

（1）加强巡视现场试验检查：运行人员注意观察二次电压值并加强巡视，发现二次电压值、油箱油位异常或见异常响声，立即上报。

（2）停电检修：利用停电机会，试验 C_1、C_2 电容器的介质损耗和电容量，并试验"N"端子的绝缘电阻，排除电容式电压互感器内部存在接地故障。

（3）加强同类型产品追踪：将结构类似的 C_3 电容器未短接产品及时进行短接。

（4）开展带电检测：利用红外测温不需停电的优势，积极开展红外测温工作。

另外，该公司需严格控制工艺流程，并要求该公司生产的 C_3 蜡封低压电容器外壳采用全密封结构，避免类似故障再次发生。

案例 2　电容式电压互感器电容单元制作工艺不良导致的电容单元击穿缺陷分析

一、缺陷概述

2013 年 7 月 13 日，天气晴，相对湿度 65%，温度 30℃。工作人员在某 110kV 变电站停电例行试验工作中发现，110kV 5-9 B 相电容式电压互感器上节 C_1 电容量严重超标，判断该相电容式电压互感器存在缺陷。故障设备基本参数如下：电容式电压互感器型号为 TYD110/$\sqrt{3}$ -0.02H，出厂日期为 2005 年 8 月，投运日期为 2005 年 12 月 11 日，出厂编号为 05-2518。

二、缺陷分析

该电容式电压互感器历次停电试验数据，如表 14-3 所示。

表 14-3　　　　110kV 5-9 电容式电压互感器历次停电试验数据

试验日期（试验性质）	A 相				B 相				C 相			
	C_1		C_2		C_1		C_2		C_1		C_2	
	介质损耗	电容量（pF）	介质损耗	电容量（pF）	介质损耗	电容量（pF）	介质损耗	电容量（pF）	介质损耗	电容量（pF）	介质损耗	电容量（pF）
2005 年 10 月 29 日（交接试验）	0.00068	29720	0.00078	64920	0.00061	29650	0.00074	64130	0.00068	29640	0.00080	63920
2008 年 3 月 20 日（例行试验）	0.00049	29580	0.00047	64630	0.00041	29550	0.00044	63940	0.00045	29510	0.00049	63630
2013 年 7 月 13 日（例行试验）	0.00082	29640	0.00084	64720	0.00066	31250	0.00066	64060	0.00113	29650	0.00110	63900

根据以上停电试验数据分析以及《规程》规定，110kV 以下的介质损耗值不大于 0.002，每节电容量初值差不超过±2%（警示值）。对比 B 相电容式电压互感器上节 C_1 电容器三年的介质损耗及电容量试验数据，2008 年例行试验数据与 2005 年交接试验数据无明显变化，但 2013 年例行实验数据 C_1 电容量增长到 31250pF，相比 2008 年数据增长 5.75%，超出了《规程》规定的 2%。

电容式电压互感器分压电容器电容量增加的原因一般有内部受潮、部分电容被击穿或者通过其他方式短路等。该电容式电压互感器的 C_1 电容介质损耗值正常，可能内部存在部分电容被击穿或者通过其他方式被短路的缺陷。发生此类缺陷后，剩余的完好电容层将承受比正常运行时更高的工作电压，易造成恶性连锁反应，加速整支电容器的击穿损坏。

三、缺陷原因及检修建议

该电容式电压互感器投运至今，运行不足 8 年，根据试验数据分析，怀疑该电容式电压互感器由于电容单元制作工艺不良，存在局部绝缘薄弱点，导致运行中 C_1 电容器部分电容层被击穿短路。由于电容单元电容层的串联结构，当部分电容被短路后，整体电容量呈现增大趋势，从而使停电试验测得的电容量明显增长。

2013 年 8 月 2 日，检修人员对该电容式电压互感器进行了解体检查。检查发现电容单元 C_1 由 80 个电容饼串联组成，下节电容单元 C_2 由 37 个电容饼串联组成（见图 14-11），额定电压下每个电容饼平均分压 0.543kV。

检查发现，C_1 电容器由上至下第 22、25 个电容饼均有击穿痕迹，其余部分正常，验证了试验数据和结论。剥开电容饼，如图 14-12～图 14-15 所示，可见 C_1 电容器第 22 个电容饼击穿了 7 层电容屏、第 25 个电容饼击穿了 10 层电容屏，击穿处有明显的烧蚀孔洞，孔洞四周有大量碳化物质（绝缘纸、绝缘油高温下发生化学变化产物）。

图 4-11　110kV5-9 B 相电容式电压互感器电容单元

图 14-12　C_1 第 22 个电容饼烧蚀痕迹（外观）

图 14-13　C_1 第 22 个电容饼烧蚀孔洞

图 14-14　C_1 第 25 个电容饼烧蚀痕迹（外观）

图 14-15　展开状态（左为 C_1 第 25 个电容饼，右为第 22 个电容饼）

根据解体情况分析，怀疑该电容式电压互感器由于 C_1 电容制作工艺不良，存在局部绝缘薄弱点，导致运行中部分电容层被击穿短路，从而使电容量明显增长。

依据此事故原因分析并综合多方因素，提出如下检修建议：

（1）对于电容式电压互感器停电例行试验，试验人员要严格关注其电容量的变化，防止设备缺陷发展成电网事故。

（2）在今后的工作中对电容量异常的电容式电压互感器信息进行汇总分析，以检查是否存在工艺或者材质等原因而导致的家族缺陷。

案例 3   110kV 变压器有载分接开关机构轴销脱落故障分析

一、缺陷概述

有载分接开关是有载调压变压器中最重要的部分之一，它能够在负荷电流不中断的前提下，实现变压器分接头间的切换、绕组匝数的改变、电压比的调整，从而为负载时常变化的主变压器提供恒定的输出电压，为保证系统输出的电能质量起到至关重要的作用。

某 110kV 变电站 2 号主变压器有载分接开关由第 10 至 12 分接调整完毕后，主变压器双套差动保护以及有载重瓦斯动作，跳开 110kV 侧和 35kV 侧开关隔离故障。随后工作人员进行了全面的高压及油化试验，并对故障变压器实施解体，通过试验数据分析以及解体情况找出了故障原因。故障变压器型号为 SFSZ7-31500/110，1995 年 11 月出厂。试验前测得故障变压器油温为 31℃，空气相对湿度为 43%。

二、缺陷分析

（一）油色谱分析

分析故障设备油中溶解的有价值气体组分，如氢气（H_2）、一氧化碳（CO）、二氧化碳（CO_2）、甲烷（CH_4）等，是判断充油或者油纸绝缘型设备绝缘缺陷最有效的方法之一。本故障变压器近几年油色谱试验结果，如表 14-4 所示。

表 14-4			油 色 谱 分 析 数 据				单位：μL/L	
取样日期	氢气	一氧化碳	二氧化碳	甲烷	乙烯	乙烷	乙炔	总烃
2010 年 5 月 16 日	7.11	433.10	1457.92	6.96	3.37	1.84	0.10	12.27
2011 年 7 月 13 日	4.97	657.86	1445.38	5.91	3.01	1.79	0.008	10.59
2012 年 8 月 21 日	8.06	1103.00	4607.58	17.79	19.86	5.36	0.99	44.00
2013 年 4 月 27 日	8.74	894.76	1730.63	15.48	11.66	4.05	1.05	22.07
2013 年 11 月 21 日	8.96	1156.48	4504.80	20.66	25.35	6.69	4.50	57.10

根据 DL/T 722—2014《变压器油中溶解气体分析和判断导则》（以下简称《判断导则》）相关规定，运行中的 110kV 等级变压器总烃、乙炔以及氢气的注意值分别为 150μL/L、5μL/L 以及 150μL/L，对照表 14-4 数据可知，故障变压器此三种气体组分含量并未超标，但是乙炔含量较历史数据有明显增长；2013 年 4 月～11 月，总烃的相对产气速率达到了 22.7%，远超出导则要求 10%的注意值。通过表中数据计算可得三比值编码为"122"，判断为"低能放电兼过热"型故障，同时对照"溶解气体解释表"可以判断为大于 700℃的热故障。

（二）高压试验数据分析

1. 绝缘电阻试验

绝缘电阻试验是低电压等级下测定设备绝缘性能最基本的方法。通过测量设备的绝缘电阻（R）和吸收比（K）能有效地发现电气设备普遍存在的受潮、表面脏污、绝缘老化和贯穿性缺陷。对故障变压器高、中、低压三侧套管做整体绝缘电阻试验，其结果如表 14-5 所示。

表 14-5　　　　　　　　　　　绝缘电阻试验数据

试验数据	R_{15}（GΩ）	R_{60}（GΩ）	K
高压	41	43.8	1.07
中压	24.5	25.6	1.04
低压	28	28.5	1.02

依据《规程》中对于主变压器整体绝缘的规定判断，绝缘电阻试验数据无异常，且与历史数据相比无明显下降。

2. 介质损耗及电容量试验

介质损耗及电容量试验是判断设备绝缘性能的另一个重要参数。相对于绝缘电阻试验而言，它在更高的电压等级下进行，并且对设备绝缘劣化、受潮等缺陷具备更高的灵敏度。介质损耗及电容量试验是主变压器出厂、交接、例行及查缺试验中必不可少的一项。

表 14-6　　　　　　　　　　介质损耗及电容量试验数据

试验部位	30℃介质损耗	20℃介质损耗	电容量（pF）	介质损耗初值	电容量初值（pF）	介质损耗增量	电容量增量
高压绕组对中、低压绕组及地	0.00223	0.00179	10660	0.00198	10600	12.23%	0.57%
中压绕组对高、低压绕组及地	0.00235	0.00181	16030	0.00211	15940	11.37%	0.56%
低压绕组对高、中压绕组及地	0.00220	0.00169	14130	0.00200	14050	10.00%	0.57%

表 14-6 数据表明，故障变压器的 20℃油温介质损耗、电容量增量以及介质损耗增量均在《规程》规定的正常范围内。

3. 绕组直流电阻试验

在主变压器故障后进行绕组直流电阻试验是为了检查各绕组有无匝间短路、断股等故障以及分接开关在每个分接头接触是否良好。本台主变压器高、中、低压所有分接下的绕组直流电阻试验值，如表 14-7 所示。

表 14-7　　　　　　　　　　　绕组直流电阻试验结果

绕组	分接位置	A-O（mΩ）	B-O（mΩ）	C-O（mΩ）	误差
高压	1	719.5	661.2	724.6	9.59%
	2	709.4	711.4	714.7	0.75%
	3	699.6	661	704.7	6.61%
	4	689.7	691.5	694.7	0.72%

续表

绕组	分接位置	A-O（mΩ）	B-O（mΩ）	C-O（mΩ）	误差
高压	5	679.7	661	684.8	3.60%
	6	669.5	671.1	674.6	0.76%
	7	659.6	660.9	664.7	0.57%
	8	649.4	651	654.5	0.79%
	9/10/11	638.3	638.3	641	0.42%
	12	650.8	649.9	655.7	0.75%
	13	660.8	700.9	665.6	6.07%
	14	669.5	670.5	674.3	0.72%
	15	679.6	700.4	684.5	3.06%
	16	689.5	691.1	694.5	0.73%
	17	699.6	700.8	704.5	0.70%
	18	709.4	710.8	714.4	0.70%
	19	719.5	700.7	724.6	3.41%
中压	分接位置	Am-O（mΩ）	Bm-O（mΩ）	Cm-O（mΩ）	误差
	—	78.85	79.25	79.6	0.95%
低压	分接位置	a-b（mΩ）	b-c（mΩ）	c-a（mΩ）	误差
	—	11.97	12.01	12.03	0.5%

《管理规定》规定 1.6MVA 及以上变压器，各相绕组相间互差不大于 2%。高压侧 A、C 两相绕组以及中、低压绕组直流电阻值满足要求，然而高压侧 B 相绕组在双数分接时数据合格，但在单数分接时不满足要求，并存在极性前为一个数值，极性后为一个数值的分布特征。

4. 低电压短路阻抗试验

低压短路阻抗法和频响法是判断主变压器故障后绕组是否有不同程度的位移、鼓包、局部扭曲等变形现象的主要方法。低压短路阻抗法是将主变压器的低压侧短路，在其高压侧施加工频 50Hz 电压，通过测量绕组漏抗的变化来判断变压器绕组是否变形。

由于中压侧未在额定分接，同时故障未涉及中、低压侧，因此只进行了高压绕组对低压绕组的短路阻抗试验，结果如表 14-8 所示，未见异常。

表 14-8　　　　　　　　　主变压器低电压短路阻抗试验结果

分接位置	A 相	B 相	C 相	合相值	铭牌值	纵比误差	横比误差
高压对低压（9 分接）	—	—	—	17.58	17.6	0.103%	0.13%

5. 铁芯绝缘电阻试验

进行铁芯绝缘电阻试验是为了评估铁芯的绝缘质量以及确认其是否满足运行要求，工作人员对变压器铁芯进行绝缘电阻试验，测量值为 2500MΩ。

依据 Q/GDW 04-10501047—2010《河北省电力公司输变电设备状态检修试验规程》

中对变压器铁芯绝缘的规定判断，数据未见异常。

（三）一次设备解体情况

故障变压器附近有大量油滴散落，根据部位分析，为有载开关上盖接缝处喷出，说明有载切换油室内部压力大增从而致使绝缘油冲破胶垫散落在地。

随后拆除故障主变压器所有附件，吊罩检查发现 B 相选择开关单数固定销子脱落，停留在第 7 分接；切换开关内双数位置的静触头与固定底座绝缘树脂表面有放电痕迹；切换开关内 B 相第 3 过渡电阻烧断，末端断点与固定底座最近位置有小的放电痕迹；B 相主线圈下部与第 7 分接（双数时是第 17 分节）相连的最外层调压线圈部分脱落。

（四）结果分析

1. 高压 B 相绕组直流电阻数据异常原因

由表 14-7 可知，B 相绕组直流电阻在极性选择开关动作前为 661mΩ 且在单数开关位置 1、3、5、7 转换过程中基本保持不变，极性选择开关切换后的 13、15、17、19 位置均约为 700mΩ，与 A 相绕组的第 7 和 17 分接直流电阻数据相近。

如图 14-16 所示，分接绕组共有 8 个，加入极性转换后，可实现 17 级调压。在有载分接开关选择分接时，是 360°转圈循环接触。第 7 分接和第 17 分接属于一个静触头（第 7 分接在极性选择开关动作后即为第 17 分接），由于极性开关位置不同，两者电压差出 10 个分接。分接开关在第 7 分接时用到 2 个分接绕组而在第 17 分接却用到 6 个分接绕组，因此两者相差 4 个分接绕组的直流电阻值。根据直流电阻试验数据，可知每个分接绕组直流电阻值为 10mΩ，而直流电阻试验值在第 7 分接与 17 分接相差约 40mΩ，恰好是 4 个分接绕组的阻值，因此最终判定 B 相单数分接卡在 7 分接不能转动。

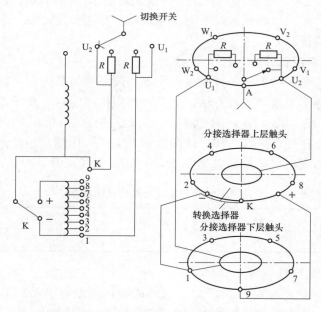

图 14-16　有载分接开关选择部分示意图

吊开有载开关的选择开关，发现有载开关的选择部分单数 B 相动触头轴销脱落，导致选择开关的 B 相单数动触头停留在 7 位置。当日故障主变压器在不同时间由 6 分接升压到 12 分接，而 B 相动触头轴销应该是 6 分接到 7 分接切换过程中脱落。

2. 有载油室短路过程分析

由于 B 相选择开关单数触头停留在 7 分接位置，因此在由 7 分接转换至 8 分接时 B 相能正常切换，8 分接至 9 分接切换时，A 相和 C 相正常接到了 9 分接，而 B 相还停留在 7 分接。

正常情况下，根据切换开关原理，在单双数切换过程中，每相过渡电阻均承受一个分接的电压，按额定电压的 1.25% 计算为 794V。

如表 14-9 所示，B 相分接开关卡死在 7 分接后，由第 10 分接至 12 分接切换过程中，切换开关需动作 2 次：在极性开关动作由 "＋" 转换到 "－" 的同时，选择开关由第 10 分接至 11 分接，此时上部切换开关由双到单，到达 11 分接前由于极性开关动作，单数分接由正极性时的 7 分接直接变成了 17 分接，而双数触头还在 10 分接。因此切换开关动作时，过渡电阻将承受 6 个分接电压，约为 4764V。经测量，过渡电阻每个阻值为 5Ω，该有载分接开关属于双电阻结构，如图 14-17 所示。在桥接时，6 个静触头同时有 3 个接入电路中，此时单双循环回路内阻为 7.5Ω（两并一串），因此过渡电阻短时内循环电流约为 635.2A（4764/7.5=635.2A），该电流在电阻 1、2 中通过会有分流，每个电阻大约承受 317.6A（635.2/2=317.6A）的电流，但是过渡电阻 3 将承受全部 635.2A 的电流，是正常情况 105.9A 电流的 6 倍。

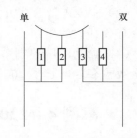

图 14-17 单双切换过程示意图

表 14-9　　　　　　　　有载开关切换过程分头实际位置

切换令	极性开关	切换开关	A 相	B 相	C 相
5→6	＋	单→双	单 5 双 6	单 5 双 6	单 5 双 6
6→7	＋	双→单	单 7 双 6	单 7 双 6	单 7 双 6
7→8	＋	单→双	单 7 双 8	单 7 双 8	单 7 双 8
8→9（不停）	＋	双→单	单 9 双 8	单 7 双 8	单 9 双 8
9→10	＋	单→双	单 9 双 10	单 7 双 10	单 9 双 10
10→11（不停）	＋→－	双→单	单 11 双 10	单 17 双 10	单 11 双 10
11→12	－	单→双	单 11 双 12	单 17 双 12	单 11 双 12

因此，过渡电阻 3 由于耐受不住 6 倍的正常过渡电流而发热熔断。过渡电阻 3 熔断后，切换开关过渡过程仍在继续，并且分接头间产生的电流均为不能突变的电感电流，因此在过渡电阻断开瞬间会产生电弧。由于内循环电流太大，在切换过程中，当动静触头分开时，不能顺利地熄弧。一直持续的电弧会引起开关油室的油剧烈气化，造成油室绝缘降低，发展到双数触头对相当于中性点的固定铁箱体电弧放电，而此放

电一旦建立便形成了相当于 17 分接与 12 分接间的匝间短路。匝间短路电流产生的电动力在引起切换开关油室剧烈气化喷油的同时造成了 B 相绕组薄弱部位崩开。直到气体保护和差动保护动作跳开三侧开关，电弧熄灭。

由于开关切换到 11 分接后不会停留，将继续向 12 分接前进，无论此时是否已经跳开三侧断路器，有载开关将继续完成到 12 分接的切换。因此，最终位置就是变压器跳闸后的最终状态。

三、缺陷原因及检修建议

通过现场勘验、试验检查、保护、故障录波、监控记录结果等信息综合分析认为：主变压器有载开关 B 相单数选择动触头轴销脱落，导致单数触头不再转动，是造成本次短路的直接原因。依据此事故原因分析并综合多方因素，提出如下检修建议：

（1）SYXZ 型有载开关可靠性不足，存在先天缺陷。应在可能的情况下停止该型号开关调压或者改为手动调压，以减少有载开关的故障概率。

（2）SYXZ 型有载开关更换速度较慢，应加快变压器大修速度。计划 3 年内完成剩余有载开关的更换。

（3）自动电压控制系统（AVC）实施后，变压器调压频次大大增加，有载开关动作次数较多，增长了 200%～500%，应探讨 AVC 的调压逻辑，减少调压次数。

案例 4　220kV 变压器绕组变形缺陷的诊断及分析

一、缺陷概述

某 220kV 变电站 2 号变压器设备信息：型号为 SFSZ11-180000/220，额定容量为 180/180/60MVA，额定电压比为 230±8×1.25%/121/38.5kV，接线组别为 YNyn0d11，出厂及投运日期为 2008 年 6 月。该变压器于 2015 年 9 月 7 日曾进行停电试验，试验数据均正常。

该变电站 220kV 采用 3/2 接线方式，110kV 采用双母线带旁路接线，正常运行方式为并列运行，35kV 采用单母线分段接线，未装设母联开关，正常运行方式为分列运行方式。该变电站 1 号变压器 220kV、110kV 中性点接地开关在合位，2 号变压器 220kV、110kV 中性点接地开关在断位。

二、缺陷分析

该 220kV 变电站 2 号变压器停电试验时，当地天气阴，环境温度为 19℃，相对湿度为 70%，油温为 15℃。该变压器开展了绕组电阻、绕组电压比、绕组介质损耗电容量、低电压短路阻抗、绕组频率响应分析、油中溶解气体分析、套管试验、绕组绝缘电阻、铁芯及夹件绝缘电阻等试验项目，其中绕组电阻、绕组电压比、油中溶解气体分析、套管试验、绕组绝缘电阻试验、铁芯及夹件绝缘电阻试验数据均符合《规程》要求。

（一）检查性试验数据分析

1. 绕组介质损耗电容量试验

该变压器绕组介质损耗和电容量试验结果，见表 14-10。由表 14-10 可知，高压、中压、低压绕组对其他绕组及地的电容量增大分别为-5.2%、14.2%、16.3%，高压及中压绕组对低压绕组及地的电容量增大至22.1%，高压、中压、低压绕组对地的电容量增大3.7%，可见中压绕组对高压、低压绕组及地、低压绕组对高压、中压绕组及地、高压、中压绕组对低压绕组及地的电容量变化远超过《规程》要求。另外，高压绕组对中压、低压组及地、高压、中压、低压绕组对地的电容量变化也超过《规程》要求。试验人员利用图14-18所示的绕组电容量分解模型对电容量进行分解发现，高压绕组对中压绕组的电容量减小10.9%，中压绕组对低压绕组的电容量增大39.6%，低压绕组对铁芯的电容量增大4.9%，高压绕组对地的电容量变化无明显异常。初步判断中压绕组变形严重，向内径方向塌陷。

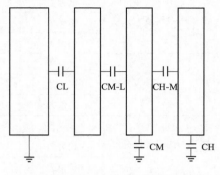

图14-18 绕组电容量分解示意图

表14-10 绕组的介质损耗值和电容量

绕组试验部位	2022年5月10日（试验值）		2008年5月26日（出厂值）		电容量初值差（%）
	电容量（pF）	介质损耗	电容量（pF）	介质损耗	
高压—中、低压及地	15520	0.00234	16370	0.00268	-5.2
中压—高、低压及地	27880	0.00301	24420	0.00240	14.2
低压—高、中压及地	39870	0.00341	34270	0.00242	16.3
高、中压—低压及地	25030	0.00311	20500	0.00256	22.1
高、中、低压—地	33410	0.00321	32220	0.00268	3.7
高压—地（C_H）	6185	—	6225	—	-0.6
中压—地（C_M）	3100	—	3000	—	3.3
低压—地（C_L）	24125	—	22995	—	4.9
高压—中压（C_{H-M}）	9035	—	10145	—	-10.9
中压—低压（C_{M-L}）	15745	—	11275	—	39.6

2. 低电压短路阻抗试验

该变压器低电压短路阻抗试验结果，见表14-11。由表14-11可知，在最大分接位置，A、B、C相高压绕组对中压绕组初值差均超过"初值差不超过±1.6%"的要求，其中B、C相分别达到11.94%和11.08%。最大相对互差也超过不应大于2%的要求。在最大分接位置，A、B、C相高压绕组对低压绕组初值差同样均超过标准要求。另外，在额定分接位置，A、B、C相中压绕组对低压绕组初值差同样均超过《规程》要求，其中B、C相分别达到-13.37%和-12.22%。最大相对互差远超过《规程》要求，达到11.78%。从低电压短路阻抗结果来看，初步判断A相中压绕组存在变形，B、C相中压绕组变形严重。

表 14-11   低 电 压 短 路 阻 抗

绕组分接位置	测量值	A 相（%）	B 相（%）	C 相（%）	最大相对互差（%）
高压—中压最大分接	试验值	13.37	14.161	14.051	5.92
	铭牌值	12.65	12.65	12.65	—
	初值差	5.69	11.94	11.08	—
高压—低压最大分接	试验值	22.553	22.532	22.707	0.78
	铭牌值	23.29	23.29	23.29	—
	初值差	−3.16	−3.25	−2.50	—
中压—低压额定分接	试验值	7.03	6.289	6.373	11.78
	铭牌值	7.26	7.26	7.26	—
	初值差	−3.17	−13.37	−12.22	—

3. 绕组频率响应分析

图 14-19～图 14-21 分别为该变压器高压、中压、低压绕组的三相频率响应特性曲线。如图 14-21 所示，高压绕组 A 相在低频段出现了谐振峰的位置及大小变化，在中频段 C 相出现了谐振峰的大小变化，高频段相关性基本良好。由图 14-20 可知，中压绕组低频段 C 相的谐振峰大小有变化，中频段 A 相出现了较明显的谐振峰位置和大小变化，高频段相关性基本良好。如图 14-21 所示，低压绕组 A、C 相两相绕组在低频段也出现了较明显的谐振峰的位置及大小变化，而中、高频段相关性基本良好。初步判断该变压器三侧绕组均存在绕组变形情况，以中压绕组尤为严重，集中在中频段。

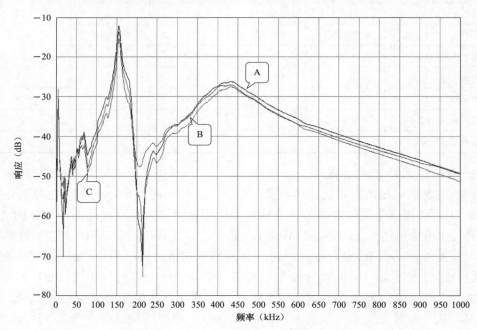

图 14-19　高压绕组频率响应特征曲线

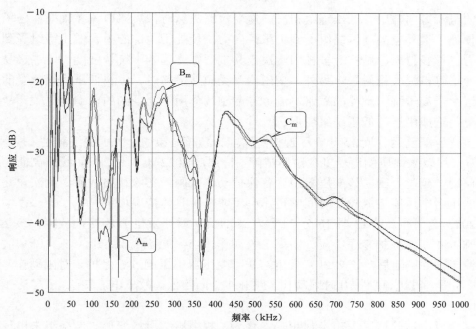

图 14-20 中压绕组频率响应特征曲线

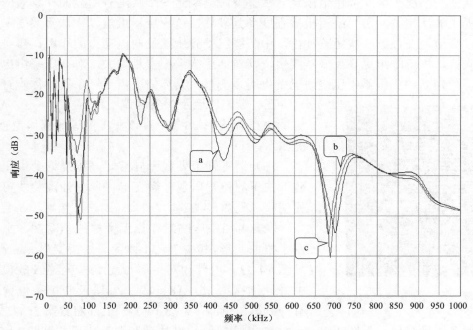

图 14-21 低压绕组频率响应特征曲线

（二）缺陷原因初步分析

当短路电流尤其出口短路电流通过变压器中、低压绕组时，因绕组周围漏磁场的存在，且与通过绕组电流呈线性关系，绕组会承受巨大电动力的作用。因为高压绕组对于电力系统为用电设备，中、低压绕组对于电力系统为电源，所以流经变压器高压绕组的电流方向与中、低压绕组相反。遭受短路故障时，短路电流在轴向漏磁场作用下，使处于最外层的高压绕组受到扩张径向力，使处于内部的中、低压绕组受到压缩径向力，导线材质、结构等多种因素决定其抗弯强度远低于抗拉强度，所以极易发生绕组变形等机械失稳问题。另外，变压器遭受短路故障时，中、低压绕组承受的短路电流远大于高压绕组承受的短路电流，在漏磁场作用下，受到的电动力更大，故短路电流更易造成中压、低压绕组变形。

该变压器已运行近 15 年，尽管抗短路能力校核结果中，中压绕组满足《规程》要求，但投运以来中压侧遭受多次短路故障，特别是 2022 年 5 月 2 日，线路侧断路器因机构问题，延时分闸，该变压器中后备保护动作跳闸，切除线路故障。此次短路故障对该变压器中压侧造成较长时间的短路电流冲击。具体情况如下：

2022 年 5 月 2 日 13 时 10 分 24 秒，某 110kV 线路发生 B 相接地故障，该 220kV 变电站 154 线路保护零序Ⅰ段、距离Ⅰ段动作，154 断路器未跳开，该 110kV 线路故障电流未消除。随后，该 220kV 变电站 2 号变压器中压侧过流保护Ⅰ时限动作，跳开 101 断路器，过电流保护Ⅱ时限动作，跳开 112 断路器，故障电流切除，67s 后 154 断路器跳开。

综合以上试验情况，初步判断 A、B、C 相中压绕组均变形，但绕组未出现匝间短路或断股情况，因此油色谱未见异常。变压器绕组变形缺陷有明显的积累效应，由于遭受了多次短路冲击，绕组机械强度受到破坏，该变压器虽然以往试验数据未发现异常，直至遭受最近一次短路冲击，中压绕组受到压缩径向电动力的作用，自身固有应力失衡，中压绕组更靠近低压绕组，其对低压绕组电容量增大，对高压绕组电容量减小，故判断该变压器中压绕组已发生明显变形，具体情况需返厂吊罩解体检查。

图 14-22　高压绕组垫块偏移情况

三、缺陷原因及检修建议

2022 年 5 月 25 日，对该变压器进行解体检查，情况如下：

（1）调压绕组外观无异常。高压绕组受中压绕组变形挤压的位置出现轻微变形，部分油隙垫块可见明显偏移，见图 14-22。

（2）A 相中压绕组在靠近旁柱的相间侧，上半段发生扭曲变形，其中 7～11 撑条间线饼变形尤其严重，见图 14-23。内外径对应区域可见多处绝缘破损，其中外径侧在第 16、18、19、20 饼及 9 撑条位置，各有一处露出铜线，见图 14-24。上部右数第 3～15 根内径侧撑条出现分层，见图 14-25。B、C 相中压绕组同样存在严重变形，见图 14-26 和图 14-27。

（3）低压绕组外部围屏纸板发生严重变形，局部撕裂损伤，受中压绕组变形挤压的位置出现变形，部分油隙垫块受挤压变形，见图 14-28。

（4）高、中、低压绕组均未使用自粘换位导线，不满足抗短路能力设计要求。

（5）该变压器下节油箱为梯形结构，与常见的 U 形传统结构存在差异，存在油流循环不畅的问题。

图 14-23　A 相中压绕组变形情况

图 14-24　A 相中压绕组绝缘损坏情况

图 14-25　A 相中压绕组撑条分层情况

图 14-26　B 相中压绕组变形情况

图 14-27　C 相中压绕组变形情况

图 14-28　低压绕组垫块变形情况

　　解体检查结果表明，该变压器中压绕组多次遭受短路故障后，三相绕组已发生严重变形，部分绝缘已损坏，如未及时发现，运行中再次遭受短路故障，将造成设备严重损坏及电网事故。

案例 5　110kV 避雷器受潮导致的泄漏电流超标故障分析

一、缺陷概述

2019 年 10 月 30 日，天气晴，温度为 21℃，相对湿度为 41%。按计划对某 220kV 变电站 110kV 141、142 避雷器进行例行试验，发现 110kV 141 避雷器 A、B、C 相直流 1mA 下电压 U_{1mA} 比交接试验值明显降低，且 75%U_{1mA} 泄漏电流超标，判断该三只避雷器均存在缺陷。141、142 避雷器设备信息：型号为 YH10W-102/266W1，出厂日期为 2014 年 11 月。

二、缺陷分析

141、142 避雷器历次停电检测数据，如表 14-12 所示。

表 14-12　　　　　　　　141、142 避雷器历次停电检测数据

运行编号		141			142		
相别		A	B	C	A	B	C
2014 年 9 月 7 日（交接试验）	U_{1mA}（kV）	153.2	153.8	154.2	154.3	153.7	153.5
	75%U_{1mA} 电流（μA）	5	4	5	6	4	5
2016 年 5 月 24 日（例行试验）	U_{1mA}（kV）	149.8	149.6	149.9	152.2	152.2	151.8
	75%U_{1mA} 电流（μA）	74	58	51	7	12	18

例行试验数据分析：对于 75%直流 U_{1mA} 下泄漏电流，《规程》中要求"金属氧化物避雷器 0.75U_{1mA} 泄漏电流初值差小于 30%或小于 50μA"。本次试验中 141A、B、C 三相均超出 50μA，且与交接试验值相比，纵比变化较大。同时观察直流 1mA 参考电压，均有不同程度的降低，虽未超"变化量 5%"的规定，但结合泄漏电流的剧增，可判断该三支避雷器存在绝缘缺陷，不宜继续运行。

三、缺陷原因及检修建议

本次试验的两组避雷器共计六支，均为某公司 2014 年 11 月出厂的产品。试验结果显示，141A、B、C 三相共计三支避雷器均存在同种绝缘缺陷特征。

2015 年 6 月 30 日，某 220kV 变电站检测出两支缺陷避雷器，2016 年 5 月 24 日，某 220kV 变电站检测出五支缺陷避雷器，与本次试验中超标设备属于同厂家同型号产品。2015 年 8 月 3 日，某公司将一只问题避雷器进行了返厂解体检查，综合解体试验情况，厂家技术人员初步判定，导致避雷器受潮原因为厂家避雷器生产过程中，配制硅凝胶（填充于避雷器芯组与环氧筒之间空隙起排除空气密封作用）环节把关不严，未进行抽真空干燥处理。导致避雷器本体灌胶后，出厂试验时试验数据正常，运行一段时间后，硅凝胶吸入的水分逐渐吸附在避雷器芯组表面，造成芯组受潮。某公司应加强设备生产各环节工艺管控，避免不合格产品流入市场。但在此之前某公司出厂的同型号避雷器均可能存在同样的缺陷。综上，初步判断某公司 2014 年 11 月生产的 YH10W-102/266W1 型金属氧化物避雷器与 2013 年 12 月生产的同型号避雷器一样，由于工艺质量问题，存在疑似家族性缺陷。

因为 141、142 间隔之前并未投入使用，本次试验为投运前检查试验，所以未进行过带电检测。该站 141A、B、C 三相共计三支避雷器已不宜继续运行，检修人员已现场进行了更换。考虑同型号、不同批次产品出现相同绝缘问题，建议对同厂家同型号的避雷器结合红外测温、阻性电流带电试验等项目数据进行关注。

案例 6　110kV 主变压器由于套管末屏引线断裂引发主变压器故障跳闸的故障分析

一、缺陷概述

2023 年 6 月 7 日，某 110kV 变电站 2 号主变压器重瓦斯、压力释放动作跳闸，到现场发现高压侧 A 相套管损坏，套管头部储油柜与上瓷套结合处脱离，如图 14-29 所示。2 号变压器设备信息：型号为 SZ10-50000/110，接线组别为 YnD11，出厂及投运日期为 2012 年 5 月。2 号变压器高压侧 A 相套管设备信息：型号为 BRDLW-126/630-4，额定电容为 313pF，出厂日期为 2010 年 12 月。

图 14-29　A 相套管损坏

故障前运行方式：110kV 1、2 母线并列运行，1 号主变压器 141、101、511 开关在合位，2 号主变压器 101、512 开关在合位，142 开关在分位，10kV 1、2 母线分列运行（501 开关在分位）。

二、缺陷分析

该 110kV 变电站 2 号变压器停电试验时，当日天气晴天，环境温度为 35℃，相对湿度为 50%，变压器油温为 40℃。该变压器开展了绕组电阻、绕组电压比、绕组介质损耗电容量、低电压短路阻抗、绕组频率响应分析、油中溶解气体分析、套管试验、绕组绝缘电阻、铁芯及夹件绝缘电阻等试验项目，其中绕组电阻、绕组电压比、油中溶解气体分析、套管试验、绕组绝缘电阻、铁芯及夹件绝缘电阻试验数据均符合《规程》要求。

（一）高压试验数据分析

1. 绕组直流电阻试验

该变压器绕组直流电阻试验结果见表 14-13，试验结果数据未见异常，符合《规程》要求。

表 14-13　　　　　　　　　　　　绕 组 直 流 电 阻 试 验

	分接位置	AO（mΩ）	BO（mΩ）	CO（mΩ）	不平衡率（%）
高压侧	1	421.1	421.6	422.6	0.36
	9	361.1	361.1	361.4	0.08
低压侧	分接位置	ab（mΩ）	bc（mΩ）	ca（mΩ）	不平衡率（%）
	/	6.667	6.659	6.681	0.33

2. 高压侧套管介损电容量试验

由表 14-14 可知，由于 A 相套管已损坏，正接线介质损耗值已无法测出，推断末屏引线已断开。A 相套管吊出后，用反接线进行试验，测得电容量为 650pF，出现明显增长情况，推断电容屏已部分击穿。B、C 相套管介质损耗试验未见异常。

表 14-14 高压侧套管介损电容量试验

试验日期（试验性质）	相别	介质损耗	电容量（pF）	电容量铭牌值（pF）	电容量误差（%）
2023 年 6 月 7 日（检查试验）	A	—	650	313	107.61
	B	0.342	303.3	302	0.43
	C	0.308	306.4	306	0.13
2012 年 5 月 3 日（交接试验）	A	0.297	317.5	313	1.44
	B	0.253	304	302	0.66
	C	0.257	306.9	306	0.29

3. 绕组整体介质损耗试验

由表 14-15 可知，受 A 相套管损坏影响，高压绕组对低压绕组及地介质损耗及高、低压绕组对地介质损耗严重超标。高压绕组对低压绕组及地，高、低压绕组对地电容量都出现明显增长，考虑 A 相套管电容量也出现了增长（增长了 337pF），而这一部分增长包含在整体电容量中，将这一部分剪掉后，整体电容量如表 14-16 所示。

表 14-15 绕组整体介质损耗试验

试验日期（试验性质）	绕组介质损耗及电容	高压绕组对低压绕组及地	低压绕组对高压绕组及地	高、低压绕组对地
2023 年 6 月 7 日（检查试验）	介质损耗	0.3435	0.00251	0.2722
	电容量（pF）	8896	12690	12510
2012 年 5 月 3 日（交接试验）	介质损耗	0.00274	0.00277	0.00300
	电容量（pF）	8146	12680	11660
电容量初值差（%）		9.2	0.08	7.3

表 14-16 换算后的整体电容量

试验日期（试验性质）	绕组介质损耗及电容	高压绕组对低压绕组及地	低压绕组对高压绕组及地	高、低压绕组对地
2023 年 6 月 7 日（检查试验）	介质损耗	0.3435	0.00251	0.2722
	电容量（pF）	8559	12690	12173
2012 年 5 月 3 日（交接试验）	介质损耗	0.00274	0.00277	0.00300
	电容量（pF）	8146	12680	11660
电容量初值差（%）		5.1	0.08	4.4

如表 14-16 所示，高压绕组对低压绕组及地，高、低压绕组对地电容量出现了明显的增长，低压绕组对高压绕组及地电容量未见异常。对电容量进行分解，结果如表14-17 所示。

其中 C_1 为高压绕组对地的电容量，C_2 为高压绕组与低压绕组之间的电容量，C_3 为低压绕组对地的电容量。由表 14-17 可知，C_1 明显变大，C_2、C_3 未见明显变化。推断高压绕组本身未出现径向变形情况，C_1 的增加可能是由于 A 相引线位移，距离壳体更近造成。低压绕组未出现变形情况。

表 14-17 电 容 量 分 解

试验日期 （试验性质）	C_1（pF）	C_2（pF）	C_3（pF）
2023 年 6 月 7 日 （检查试验）	4021	4538	8152
2012 年 5 月 3 日 （交接试验）	3563	4583	8097
误差（%）	12.8	-0.98	0.68

4. 低电压短路阻抗试验

如表 14-18 所示，低电压短路阻抗试验未见异常，符合《规程》要求。

表 14-18 低电压短路阻抗试验

分接	A（%）	B（%）	C（%）	合相值	铭牌值	纵比误差（%）	横比误差（%）
1	17.062	17.358	16.896	17.106	17.110	-0.02	0.98
9	16.230	16.401	16.066	16.232	16.240	-0.05	2.1
17	15.791	15.876	15.626	15.765	15.770	-0.03	1.6

5. 变比试验

如表 14-19 所示，变比试验未见异常，符合《规程》要求。

表 14-19 变 比 测 试

分接	AO/ab		BO/bc		CO/ca	
	实测（%）	误差（%）	实测（%）	误差（%）	实测（%）	误差（%）
1	11.532	0.07	11.531	0.06	11.531	0.06
9	10.474	-0.01	10.473	-0.02	10.473	-0.02

6. 绕组频率响应试验

如图 14-30、图 14-31 所示，为高、低压绕组频率响应特征曲线。A 相在中频段出现了明显的异常，相关系数不满足《规程》要求，此频段反映的是分布参数电感和电容综合效应，推断是 A 相套管电容量变化及引线位移引起的电容量变化造成的。

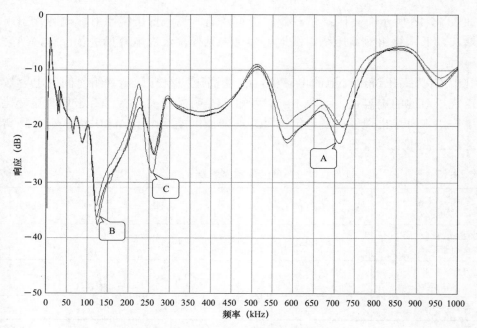

图 14-30　高压绕组频率响应特征曲线

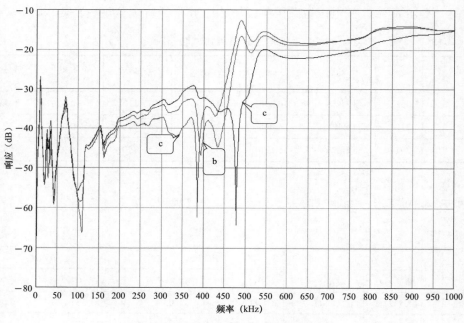

图 14-31　低压绕组频率响应特征曲线

（二）油中溶解气体分析

1. 本体油色谱试验

2023 年 6 月 7 日，色谱试验数据如表 14-20 所示。乙炔含量 52.54μL/L，超过《规程》注意值（不大于 1μL/L），总烃含量 219.46μL/L，超过《规程》注意值（不大于

150μL/L)，氢气含量 149.11μL/L，接近《规程》注意值（不大于 150μL/L），三比值编码为 "102"，判断为电弧放电。绝缘油微水含量为 12mg/L，正常。

表 14-20　　　　　　　　　　本体油色谱试验　　　　　　　　　　单位：μL/L

试验日期 （试验性质）	氢气	一氧化碳	二氧化碳	甲烷	乙烯	乙烷	乙炔	总烃
2019 年 11 月 26 日 （周期试验）	69.55	908.39	2059.13	7.60	1.42	1.21	0	10.23
2020 年 11 月 24 日 （周期试验）	73.47	842.24	2230.05	7.87	1.38	1.43	0	10.68
2021 年 11 月 11 日 （周期试验）	58.15	761.80	1889.94	8.04	1.79	1.60	0	11.43
2022 年 11 月 3 日 （周期试验）	62.95	822.48	1751.76	9.94	1.47	1.95	0	12.36
2023 年 6 月 7 日 （检查试验）	149.1	926.80	2290.54	102.3	51.17	13.5	52.6	219.5

2. 套管油色谱试验

2023 年 6 月 8 日 2 号变压器套管色谱试验数据，如表 14-21、表 14-22 所示。乙炔含量 1630.75μL/L，超过《规程》注意值（不大于 1μL/L），甲烷含量 362.95μL/L，超过状态检修规定注意值（不大于 40μL/L），氢气含量 8227.93μL/L，超过《规程》注意值（≤140μL/L）。2 号变压器套管 B 相、C 相、中点色谱试验数据合格。

2 号变压器套管 A 相绝缘油微水含量为 28mg/L，小于《规程》注意值（≤35mg/L），同套管 B 相、C 相、中点微水含量相比较，套管 A 相微水含量较大；与历史试验数据相比较，套管 A 相微水含量有明显增长。对 2 号变压器套管 A 相色谱试验数据进行三比值计算，三比值编码为 "111"，初步判断为电弧放电。

表 14-21　　　　　某 110kV 变电站 2 号主变压器套管 A 相色谱试验数据

试验日期 （试验性质）	氢气 （μL/L）	一氧化碳 （μL/L）	二氧化碳 （μL/L）	甲烷 （μL/L）	乙烯 （μL/L）	乙烷 （μL/L）	乙炔 （μL/L）	总烃 （μL/L）	微水 （mg/L）
2012 年 6 月 15 日 （交接试验）	4.13	196.49	673.87	2.07	0.14	0.13	0	2.34	5
2014 年 4 月 5 日 （例行试验）	36.15	624.49	1481.51	7.80	1.84	0.99	0	10.63	7
2023 年 6 月 8 日 （检查试验）	8227.93	6330.64	3670.44	362.95	1439.92	776.62	1630.75	4210.24	28

表 14-22　　　　　某 110kV 变电站 2 号主变压器套管色谱试验数据

试验日期 （试验性质）	相别	氢气 （μL/L）	一氧化碳 （μL/L）	二氧化碳 （μL/L）	甲烷 （μL/L）	乙烯 （μL/L）	乙烷 （μL/L）	乙炔 （μL/L）	总烃 （μL/L）	微水 （mg/L）
2023 年 6 月 8 日 （检查试验）	A	8227.93	6330.64	3670.44	362.95	1439.92	776.62	1630.75	4210.24	28

试验日期 （试验性质）	相别	氢气 （μL/L）	一氧化碳 （μL/L）	二氧化碳 （μL/L）	甲烷 （μL/L）	乙烯 （μL/L）	乙烷 （μL/L）	乙炔 （μL/L）	总烃 （μL/L）	微水 （mg/L）
2023 年 6 月 8 日 （检查试验）	B	30.23	623.28	700.22	10.20	1.64	1.53	0	13.37	6
2023 年 6 月 8 日 （检查试验）	C	32.29	843.63	755.86	9.40	0.97	1.03	0	11.40	7
2023 年 6 月 8 日 （检查试验）	O	40.28	612.28	997.89	11.37	2.94	1.42	0	15.72	7

三、缺陷原因及检修建议

（一）试验结果分析

综合分析各项试验数据，初步推断变压器内部本体并未发生短路接地放电情况，变压器绕组整体未发生变形情况，但存在引线位移情况。A 相套管损坏，电容量击穿，末屏引线已断折。变压器本体油色谱异常，应是故障后的套管油流入变压器内部造成。

（二）吊检情况

1. A 相套管吊检

如图 14-32 所示，对 A 相套管进行吊检，发现套管下部已经炸开，电容纸已经膨出。电容芯子由于上部压接螺母脱落，已整体下移。

根据套管吊检情况，并结合本体油色谱、套管油色谱试验结果，初步推断变压器本体重瓦动作、压力释放阀动作是套管下部炸开导致，变压器内部本体没有发生短路放电故障。

2. 套管解体情况

套管头部内零部件有明显的锈蚀痕迹，见图 14-33，初步判断套管内部有过进水痕迹。但是检查了头部几处密封位置，密封完好，密封件压缩正常，拆卸注油塞时

图 14-32　A 相套管吊检

有明显的紧固力。

图 14-33　套管受潮痕迹

芯子表面有四处明显的放电击穿位置，具体击穿位置见图 14-34～图 14-38。

图 14-34　芯子整体图

图 14-35　上台阶处击穿图

图 14-36　末屏引出处击穿图

图 14-37　下台阶处击穿图

图 14-38　法兰内壁末屏引出口下侧烧蚀图

由现场芯子解体照片可知，末屏法兰引出处放电最为明显（见图 14-38），该处整个电容屏完全击穿。根据纸张炸开的效果，可以判断放电是从外向内逐层击穿，最终与导电管贯通短路，导电管上也明显能看到放电烧蚀的痕迹。如图 14-38 所示，法兰内壁末屏引出口下侧也有几处明显的放电烧蚀痕迹，由此可以判断该处可能为放电起始点。

根据以上套管解体情况，初步推断套管末屏引出线从引出口断开，末屏对地电容与套管本体电容形成分压，通常可以达到 1 万～2 万伏，长时间的放电导致电容屏从末屏引出位置，从外向内逐层击穿，最终导致贯穿放电。在缺陷发展的过程中，由于电场分布发生变化，引发了电容芯子其他薄弱部位也发生放电击穿情况，整个电容芯子呈现多处放电现象。

（三）变压器吊检情况

对变压器进行吊检，变压器本体内部未发现放电痕迹，绕组没有变形情况，与吊检前试验结果推断一致，但是 A 相引线发生了位移，如图 14-39 所示。

图 14-39　高压 A 相引线位移

受 A 相套管故障作用力影响，A 相引线被拽出，发生了位移情况，具体 A 相绕组首端线圈是否受影响，还需返厂扒包检查。

吊检还发现，由于套管电容屏击穿，电容屏纸膨出，电容屏金属碎片散落在变压器中。如图 14-40 所示，随着油流已进入变压器绕组中，这些金属碎片若存在变压器本体中，会导致电场分布不均匀，金属悬浮放电腐蚀绝缘，进而引发绝缘击穿。

（四）检修建议

综合分析，某 110kV 变电站 2 号主变压器故障，是由于套管末屏引线从内部断开，造成末屏失去接地，末屏对地形成了一个较高的电位，在长时间运行过程中持续放电，造成电容屏从外向内逐层击穿，最终引发故障跳闸。由于套管下部发生炸裂情况，巨大的冲击力造成变压器本体重瓦动作、压力释放阀动作，A 相引线发生位移，通过试验数据分析，变压器本体内部并未发生短路接地放电情况，绕组整体未发生变形情况，但由于套管电容屏金属碎片散落在变压器内部，现场无法完全清理干净，建议返厂处理。

图 14-40　变压器内部散落的电容屏金属碎片

由于套管末屏引线断裂原因还不清楚，建议对同厂家、同批次产品进行排查，尤其是超试验周期的套管，应安排停电，进行油色谱试验。

案例 7　220kV 主变压器套管因末屏失地导致套管内部产生乙炔缺陷分析

一、缺陷概述

2021 年 6 月 3 日，对某 220kV 变电站 3 号主变压器停电检查试验时发现 220kV 套管 C 相油色谱数据：氢气含量为 2065.69μL/L，总烃含量为 1024.87μL/L，乙炔含量为 176.45μL/L，严重超过了《规程》规定的注意值，三比值编码为"101"，判断设备内部存在放电性故障。3 号主变压器 220kV 套管 C 相设备信息：型号为 BRLW-252/2500-4，出厂日期为 2007 年 1 月，投运日期为 2008 年 5 月。

二、缺陷分析

（一）油中溶解气体分析

套管油色谱数据，如表 14-23 所示。氢气含量为 2065.69μL/L（注意值不大于 140μL/L），甲烷含量为 482.74μL/L（注意值不大于 40μL/L），乙炔含量为 176.45μL/L（注意值不大于 1μL/L），均严重超出《规程》的要求。依据《判断导则》进行三比值计算，编码为"101"，判断设备内部存在放电性故障。

表 14-23　　　　3 号主变压器 220kV 套管 C 相历次油色谱试验数据

试验日期 （试验性质）	甲烷 （μL/L）	乙烯 （μL/L）	乙烷 （μL/L）	乙炔 （μL/L）	氢气 （μL/L）	一氧 化碳 （μL/L）	二氧 化碳 （μL/L）	总烃 （μL/L）	微水 （mg/L）
2008 年 3 月 28 日 （验收试验）	0.52	0.26	0.06	0	20.62	37.56	220.92	0.84	8
2010 年 11 月 14 日 （首检试验）	5.14	1.08	0.90	0	155.00	615.10	1169.80	7.12	9

续表

试验日期 （试验性质）	甲烷 （μL/L）	乙烯 （μL/L）	乙烷 （μL/L）	乙炔 （μL/L）	氢气 （μL/L）	一氧 化碳 （μL/L）	二氧 化碳 （μL/L）	总烃 （μL/L）	微水 （mg/L）
2015 年 9 月 17 日 （例行试验）	5.98	1.89	1.53	0	168.53	719.20	1356.23	9.40	9
2021 年 6 月 3 日 （追踪试验）	482.74	236.85	128.83	176.45	2065.69	847.85	1578.94	1024.87	11

（二）高压试验数据

对 C 相套管进行介质损耗电容量试验，主绝缘介质损耗和电容量数据无异常，表明套管主电容屏绝缘良好，具体数据如表 14-24 所示。在末屏对地绝缘电阻试验时发现，当试验电压为 1000V 时，绝缘电阻为 33GΩ。当试验电压加至 2500V 时，显示无法试验，表明末屏引出装置绝缘已受到破坏（绝缘良好的末屏引出装置能承受 3000V 交流电压），且外观检查发现末屏引出装置内部和外部绝缘表面均有明显的放电痕迹，如图 14-41～图 14-44 所示。

表 14-24　　3 号主变压器 220kV 套管 C 相历次介损电容量试验数据

试验日期 （试验性质）	试验部位	介质损耗	电容量（pF）	初值差（%）	油温/外温（℃）
2010 年 11 月 14 日 （首检试验）	主绝缘	0.00410	507.5	−1.45	21/6
2015 年 9 月 17 日 （例行试验）	主绝缘	0.00359	510.5	−0.87	28/30
2021 年 6 月 3 日 （追踪试验）	主绝缘	0.00340	510.4	−0.87	32/26
	末屏对地	0.00266	1402	—	32/26

末屏引出装置内部绝缘表面放电

末屏引出装置外部绝缘表面游离碳

图 14-41　末屏引出装置内部结构　　　　图 14-42　末屏引出装置外部结构

三、缺陷原因及检修建议

依据以上试验结果及设备检查发现，套管末屏引出装置接地方式存在设计缺陷，末屏引出装置接地是通过弹簧释放使得端部与接地点连通,此时为运行状态。弹簧收缩末屏失地,此时为试验状态。转换过程中,一旦出现卡涩或弹簧疲劳就会造成接地不良,这是该缺陷发生的根本原因。

 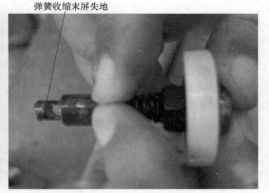

图 14-43　末屏引出装置接地状态　　　　图 14-44　末屏引出装置失地状态

末屏失地情况下设备带电,运行电压通过主电容和末屏对地电容进行分压,在末屏上会产生34kV(220kV/$\sqrt{3}$×510.4/(510.4+1402)=34kV)的悬浮电位,该电压会在末屏引出装置内部和外部对地进行放电,导致套管内部产生大量的乙炔等特征气体,外部放电产生大量的游离碳。

由于该变电站及套管厂家无同型号备件,经研究决定先由厂家更换 C 相末屏引出装置,再进行本体连同套管的局部放电试验。试验合格后主变压器投入运行,待变压器整体大修并更换缺陷套管。

案例 8　110kV 变电站线路电容式电压互感器二次面板受潮引起介质损耗超标缺陷分析

一、缺陷概述

2021 年 5 月 15 日,在对某 110kV 变电站进行例行试验时,发现 162 间隔线路电容式电压互感器分压电容器(膜纸复合)介质损耗因数达到 0.00492,且分压电容器 C_2 绝缘电阻仅为 18MΩ,超出《管理规定》介质损耗小于或等于 0.0025(膜纸复合)(注意值)和级间绝缘电阻大于或等于 5000MΩ 的规定。3 号主变压器 220kV 套管 C 相设备信息:型号为 BRLW-252/2500-4,出厂日期为 2007 年 1 月,投运日期为 2008 年 5 月。

二、缺陷分析

(一)介质损耗和电容量试验

介质损耗和电容量试验数据,见表 14-25。

表 14-25 介质损耗和电容量试验数据

试验时间	试验项目	C_1	C_2
2021 年 5 月 15 日	介质损耗	0.0492	0.0493
	电容量（pF）	12240	65720
2012 年 3 月 28 日	介质损耗	0.0058	0.0061
	电容量（pF）	12130	65160

（二）绝缘电阻试验

绝缘电阻试验数据，见表 14-26。

表 14-26 绝缘电阻试验数据　　　　单位：MΩ

试验时间	C_1	C_2	N-地	AX	1a-1n	2a-2n	Da-dn
2021 年 5 月 15 日	80000	18	23	100000	14	25	25
2012 年 3 月 28 日	50000	50000	2500	2500	2500	2500	2500

由表 14-25 和表 14-26 可知，161 电容式电压互感器介质损耗与上一试验周期相比，增长了 8 倍多，分压电容器 C_2 绝缘电阻明显偏低，超出《管理规定》介质损耗因数小于或等于 0.0025（膜纸复合）（注意值）和级间绝缘电阻大于或等于 5000MΩ 以及低压端对地绝缘电阻不低于 100MΩ 的规定，达到了缺陷标准。C_1 电容量比值初值差为 0.91% [（12240−12130）/12130=0.91%]，C_2 电容量比值初值差为 0.86% [（65720−65160）/65160=0.86%]，未见异常。

三、缺陷原因及检修建议

电力设备绝缘的受潮、热老化或局部放电都是引起介质损耗增加的原因，因此介质损耗一般反映绝缘老化的程度。高压互感器的二次出线板不属于互感器的主绝缘，虽然其绝缘质量不会直接影响高压互感器的安全运行，但是直接影响着互感器的介质损耗值。电容式电压互感器 C_2 末端及二次绕组都通过出线端子板引出，端子板一般由

图 14-45　161 电容式电压互感器二次接线盒

环氧玻璃布层压板制成，正常情况下绝缘电阻很高，当这种层压板压制质量差或表面有污秽时，受潮严重降低层压板的体积或表面电阻率，使绝缘电阻大大降低，测量电容器 C_1、C_2 介质损耗的结果受到影响。161 电容式电压互感器二次接线盒如图 14-45 所示，所有二次绕组的紧固螺母、弹簧压垫、金属外壁锈蚀严重，密封胶圈变形。用手触摸封堵红泥，表面湿润。

由有关电容式电压互感器二次面板受潮引起缺陷事故可知，电容式电压互感器发生二次面板受潮的故障较多，说明在生产过程中安装工艺存在明显缺陷，导致分压电容器 C_2 极间绝缘和低压端对地绝缘电阻偏

低。依据此事故原因分析并综合多方因素，提出如下反事故措施：

（1）加强追踪。对产品进行例行试验时应重视电容单元及中间变压器绝缘电阻测量工作，规范试验过程，对存在此类缺陷的设备，缩短试验周期，加强其跟踪检查，认真分析其试验数据。

（2）充分放电。在试验过程中，试验前对试品充分放电，试验连接线应尽量保持架空。

（3）改进工艺。督促制造厂改进安装工艺，杜绝此类事件的发生。对新出厂的电容式电压互感器，制造厂应提交中间变压器组装前各电容单元及中间变压器的绝缘电阻，还应提交组装完毕后中间变压器及下节电容单元 C_2 的绝缘电阻，以便今后例行试验时进行比对。

案例 9　220kV 电容式电压互感器电容击穿导致电压异常缺陷分析

一、缺陷概述

2017 年 5 月 29 日，某 220kV 变电站 220kV 2 号母线 A 相电压发生突变，由 131.16kV 升高至 138.40kV，并且 A 相电压持续偏高，2017 年 12 月 14 日对 220kV 2 号母线电容式电压互感器进行了更换，更换后电压恢复正常。检查发现原 A 相电容式电压互感器电容分压单元 C_{12} 电容量增大 13%，且介质损耗因数为 0.008，超出《规程》规定。220kV 2 号母线电容式电压互感器设备信息：型号为 BRLW-252/2500-4，出厂日期为 2007 年 1 月，投运日期为 2008 年 5 月。

二、缺陷分析

（一）高压试验数据分析

2017 年 12 月 14 日，检修试验人员利用停电机会对三相电容式电压互感器进行了更换，对更换下来的设备进行介质损耗及电容量试验，数据如表 14-27 所示。

表 14-27　　　220kV 2 号母线 A 相电容式电压互感器历次停电检测数据

试验日期	试验项目	C_{11}	C_{12}	C_2
2009 年 5 月 15 日	介质损耗	0.00098	0.00173	0.00138
	电容量（pF）	19700	28260	68150
2017 年 12 月 19 日	介质损耗	0.00229	0.00837	0.00141
	电容量（pF）	19780	31970	67800

A 相电压互感器 C_{11}、C_2 电容量保持相对稳定，C_{11} 的介质损耗虽有所增长，但未超《规程》中 0.0025 的注意值；但 C_{12} 电容量本次试验值为 31970pF，较 2009 年试验数据 28260pF 增长 13.12%，介质损耗试验值为 0.00837，均超出《规程》中 2% 和 0.0025（膜纸复合）的要求。

设备更换后三相母线电压显示恢复正常，2017 年 12 月 15 日 A 相电压下降至

132.7kV，B 相电压为 133.14kV，C 相电压为 133.46kV。

（二）设备解体情况

2017 年 12 月 23 日，对数据异常的 A 相设备进行了解体检查。解体前检查，三相设备外观无异常，但 A 相下油箱油位显示无法识别，如图 14-46 所示。

图 14-46　油位外视窗检查结果

打开法兰处连接螺栓，将上部电容单元取下，发现 A 相电容式电压互感器油箱内油位已没过视窗，油位比正常相偏高，如图 14-47 所示。

图 14-47　A 相下油箱已满

对分压电容单元进行检查，发现与中间变压器相连接的 C_{12} 末端白色瓷套螺栓松动，且密封胶垫存在轻微的老化开裂情况，如图 14-48 所示。

图 14-48　C_{12} 末端至油箱套管螺栓松动

从顶部对电容单元进行解体，C_{12} 与 C_2 所在油室已严重缺油，且一次引线附近瓷套内壁发现严重放电痕迹，如图 14-49 所示。

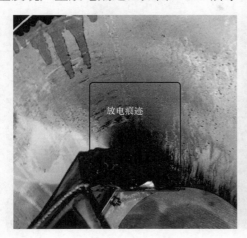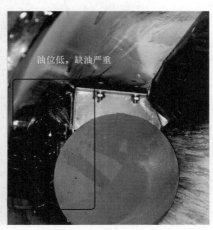

图 14-49 电容单元顶部俯视图

取下外瓷套，可观察到 C_{12} 顶部起，第 1~4 个电容饼侧面烧蚀痕迹严重，电容间串接引线已烧毁，并形成贯穿放电通道，放电产生的高温已将邻近膨胀器损伤，放电位置与瓷套内壁放电点相对应，如图 14-50 所示。

图 14-50 电容侧面放电痕迹

具体情况如图 14-51 所示，将电容屏逐一拆下检查，发现第一电容饼与膨胀器间绝缘纸烧焦并破裂，但内部电容层除侧面外，未发现明显异常；第二电容饼有轻微烧焦与变形现象；第三电容饼烧蚀与变形现象最为严重，整个侧面已呈现不规则形状，内部电容在高温高能量作用下鼓起；第四电容饼烧蚀严重，但未变形；从第五电容饼以下，均外观正常。

图 14-51　各电容饼外观图

三、缺陷原因及检修建议

如图 14-52 所示,为 220kV 电容式电压互感器原理图。其中 C_{11} 单独为一体,C_{12} 与 C_2 处于同一油室,下端通过套管与中间变压器 TV 所在油箱相连,运行中,C_{11}、

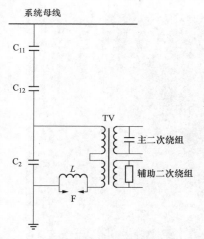

图 14-52　220kV 电容式电压互感器原理图

C_{12}、C_2 浸于油中。由于 C_{12} 与下油箱间白色瓷套运行中在振动、膨胀等机械力作用下产生松动,同时密封胶垫逐年老化,导致 C_{12} 与 C_2 所在油室的绝缘油在重力作用下向 TV 油箱渗漏,C_{12} 顶部电容饼露出油面。电容屏间绝缘性能降低并击穿放电,放电产生的能量使周围空气膨胀,加速了内漏现象的发生。最终,率先露出油面的第 1~4 个电容饼间形成贯穿放电通道。C_{12} 原由 52 个电容饼串联,故障导致 4 个电容饼击穿后短路,串联等效电容量变大。在 C_{11}、C_2 电容量不变的情况下,C_2 两端将分担更大电压,导致了运行中二次电压升高的现象。

依据此事故原因分析并综合多方因素,提出如下反事故措施:

(1)加强关注。在今后工作中,对电容式电压互感器二次电压异常情况加强关注度和重视程度,发现问题后及时进行检查试验。

(2)改进工艺。与厂家沟通,针对内漏情况,进行技术改革,减少或杜绝该问题的发生。

(3)排查整改。经排查,1997 年前投运的与缺陷设备同厂家、同型号的在运设备共计 6 支,其中某 220kV 变电站有 6 支,且存在电压异常现象,于 2018 年 1 月进行了更换。

案例 10　110kV 主变压器高压套管绝缘受潮缺陷分析

一、缺陷概述

2019 年 4 月 17 日，工作人员对 110kV 某变电站进行停电例行试验，发现 110kV 1 号主变压器高压侧 C 相套管油化试验氢气含量超标。试验时天气晴，温度为 18℃，相对湿度为 38%。故障设备信息：设备型号为 BRLZW3-126/630-4；设备序号为 200570；出厂日期为 2009 年 5 月 1 日。该设备此前无不良运行工况。

二、缺陷分析

（一）油中溶解气体分析

试验人员将停电例行试验当天油中溶解气体组分含量与 2013 年数据进行对比，具体如表 14-28 所示。

表 14-28　　　　　　　　　C 相高压套管油中溶解气体分析数据

试验日期	甲烷（μL/L）	乙烯（μL/L）	乙烷（μL/L）	乙炔（μL/L）	总烃（μL/L）	氢气（μL/L）	一氧化碳（μL/L）	二氧化碳（μL/L）	微水（mg/L）
2013 年 4 月 2 日	29.18	1.02	25.65	0	55.85	78.6	312.82	1156.13	9
2019 年 4 月 17 日	52.51	8.22	29.45	0.21	90.18	871.29	240.31	1205.43	33

此次油化试验中，氢气含量为 871.29μL/L 约为标准值（150μL/L）的 6 倍，属于严重超标，总烃含量为 90.18μL/L 逼近《规程》规定 100μL/L。对比 2013 年 4 月 2 日停电例行试验数据，各组分都有不同程度增长，尤其是氢气增长 10 倍以上。微水含量增量较大，33mg/L 接近《规程》规定 35mg/L。通过"三比值法"判断缺陷类型，计算三比值编码为"010"，对应"局部放电"型缺陷，可能为潮气、气隙、杂质等引起的油纸绝缘中的低密度局部放电。

（二）高压试验数据

1. 绝缘电阻试验

试验人员在现场对故障设备进行了外观检查，未见异常。涉及该套管的高压试验共有 3 项，其中直流电阻试验数据合格；绝缘电阻试验、介质损耗及电容量试验数据，如表 14-29 所示。

表 14-29　　　　　　　　　变压器高压套管绝缘电阻试验

试验项目	A	B	C	O
一次绕组对二次绕组及地绝缘（GΩ）	12.1	12.1	12.1	12.1
末屏绝缘（GΩ）	63	80	84	77

由表 14-29 中数据可知，一次绕组对二次绕组及地绝缘电阻在 10GΩ 以上，末屏绝缘电阻都在 1000MΩ 以上，符合《规程》中一次绝缘大于 10000MΩ 及末屏绝缘

1000MΩ 的规定，因此绝缘电阻试验数据合格。

2. 介质损耗及电容量

如表 14-30 所示，各相套管一次介质损耗均未超过 0.008 的注意值，但 C 相数据 0.00641 远超 A 相 0.00342、B 相 0.0036，各相电容量未见异常。C 相套管末屏介质损耗未见异常。

表 14-30　　　　　　　　　　　　变压器高压套管绝缘电阻试验

试验项目	A 相	B 相	C 相	O 相	C 末屏
介质损耗	0.00342	0.00360	0.00641	0.00294	0.00166
电容量（pF）	301.3	302.6	295.7	260.9	123.7
电容量初值（pF）	304	306	299	263	—
电容量初值差（%）	0.88	1.11	1.103	0.798	—

3. 高压介质损耗试验

2019 年 5 月 5 日，待备件到达后将故障套管更换，退运套管运回高压试验大厅进行高压诊断试验及解体检查，高压试验包括高压介质损耗试验及局部放电试验。当天环境温度为 20℃，相对湿度为 44%，具体试验情况如表 14-31 所示。

表 14-31　　　　　　　　　　C 相高压套管高压介质损耗试验数据

标准电压（kV）	实际电压（kV）	电容量 C（pF）	介质损耗
10	9.182	296.4	0.00615
20	17.954	296.3	0.00695
30	28.238	296.3	0.00782
40	39.082	296.4	0.00854
50	50.763	296.4	0.00944
60	61.682	296.6	0.01002
72.5	69.991	296.6	0.01153
60	61.851	296.6	0.01076
50	51.179	296.6	0.00968
40	39.242	296.6	0.00900
30	30.060	296.4	0.00821
20	19.330	296.3	0.00784
10	9.850	296.5	0.00713

试验电压从 10kV 到 $U_m/\sqrt{3}$，介质损耗在 60kV 时超过 0.001 的规定，且升压过程中介质损耗因数增量为 0.00538，增量超过 0.003 的注意值。

为了判断缺陷类型，根据表 14-30 数据绘制介质损耗-电压曲线，如图 14-53 所示，曲线未闭口，基本符合"绝缘受潮"类型。

4. 局部放电试验

如图 14-54 所示，在 $1.2U_m/\sqrt{3}$ 下该套管局部放电量稳定在 424pC，远超《管理规定》20pC 的注意值，但图谱无明显特征，无法判断放电类型。

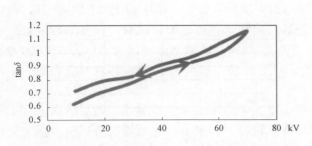

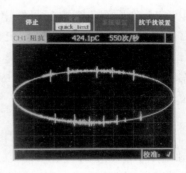

图 14-53　C 相高压套管高压介质损耗介质损耗-电压曲线　　图 14-54　C 相套管局部放电图谱

（三）解体检查情况

如图 14-55 所示，解体检查发现套管顶部注油孔螺栓内无胶垫，存在密封不严的问题，可能导致潮气入侵。如图 14-56 所示，拨开电容屏发现首屏与第二、三屏顶部有少许蜡状物质析出，怀疑是套管内部轻微局部放电产物。

图 14-55　C 相套管顶部注油口　　　　　图 14-56　C 相套管解体内部情况

三、缺陷原因及检修建议

综合以上油化、高压试验数据及解体检查，分析可以得出这是一起绝缘受潮缺陷：套管顶部注油孔螺栓未安装胶垫，密封不严，导致潮气入侵，并在油纸绝缘中积累，在电场作用下发生轻微局部放电，产生特征气体氢气，微水含量逼近注意值，高压介质损耗曲线符合"绝缘受潮"类型。

建议结合停电安排对注油孔胶垫进行检查，对没有胶垫或者胶垫老化的情况，更换新的丁腈橡胶材质胶垫。

案例 11　由受潮引起的 35kV 电磁式电压互感器绝缘缺陷分析

一、缺陷概述

2019 年 6 月 12 日，小到中雨，23 时 05 分，某 110kV 变电站 35kV 2 号母线 B 相失电压，经确认为该母线 B 相电压互感器一次熔断器熔断。更换熔断器后，次日凌晨

4 时 15 分投运，送电后母线电压正常。6 月 13 日早 8 时 22 分，35kV 2 号电压互感器 B 相一次熔断器再次熔断，更换熔断器后再次投入运行。6 月 13 日 13 时 42 分，该电压互感器间隔出现持续异响，随即将其退出运行并做诊断性试验。设备基本参数：型号为 JDZX6-35W，环氧树脂浇筑、干式、户外型，额定电压比为 $35/\sqrt{3}/0.1/\sqrt{3}/0.1/\sqrt{3}/0.1kV$，出厂日期为 2002 年 8 月。试验环境：温度为 23℃，相对湿度为 76%。

二、缺陷分析

首先对 35kV 2 号母线三相 TV 进行了外观检查，未发现异常。随后依次进行了绝缘电阻试验、直流电阻试验以及励磁特性试验，其中 A、C 两相设备试验数据未见异常，但 B 相设备存在明显缺陷，之后将其退运、更换并进行了解体检查。

（一）高压试验数据分析

1. 绝缘电阻试验

35kV 2 号电压互感器 B 相绝缘电阻试验数据，如表 14-32 所示。

表 14-32　　　　　35kV 2 号母线 B 相 TV 绝缘电阻数据　　　　　单位：MΩ

试 验 部 位	试验值	初值
一次 A-N 对其他及地	0.001	2500
主二次 a1-n1 对其他及地	0.7	1000
辅助二次 a2-n2 对其他及地	3	1000
开口三角 da-dn 对其他及地	50	1000

由表 14-32 中试验数据可知，一次、主二次、辅助二次及开口三角绝缘电阻较初值都明显降低，不满足《规程》中"同等或相近测量条件下，绝缘电阻应无显著降低"的要求，造成各试验部位绝缘都降低的原因可能是绝缘受潮、破损或是放电、高温引起的匝间短路或熔断。

2. 直流电阻试验

为了验证各侧绕组是否存在匝间短路或者烧断现象，对 B 相 TV 进行了绕组直流电阻试验，具体试验数据如表 14-33 所示。

表 14-33　　　　　35kV 2 号母线 B 相 TV 直流电阻数据　　　　　单位：MΩ

试 验 部 位	试验值	初值
一次 A-N 对其他及地	5265 000	5201 000
主二次 a1-n1 对其他及地	58.81	58.26
辅助二次 a2-n2 对其他及地	56.41	54.61
开口三角 da-dn 对其他及地	74.39	72.92

由表 14-33 中数据可知，各试验部位的直流电阻与初值纵比相差不大，试验数据合格，因此可以判断此 TV 内部不存在匝间短路或绕组熔断现象。

3. 空载励磁特性试验

空载励磁特性试验不仅能检查 TV 铁芯状况，还能检查一次绕组匝间绝缘和首端绝缘。对该支 TV 进行空载励磁特性试验时，在主二次 a1-n1 绕组施加试验电压，但当试验电压加到约 $0.2U_n/\sqrt{3}$（11.5V）时，试验仪器过电流保护动作，说明试验电流过大并且超过设定的 5A 保护值，试验无法继续进行。结合绝缘电阻试验情况，可以判定为设备一次首端绝缘出现问题。

（二）解体检查

将该 V 相故障 TV 退出运行并更换新设备后投入运行。为进一步确定缺陷原因，将退运的 V 相 TV 运回试验大厅进行了解体检查。

在打开下部箱体时，发现其内部有较严重的受潮痕迹，局部区域有明显的锈蚀，用手触摸箱体内壁及绝缘浇注体、二次引线外绝缘有明显潮湿的感觉，如图 14-57 所示。

将 TV 顶部金属罩打开后，发现金属罩内侧锈蚀严重，瓷套内壁手摸有明显的潮湿感觉，并发现了一处明显的放电痕迹。由图 14-58 可以清楚看出

图 14-57　解体后箱体内部锈蚀情况

一次红色软导线过长，与瓷套严重受潮的内壁接触。在运行过程中，由于红色一次导线表皮受潮耐不住运行电压，从而导致沿瓷套内壁表面的放电。

同时还发现一次绕组引下线绝缘浇注体顶部明显开裂，为检查浇注体下部绝缘情况，将外部瓷套打开，在一次引下线浇注体下半部分靠近法兰处，发现了更为严重的放电痕迹。

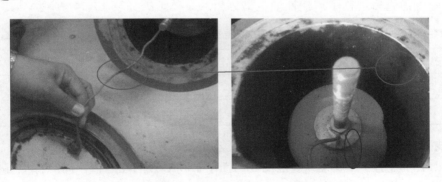

图 14-58　绕组一次引线对套管内壁放电情况

三、缺陷原因及检修建议

综合外观检查、停电检查性试验以及解体检查的结果，综合分析可以断定：35kV 2 号母线 B 相 TV 运行年限较长，由于密封不良导致在雨季出现了较严重的受潮。另外，由于该 TV 制作工艺不良，其一次首端引下线绝缘浇注体顶端开裂，潮气由裂缝侵入到浇注体内部，导致绕组首端绝缘不良。绝缘受潮和开裂综合作用，产生了既有外部的爬电放电，也有由内至外的放电。运行人员听到的异响就是放电产生的。

依据此事故原因分析并综合多方因素，提出如下反事故措施：《规程》中未对 35kV 及以下电压等级电磁式电压互感器停电例行试验项目进行规定，但是对于服役年限较长的户外电磁式电压互感器应该多加关注。建议在公司所辖变电站范围内利用停电机会对投运年限超过 15 年的户外电磁式电压互感器进行普查，结合春秋两季停电预防性试验的机会对该类设备增加绝缘电阻试验、直流电阻试验及空载励磁特性等试验项目。

案例 12　变压器套管底部软连接螺栓松动导致的过热缺陷分析

一、缺陷概述

2021 年 12 月 25 日，某 35kV 变电站内 35kV 3 号主变压器本体发出轻瓦斯告警信号。运维人员现场检查该主变压器油温、油位正常，本体气体继电器中存有大量气体。12 月 26 日，试验人员到站取油样并对 3 号主变压器进行油色谱分析，发现该设备色谱数据异常，设备铭牌参数：型号为 SZ9-8000/35；出厂日期为 2003 年 10 月；投运日期为 2004 年 1 月；出厂编号为 200311S30-1；额定容量为 8MVA。该变压器在同年 5 月进行过有载分接开关大修，大修后各项试验均满足《管理规定》要求。

二、缺陷分析

（一）油中溶解气体分析

该变压器先后进行了周期性油色谱分析，具体数据如表 14-34 所示。

表 14-34　　　　　　　　35kV 3 号主变压器油色谱检测数据　　　　　　　单位：μL/L

试验日期	甲烷	乙烯	乙烷	乙炔	总烃	氢气	一氧化碳	二氧化碳
2021 年 5 月 19 日	43.24	25.89	6.00	0	75.13	10.98	1129.43	5438.25
2021 年 12 月 26 日	528.83	612.5	214.16	11.50	2234.98	463.57	1120.03	5487.04

由表 14-34 可知，2021 年 12 月 26 日，乙炔、总烃及氢气含量分别为 11.50、2234.98、463.57μL/L，均超过《规程》规定的 5、150、150μL/L 的注意值，同时特征气体乙烯、乙烷、甲烷和总烃增长较快，通过计算总烃含量的相对产气速率为 410.7%，远超《规程》规定 10% 的注意值，说明该主变压器存在缺陷且该缺陷发展极为迅速。

应用"改良三比值法"分析判断，由表 14-35 可知，计算得到该组油化数据三比值编码为"022"，对应"高温过热（高于 700℃）"故障，怀疑该缺陷发生的原因有：①分接开关接触不良；②引线连接不良或导线焊接不良；③股间短路引起的过热；④铁芯多点接地等；⑤有载分接开关油箱渗漏导致主变压器本体油化数据超标等。由于 2021 年 5 月该台主变压器进行了有载分接开关的吊检，所以基本可以排除由于有载开关接触不良和有载开关油箱渗漏引起的数据超标。此外，由于该台主变压器没有铁芯和夹件引出，所以"铁芯多点接地"的因素在现场没法排除。

表 14-35   改良三比值编码计算

气体组分	比值	所在范围	对应编码
乙炔/乙烯	0.018	(−∞, 0.1)	0
甲烷/氢气	1.141	[1, 3)	2
乙烯/乙烷	2.860	[3, +)	2

应用"四比值法"分析判断,由表 14-36 可知,该组油化数据四比值编码为"1010",对应缺陷类型为"绕组中不平衡电流或接线过热"。根据四比值法分析结果,将高压停电检查性试验重点应放在绕组上。

表 14-36   四 比 值 编 码 计 算

气体组分	比值	所在范围	对应编码
甲烷/氢气	1.141	[1, 3)	1
乙烷/甲烷	0.405	(−∞, 1)	0
乙烯/乙烷	2.860	[3, +)	1
乙炔/乙烯	0.018	(−∞, 0.1)	0

(二)高压试验数据分析

2021 年 12 月 27 日,检修试验人员将该主变压器停运,根据油色谱分析结果进行有针对性的检查性试验。试验时,天气情况多云雨转阴,相对湿度为 58%,温度为 5.5℃。当天依次对该主变压器进行了绕组变形试验(频率响应及低电压短路阻抗试验)、绕组直流电阻试验、有载分接开关过渡波形试验、绕组介质损耗因数及电容量试验、绕组绝缘电阻试验。该变压器额定分接为 4 分接,运行分接为 3 分接。

绕组频率响应试验、低电压短路阻抗试验和电容量试验结果显示无异常,表明该变压器绕组不存在短路或变形的情况。绝缘和介质损耗试验未见异常表明设备绝缘良好,有载分接开关试验也未见异常。绕组直流电阻试验数据如表 14-37 和表 14-38 所示。

表 14-37   高压侧绕组直流电阻试验数据

分接	A-O (mΩ)	75℃阻值 (mΩ)	B-O (mΩ)	75℃阻值 (mΩ)	C-O (mΩ)	75℃阻值 (mΩ)	不平衡率 (%)
1	349.8	449.9502	352.0	452.7801	351.7	452.3942	0.62
2	341.5	439.2739	344.3	442.8755	343.6	441.9751	0.82
3	333.8	429.3693	335.9	432.0705	336.1	432.3278	0.69
4	325.4	418.5643	328.1	422.0374	327.8	421.6515	0.83
5	317.2	408.0166	319.9	411.4896	319.4	410.8465	0.85
6	309.4	397.9834	312.1	401.4564	312.2	401.5850	0.90
7	301.4	387.6929	303.6	390.5228	304.0	391.0374	0.86

表 14-38　　　　　　　　　低压侧绕组直流电阻试验数据

a-b (mΩ)	75℃阻值 (mΩ)	b-c (mΩ)	75℃阻值 (mΩ)	c-a (mΩ)	75℃阻值 (mΩ)	不平衡率 (%)
69.13	82.8064	60.51	72.4811	76.76	91.9459	23.6192

绕组全分接直流电阻试验数据表明，高压侧 7 个分接直阻数据均满足《规程》规定，而低压侧绕组直流电阻横比不平衡率达到了 23.62%，远超《规程》规定的 1%的注意值，表明该变压器低压侧绕组存在问题，但无法通过各线间直阻的数值判断缺陷相别。

（三）解体检查情况

工作人员将现场检查情况综合汇报工区，随即将该主变压器退出运行，2021 年 12 月 28 日～29 日对该主变压器进行现场大修。

如图 14-59 所示，工作人员发现该主变压器低压侧三相套管内部与引流线软连接处螺栓均存在松动的情况，a 相软连接处螺母存在轻微放电烧蚀痕迹。怀疑是该处连接松动，导致接触电阻增加，从而产生过热现象。同时，工作人员检查了该变压器铁芯及夹件接地情况，并未发现异常。

工作人员将低压侧 a 相套管底部连接处放电痕迹打磨干净，并拧紧了三相套管底部与引流连接处的螺栓，并对该变压器

图 14-59　低压套管 a 相软连接处螺母放电痕迹

绝缘油进行过滤处理。该变压器大修后，各项试验数据均满足《规程》规定，投运后进行了 1 天、30 天、90 天的油色谱数据追踪试验，均未见异常。

三、故障原因及检修建议

综合分析 3 号主变压器油色谱试验、高压停电试验及设备大修解体检查的结果，可以判断这是一起变压器低压套管内部与引流线连接处螺栓松动引起的设备内部过热缺陷。该变压器于 2004 年投运，2021 年 5 月有载分接开关吊检时油色谱数据还未出现问题，而 7 个月后油色谱中特征气体出现严重超标而且增长迅速，怀疑是有载分接开关吊检时，为配合现场试验，厂家人员拆卸、恢复低压侧套管引线线夹时施工工艺不规范，造成套管导电杆受力进而引起内部引流线固定螺栓松动，导致松动处接触电阻增加。迎峰度夏期间，该主变压器负荷较高，低压侧流过较大电流时该处局部发热，造成变压器绝缘油过热，产生大量特征气体。随着气体积累，触发了本体气体继电器告警信号。

依据此事故原因分析并综合多方因素，提出如下检修建议：

1）对于油色谱数据存在异常的设备，如果用"三比值法"判定为过热或者与过热相关的缺陷，可以利用"四比值法"进行进一步分析，能更精准地指导现场停电检查性试验的开展。

2）对于变压器类设备应加强红外测温等带电检测，特别是经历过本体或有载大修过的设备，在迎峰度夏、迎峰度冬等设备大负荷运行期间，重点对套管连接部位进行检测。

3）对 35kV 没有铁芯和夹件引出的变压器进行改造，将铁芯和夹件引出，以便于检修运行人员的巡视或试验。

4）对于厂家或者外协人员参与的检修工艺要严格把关，建立严格的验收机制，避免类似的状况发生。

案例 13　110kV GIS 避雷器气室 SF$_6$ 气体泄漏缺陷分析

一、缺陷概述

2016 年 3 月 24 日，运维人员巡视室外某 220kV GIS 变电站时发现出线 183 避雷器气室压力偏低，压力值为 0.36MPa。该气室额定压力为 0.40MPa、报警压力为 0.35MPa。补气记录显示该气室最近一次补气发生在 2015 年 4 月 12 日，当时工作人员将该气室补气至 0.40MPa。通过压力降法计算该避雷器气室年漏气率约为 8.73%，远高于《规程》中规定的 0.5% 的年泄漏率，初步判断该气室存在漏点。故障 GIS 设备的型号为 ZF7-126，2007 年 6 月出厂。

二、缺陷分析

2016 年 3 月 25 日，检修试验人员到现场对该避雷器气室进行了不停电检漏查缺。当日环境温度为 11℃，相对湿度为 37%，风速为 0.6 m/s。

（一）红外热像检漏仪检测

首先利用红外热像检测仪对 183 避雷器气室进行了全方位多角度的拍摄检测。其中发现 183 避雷器本体下沿与底座接缝处有一处漏点，如图 14-60、图 14-61 所示。

　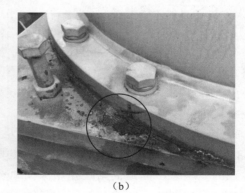

（a）　　　　　　　　　　　　　　（b）

图 14-60　被试设备可见光照片

（a）远景图；（b）特写图

SF$_6$ 气体对 10.6μm 波长的红外辐射具有极强吸收性，SF$_6$ 气体泄漏红外成像仪就是利用此特性实现对设备 SF$_6$ 气体的检漏。当环境中存在 SF$_6$ 气体时，10.6μm 波长的红外辐射会全部或部分被 SF$_6$ 气体吸收，则该区域的红外光谱图与周围区域对比会产生明显差异，这种差异在红外成像仪上表现为烟雾状阴影。SF_6气体浓度越大，对比越明显，烟雾状阴影面积、浓度也就越大。工作人员可依据热像仪上是否出现烟雾来判断SF_6设备是否存在泄漏。

通过红外热像仪可以观察到185避雷器本体下沿接缝处有清晰的黑色烟雾状气体喷出，如图14-61所示。由此可以初步判断该设备存在SF_6气体泄漏点。

（二）SF_6气体检漏仪检测

为了进一步确认漏点位置，在热像仪检测基础上，工作人员使用SF_6气体检漏仪即卤素仪，对漏点进行精确定位。

当卤素仪探头靠近图14-62圆圈所标的接缝锈蚀处时，卤素仪"嘀嘀嘀"声变得急促而且指示灯全部全红，表明探头所指的位置即为漏点所在。加剧的"嘀嘀嘀"声和全红的指示灯是由于卤素仪传感器中金属铂（高温800～900℃）遇到SF_6气体后加速了其本身正离子的发射，传感器将加剧的正离子流转换成了光、声指示信号。

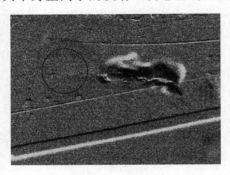 

图14-61　185避雷器本体下沿接缝处　　　图14-62　185避雷器本体下沿接缝处
漏气红外图像　　　　　　　　　　　漏气（卤素仪）

（三）SF_6气体检漏液检测

为了验证185避雷器本体下沿接缝处漏气情况，工作人员在漏点位置涂抹了专用的检漏液。如图14-63所示，185避雷器本体下沿接缝锈蚀处涂抹检漏液后，肉眼可观察到大量细碎的小米粒状气泡，而且气泡产生速度较快。出现这一现象是由于GIS设备内外存在的压力差使SF_6气体从漏点喷出，进而使涂抹在漏点的专用检漏液起泡。此现象也进一步印证了锈蚀处存在漏点。

工作人员随后对该站185避雷器同型号同批次的15个避雷器气室进行了排查，其中181、186、189、190间隔相似的位置，即避雷器气室本体下沿接缝处锈蚀的地方同样存在漏气现象，但是根据红外热像仪观察到烟雾量大小以及涂抹检漏液之后气泡产生的速度定性判断，此4个气室的漏气量较小。

三、缺陷原因及检修建议

检测人员利用热像仪、卤素仪和检漏液，发现并确认了漏点位置：185避雷器本体与底座接缝的锈蚀处，并且在其他4个避雷器气室相似位置发现漏点。由于该站为室外GIS变电站，且自投运以来已运行多年，避雷器本体与底座接缝处由于灰尘、氧气与潮气的长时间接触作用会产生锈蚀。随着锈蚀的进一步发展，累积效应致使形成小面积贯穿性腐蚀，造成锈蚀点密封下降，气室内 SF_6 气体外泄。图 14-64 为锈蚀处漏气的特写，可以清晰地看到小气泡从锈蚀的缝隙处冒出。

图 14-63　185 避雷器本体下沿接缝处　　　　图 14-64　183 避雷器本体下沿锈蚀处
　　　　　漏气（气泡法）　　　　　　　　　　　　漏气特写（气泡法）

2016 年 4 月 18 日，检修人员对 181、185、186、189、190 避雷器气室进行了停电解体检修，对锈蚀部位进行了打磨清理并更换了密封件，重新装组完毕，更换吸附剂后充 SF_6 气体至额定压力，随后进行了气室湿度以及检漏试验，数据均合格。同时加强了对此 5 个气室的大修后巡视，并未发现气室压力下降。

工作人员同时建议对单位所辖同厂家、同型号、同批次的设备进行统计，迅速组织运维人员进行巡视，检查所统计 GIS 设备密度压力表读数是否过低，将压力表读数与历史数据对比计算泄漏率并判断是否超标，如果气室 SF_6 泄漏率超标则应立刻安排停电检修；如果尚未超标则上报计划，结合停电预试进行检修处理。

SF_6 气体检漏工作要求相关人员平时做好 GIS 变电站内每块密度表的压力巡视记录，尤其是气室补气记录，并归类存档便于对比、分析。如年漏气量大于或者接近《规程》规定，则需对漏气气室进行多种手段全方位的检漏消缺。一般采用红外成像法普测并对漏点初步定位，随后用卤素仪进行精确定位。此外，还可采用气泡法进行验证。总而言之，多种方法相互验证使检测结果更加可靠。带电检漏工作要求工作人员不仅能因地制宜地熟练应用各种检漏方法，还应注意环境对试验结果的影响，如风速、昼夜温差等。检漏工作人员还应该有丰富的经验，能够对现场漏点有一定的预判，一些敏感部位如法兰密封面、压力表、SF_6 管道等部位应着重检测。同时，检漏人员应该有缺陷敏锐性，能做到举一反三，提高检测效率及准确性，从而减少 GIS 设备漏气造成的停电事故，提高供电可靠性。

案例 14　由带电油中溶解气体分析发现的 220kV 电流互感器绝缘老化受潮引起内部放电缺陷分析

一、缺陷概述

2016 年 6 月 9 日，油务人员根据设备周期对某 220kV 变电站内的油浸式电流互感器进行带电油中溶解气体分析时，发现 220kV 2202 间隔 A 相 TA 的氢气、总烃含量超标并有乙炔出现。试验时天气状况：多云，相对湿度为 42%，温度为 29℃。故障设备信息：型号为 LB1-220，出厂日期为 1988 年 5 月，投运日期为 1988 年 7 月 28 日。此前该设备无不良运行工况。设备外观检查无异常。

二、缺陷分析

工作人员发现该故障设备的油中溶解气体成分异常后，对其进行了相对介质损耗因数及电容量比值的测量，确定其存在缺陷。随后将该设备退运，工作人员对其进行了诊断性全压介质损耗试验、末屏介质损耗试验及局部放电试验，最后对其进行了解体检查。

（一）油中溶解气体分析

油务人员对 2202 间隔 A 相 TA 进行油色谱分析，结果如表 14-39 所示。

表 14-39　　　　　　　220kV 2202 间隔 A 相 TA 油色谱分析数据　　　　单位：μL/L

试验日期 （试验性质）	甲烷	乙烯	乙烷	乙炔	氢气	一氧化碳	二氧化碳	总烃
2016 年 6 月 9 日 （带电例行）	1538.73	10.87	186.05	1.71	17252.7	414.56	1172.90	1737.36
2015 年 7 月 29 日 （带电例行）	8.75	1.19	2.81	0	33.86	296.55	989.72	12.75
2014 年 11 月 16 日 （停电例行）	7.55	7.68	3.23	0	31.33	183.61	1192.25	18.46

根据《判断导则》判断，该设备油色谱中总烃和氢气含量超过导则规定的 100μL/L 和 150μL/L，并且出现了特征气体乙炔。计算所得总烃相对产气速率为 1309.04%，远超过 10% 的注意值，由此可判断该电流互感器存在缺陷。进一步通过三比值法对故障类型进行判断，根据表 14-39 数据计算可得三比值为"110"，由此判断故障类型为低能放电型。

（二）高压试验数据分析

1. 相对介质损耗因数及电容量比值试验

高压试验人员以 2217 间隔为基准对 2202 间隔电流互感器进行了带电相对介质损耗及电容量比值试验，将试验结果与历年试验数据进行纵向对比分析，具体数据详见表 14-40。

表 14-40　　　　2202 间隔 A 相 TA 相对介质损耗及电容量比值试验数据

检测时间	相对介质损耗（%）	电容量比值
2016 年 6 月 9 日	0.331	1.36
2015 年 9 月 24 日	0.199	1.34

由表 14-40 数据可得，A 相 TA 相对介质损耗增量为 0.00132，电容量比值增量为 1.49%，均小于 0.003 及 ±5% 的注意值，数据未见异常。

2. 全压介质损耗试验

经上级批准后工作人员将该设备退运，并在现场进行了全压介质损耗试验，试验数据如表 14-41 所示。测量电压由 10kV 升到 145kV（$U_m/\sqrt{3}$），介质损耗增量为 0.0006，没有超过 ±0.3% 的要求，但是在 145kV 试验电压下已到达 0.0074，逼近 0.008 的注意值，电容量未见异常。由表 14-41 试验数据绘制出介质损耗与所加试验电压的关系曲线，如图 14-65 所示。

表 14-41   2202 间隔 A 相电流互感器全压介损试验数据

试验电压（kV）	10	40	70	110	145	110	70	40	10
介质损耗因数（%）	0.68	0.69	0.71	0.70	0.74	0.72	0.73	0.72	0.69
电容量（pF）	865.4	866.7	866.9	867.6	867.7	867.5	866.8	866.5	866.5

由图 14-65 可知，介质损耗因数与试验电压之间的关系基本符合全压介质损耗特征曲线中介质受潮的情况：曲线起点较高，随着试验电压的增大，介质损耗递增，在 145kV 达到最大值。之后又随着试验电压的下降而回落，在逐步升压过程中介质损耗的增大已经使其本身发热升温，因此降压过程中的介质损耗值略高于升压过程中的数值，形成开口环形状。根据全压介质损耗试验结果判断，怀疑缺陷是由设备内部受潮引起的。

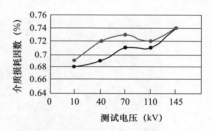

图 14-65   介质损耗因数与
试验电压的关系曲线

3. 末屏介质损耗试验

试验人员随后对该设备末屏进行了绝缘电阻及介质损耗的测量，试验结果见表 14-42。通过分析数据可知，末屏绝缘电阻值偏低，接近 1000MΩ 的注意值，而该设备末屏介质损耗值超过注意值（0.015）的 132.67%。初步判断绝缘过低及介质损耗严重超标可能是因为末屏受潮引起。

表 14-42   2202 间隔 A 相 TA 末屏绝缘及介损试验数据

试验项目	试验结果	所加电压
绝缘电阻试验	1150MΩ	2500V
介质损耗及电容量试验	0.0349/1123pF	2000V

4. 局部放电试验

工作人员为了进一步检验该设备的绝缘情况，将其运送回高压试验大厅后对其进行了局部放电试验。局部放电图谱，如图 14-66 所示。

在 $1.2U_m/\sqrt{3}$（174kV）测量电压下放电量达到了 1000pC，远远超过 20pC 的要求，起始放电电压为 69kV，熄灭电压为 38kV，均低于正常运行电压（126kV）。由此判断该设备存在局部放电缺陷。

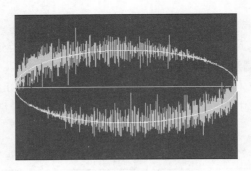

图 14-66　局部放电图谱

（三）解体检查

7 月 14 日，工作人员对 2202 间隔 A 相 TA 进行了解体检查。解体过程中并未发现明水，但是在末屏引线处（见图 14-67）及电容屏第 1、2 屏距导体顶端 1/3 处（见图 14-68），发现了较多的 X 蜡，面积较大。

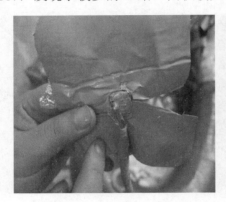

图 14-67　2202 间隔 A 相 TA 末屏引线处 X 蜡

图 14-68　2202 间隔 A 相 TA 第 1、2 屏 X 蜡

三、缺陷原因及检修建议

根据试验数据分析和解体检查情况，综合判断 2202 单元 A 相 TA 缺陷原因：该电

流互感器运行已超过 28 年，设备密封件老化尤其是末屏处密封不严导致潮气浸入，使绝缘介质性能劣化，在正常运行电压下，局部电容屏间电场畸变，产生轻微的局部放电，造成绝缘薄弱点的变压器油劣化，从而分解析出 X 蜡并产生故障特征气体，而 X 蜡的产生又会进一步导致该处绝缘纸绝缘性能降低，使局部放电加剧和温度升高，形成恶性循环。

为防止此类缺陷的再次发生，提出以下防范措施：

对同厂家、同批次电流互感器以及运行 20 年及以上的 220kV 油浸式电流互感器结合相对介质损耗及电容量比值测量、红外测温以及带电油色谱等手段进行巡检排查，开展糠醛等参数试验，进一步积累运行数据。